面向新工科普通高等教育系列教材

Web前端开发技术与案例教程

赵洪华　许　博　王　真　主　编

谢　钧　陈　涵　张文宇　副主编

金凤林　张少娴　汪　晗　李　悦　参　编

机械工业出版社

本书介绍 Web 前端开发所涉及的 HTML、CSS 和 JavaScript 相关知识，包括 Web 开发基础、 HTML 基础、HTML 进阶、HTML 综合案例、CSS 基础、CSS 进阶、CSS 综合案例、JavaScript 入门、JavaScript 进阶、JavaScript 综合案例，最后结合 HTML、CSS 和 JavaScript 设置了综合案例。为方便教师授课和读者自学，本书提供了丰富的配套资源，包括教学课件、书中全部的源代码、全部实例程序代码、实例系统和部分习题的参考答案等。

本书适合本、专科计算机及相关专业的教学使用，也可作为计算机爱好者学习 Web 应用开发技术的工具书。

本书配有授课电子课件，需要的教师可登录 www.cmpedu.com 免费注册，审核通过后下载，或联系编辑索取（微信：15910938545，电话：010-88379739）。

图书在版编目（CIP）数据

Web 前端开发技术与案例教程/赵洪华，许博，王真主编．—北京：机械工业出版社，2022.10

面向新工科普通高等教育系列教材

ISBN 978-7-111-71455-2

Ⅰ. ①W… Ⅱ. ①赵… ②许… ③王… Ⅲ. ①网页制作工具-高等学校-教材 Ⅳ. ①TP393.092.2

中国版本图书馆 CIP 数据核字（2022）第 153794 号

机械工业出版社（北京市百万庄大街 22 号 邮政编码 100037）

策划编辑：郝建伟 责任编辑：郝建伟 胡 静

责任校对：张艳霞 责任印制：常天培

北京机工印刷厂有限公司印刷

2022 年 10 月第 1 版 • 第 1 次印刷

184mm×260mm • 21.25 印张 • 526 千字

标准书号：ISBN 978-7-111-71455-2

定价：89.00 元

电话服务

客服电话：010-88361066

010-88379833

010-68326294

网络服务

机 工 官 网：www.cmpbook.com

机 工 官 博：weibo.com/cmp1952

金 书 网：www.golden-book.com

机工教育服务网：www.cmpedu.com

前言

为使读者快速而熟练地掌握 Web 前端开发的一般性方法，掌握实际、有效的编程技巧，并为实用系统的开发打下良好基础，我们依据多年教学经验和工程实践经验编写了此书，书中提供了大量实践案例，实现知识与案例的对应，以提高编程能力。

本书共 11 章，可分为 4 个部分。

第一部分主要介绍一些与 HTML 相关的知识，包括：

第 1 章 Web 开发基础，介绍 Web 开发相关的背景知识，包括 WWW、URL 以及 Web 页面开发语言和开发工具，Web 网站发布。

第 2 章 HTML 基础，介绍 HTML 的基本概念、网页文档基本结构、网页文字设计、建立超链接和网页表单设计。

第 3 章 HTML 进阶，介绍 HTML 的网页多媒体设计、图形绘制与数学公式、网页布局设计及 HTML5 用户接口 API。

第 4 章 HTML 综合案例，本章结合前面学习的 HTML 基础和进阶知识，介绍如何一步一步构建一个用 HTML 编写的 Web 页面。

第二部分主要介绍一些与 CSS 相关的知识，包括：

第 5 章 CSS 基础，介绍 CSS 的基本概念、编写方法、应用方式、基础语法及样式。

第 6 章 CSS 进阶，介绍 CSS 的高阶选择器、伪类、伪元素、在 HTML 文档布局中的应用、响应式设计，以及 3.0 版本的 CSS 带来的变化。

第 7 章 CSS 综合案例，本章将结合前面学习的 HTML 及 CSS 知识，介绍如何一步一步构建一个具有复杂样式的 Web 页面。

第三部分主要介绍一些与 JavaScript 相关的知识，包括：

第 8 章 JavaScript 入门，主要介绍 JavaScript（JS）的基础：如 JS 基本语法，包括数据类型、变量、运算符、程序结构语句等；JS 对象，包括常用的内置对象、属性、事件、方法。

第 9 章 JavaScript 进阶，主要介绍 JS 的各种库：如 jQuery 库，包括 jQuery 的各种选择器、过滤器，jQuery 对 DOM 文档、样式的操作，jQuery 事件，jQuery 效果；ECharts 图表库，包括 ECharts 的 API、ECharts 组件、ECharts 配置项等。

第 10 章 JavaScript 综合案例，主要通过 jQuery 和 ECharts 实现一个成绩管理系统的前端数据展示。

第四部分给出一个综合应用实例，包括：

第 11 章网络学院教学考评中心网站的实现，综合应用 HTML、CSS 和 JavaScript，实现一个静态的网站，从创建网站的基本流程入手，详细介绍每一个页面的设计与制作过程。

本书内容兼顾 Web 前端开发的初学者和有一定开发经验的读者。为了使所有读者都能在这本书中学有所获并享受学习的乐趣，对本书的使用有以下建议：

（1）没有 Web 开发经验的读者应该从每一部分的基础篇开始阅读，该部分知识能够帮助读者奠定基础。具有一定开发经验的读者可对每一部分的进阶篇选择阅读。

（2）在本书的编写过程中充分考虑了实际的开发需求。不是平铺直叙地讲解理论，而是通过实践让读者主动掌握知识。运用大量实例，使用通俗易懂的语言表达晦涩难懂的技术难点，循序渐进地引导读者掌握 Web 前端开发的相关知识，并最终设计实现实用的 Web 案例。本书对 Web 开发的知识会通过实例反复说明，建议读者能够一边阅读本书正文、一边实际动手上机调试这些实例，这将是掌握本书知识的一个必要且有效的方法。

（3）本书编写力求严谨，每个术语的使用都经过认真推敲，希望读者在进行理论学习时也能秉承严谨作风，从细节入手深入研究。

（4）本书所列参考资料，建议读者在系统学习本书的同时随时参阅。建议有精力和感兴趣的读者对所列书目有选择地深入阅读。

本书的编写得到了很多同志的帮助，编者在此深表谢意。

由于编者水平有限，书中难免存在不妥和疏漏之处，恳请读者赐教指正。

编　者

目录

第1章 Web开发基础

Web 开发是创建 Web 呈现页面的过程，通过 HTML、CSS 实现页面内容呈现，通过 JavaScript 实现与用户的交互。本章简要介绍与 Web 开发相关的 WWW 内容、Web 页面设计技术以及 Web 开发工具与发布工具。

1.1 WWW 简介

万维网（World Wide Web，WWW）并非某种特殊的计算机网络。万维网是一个大规模的、联机式的信息储藏所，是运行在因特网上的一个分布式应用，现在经常只用一个英文单词 Web 来表示万维网。

1.1.1 WWW 概述

WWW 利用网页之间的链接（或称为超链接，即隐藏在页面中指向另一个网页的位置信息）将不同网站的网页链接成一张逻辑上的信息网，从而使用户可以方便地从因特网上的一个站点访问另一个站点，主动地按需获取丰富的信息。

图 1-1 说明了万维网网页之间的链接。在这些网页中有一些地方的文字是用特殊方式显示的（如用不同的颜色，或添加了下画线），而当鼠标移动到这些地方时，鼠标指针的箭头就变成了一只手的形状。这就表明这些地方有一个超链接，如果我们在这些地方单击鼠标，就可以从这个文档链接到可能相隔很远的另一个网页，并将该网页传送过来且在屏幕上显示出来。

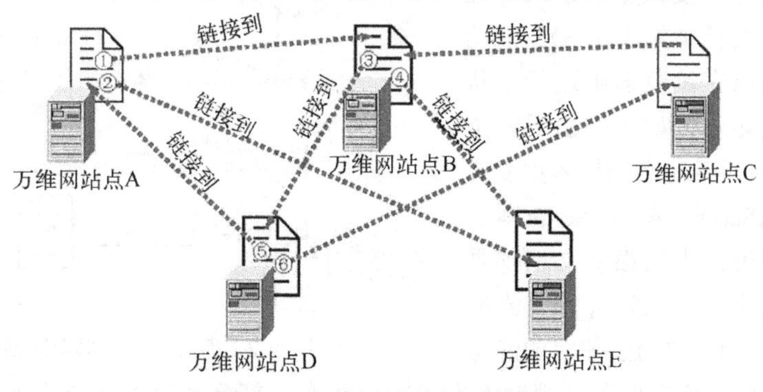

图 1-1　万维网网页之间的链接

1.1.2 统一资源定位符（URL）

统一资源定位符（URL）是在因特网上指明任何种类“资源”的标准，URL 本质上就是一种应用层地址。URL 的一般形式由以下四个部分组成。

<协议>://<主机>:<端口>/<路径>

URL 最左边的<协议>指出访问该资源的协议。现在最常用的协议是 http（超文本传送协议 HTTP），其次是 ftp（文件传送协议 FTP）。

在<协议>后面是一个冒号和两个斜线，这是规定的格式。再右边一项是<主机>，指出资源所在主机的域名或 IP 地址。而后面的<端口>和<路径>是访问资源的协议的端口号和资源在主机上的详细路径，有时可省略。

对于万维网的网站的访问要使用 HTTP。HTTP 的 URL 的一般形式为

http://<主机>:<端口>/<路径>

HTTP 的默认端口号是 80，通常可省略。若再省略文件的<路径>项，则 URL 就指到因特网上的某个主页（home page）。主页是某个网站的默认网页。

1.1.3 WWW 的文档

要使任何一台计算机都能显示出任何一个万维网服务器上的页面，就必须解决页面制作的标准化问题。超文本标记语言（HyperText Markup Language，HTML）就是一种制作万维网页面的标准语言，它消除了不同计算机之间信息交流的障碍。

WWW 文档包括静态文档、动态文档和活动文档。静态文档是指该文档创作完毕后就存放在万维网服务器中，在被用户浏览的过程中，内容不会改变。由于这种文档的内容不会改变，因此用户对静态文档的每次读取所得到的返回结果都是相同的。

动态文档（Dynamic Document），是指文档的内容在浏览器访问万维网服务器时才由应用程序动态创建，其内容通常来源于数据库，并根据客户请求报文中的数据动态生成。例如，动态文档可用来报告股市行情、天气预报或民航售票情况等内容。但动态文档的制作难度比静态文档要高，因为动态文档的开发不是直接编写文档本身，而是编写用于生成文档的应用程序，这就要求动态文档的开发人员必须会编程，而编写的程序还要通过大范围的测试，以保证动态文档的有效性。

活动文档就是一段程序或嵌入了程序脚本的 HTML 文档（见图 1-2）。活动文档中的程序可以在浏览器中运行，从而产生页面的变化（例如，弹出下拉菜单或显示动画等）。活动文档技术主要有 Java Applet、JavaScript、ActionScript 等。实际上，现在万维网上的很多文档都是这三种文档的混合体。在这样的万维网页面中有一部分是用 HTML 编写的静态部分，一部分是用程序在服务器端动态生成的，还有一部分是可以在浏览器端运行的程序或程序脚本。

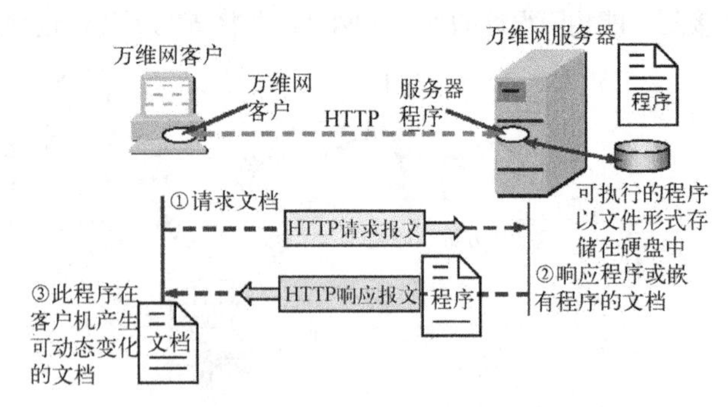

图 1-2 万维网服务器返回活动文档

1.2　Web页面设计技术

Web 页面技术包括 HTML、CSS 和 JavaScript。其中 HTML 和 CSS 实现页面的显示，JavaScript 实现页面与用户的交互。

1.2.1　HTML简介

HTML 的全称为超文本标记语言（HyperText Markup Language），是用来描述网页的一种语言，是由 W3C（World Wide Web Consortium，万维网联盟）推荐发布的通用国际标准。

在浏览网页时所看到的丰富的文字、图像、视频等内容是通过浏览器解析 HTML 语言所呈现出来的。不同于 C++、Python 等编程语言，HTML 是一种标记语言，在纯文本文件中包含了 HTML 的指令代码，在 HTML 中，每个标签（Tag）都是一条指令，用来告诉浏览器如何将图片、声音、文字、影像等在页面中显示出来。

用 HTML 语言所编写的文档称为 HTML 文档，以.htm 或.html 为扩展名。HTML 文档适合表示静态内容，而万维网上需要表示的大量动态内容，根据应用服务器及所使用开发语言的不同，扩展名可能是.asp、.aspx、.jsp 或.php 等。它们使用不同的方法来处理动态内容，但都必须以 HTML 语言为基础，因为最终在客户端都要转化为 HTML 后才能展示。

当浏览器从服务器读取某个页面的 HTML 文档后，就按照 HTML 文档中的各种标签，根据浏览器所使用的显示器的尺寸和分辨率大小，重新进行排版并恢复出所读取的页面。

1.2.2　CSS简介

CSS 由国际标准组织机构 W3C（World Wide Web Consortium，万维网联盟）在 1996 年提出，是为了弥补 HTML 在排版样式上的不足而制定的一套样式标准。CSS 扩充了 HTML 各个标签的属性设置，使网页的视觉效果有更多变化。在当前的网页设计上，虽然基本语法还是 HTML，但样式的设定则更倾向于使用 CSS 来取代 HTML 的标签属性。也就是说，Web 页面的内容仍由 HTML 表示，但页面上各个元素的表现和布局则由 CSS 来控制。

CSS 除重新定义了 HTML 原有的样式外（如文字的大小、颜色等），还加入了重叠文字、层变化及任意的位置摆放等，使网页的编排与设计更具有灵活性，CSS 延伸了 HTML 的功能。

CSS 已经正式公布了 1.0 版及 2.0 版，当前所有主流浏览器都支持 CSS1.0 及 2.0。W3C 仍然在对 CSS3 规范进行开发，不过现代浏览器（包括 Internet Explorer 9+、Firefox、Chrome 、Opera 以及 Safari，本书推荐使用最新版本的 Firefox 来运行示例）已经实现了相当多的 CSS3 属性。

1.2.3　JavaScript简介

使用 HTML 语言和 CSS 技术已经可以制作漂亮的页面，但这样的页面仍然存在一定缺陷，页面的内容为静态内容，缺少用户与客户端浏览器的动态交互。

JavaScript 可以实现用户与页面的动态交互。JavaScript 是一种基于对象（Object）和事件驱动（ Event Driven）并具有安全性能的脚本语言。

使用 JavaScript 可以轻松地实现与 HTML 的互操作，并且完成丰富的页面交互效果，可以通过嵌入或调入标准的 HTML 语言中实现。

JavaScript 脚本语言具有以下特点:

1）脚本语言。JavaScript 是一种解释型的脚本语言，C、C++等语言是先编译后执行，而 JavaScript 是在程序的运行过程中逐行进行解释。

2）基于对象。JavaScript 是一种基于对象的脚本语言，它不仅可以创建对象，也能使用现有的对象。

3）简单。JavaScript 语言中采用的是弱类型的变量类型，对使用的数据类型未做出严格的要求，是基于 Java 基本语句和控制的脚本语言，其设计简单紧凑。

4）动态性。JavaScript 是一种采用事件驱动的脚本语言，它不需要经过 Web 服务器就可以对用户的输入做出响应。在访问一个网页时，鼠标在网页中进行鼠标单击或上下移、窗口移动等操作，JavaScript 都可直接对这些事件给出相应的响应。

5）跨平台性。JavaScript 脚本语言不依赖于操作系统，仅需要浏览器的支持。因此一个 JavaScript 脚本在编写后可以在任意机器上使用，前提是机器上的浏览器支持 JavaScript 脚本语言，JavaScript 已被大多数的浏览器所支持。

1.3 Web 开发与发布

Web 页面开发工具较多，本书采用 DreamWeaver 作为开发工具。Web 页面开发完成后需要部署在 Web 服务器上才能提供访问服务，本节介绍 IIS 和 Tomcat 两种服务器。

1.3.1 DreamWeaver 简介

DreamWeaver 是建立 Web 站点和应用程序的专业工具。它将可视布局工具、应用程序开发功能和代码编辑支持组合在一起，其功能强大，使得各个层次的开发人员和设计人员都能够快速创建基于标准的网站与应用程序的优美界面。

DreamWeaver 是一种所见即所得的 HTML 编辑器，可实现页面元素的插入和生成。可视化编辑环境大量减少了代码的编写，同时亦保证了其专业性和兼容性，并且可以对内部的 HTML 编辑器和任何第三方的 HTML 编辑器进行实时的访问。无论用户习惯手工输入 HTML（标准通用标记语言下的一个应用）源代码还是使用可视化的编辑界面，DreamWeaver 都能提供便捷的方式使得用户设计网页和管理网站变得更容易。

用户可以方便地加入 Java、Flash、Shockwave、ActiveX 以及其他媒体。DreamWeaver 具有强大的多媒体处理功能，DreamWeaver 还支持第三方插件，任何人都可以根据自己的需要扩展 DreamWeaver 的功能，并且可以发布这些插件。

1.3.2 DreamWeaver 使用

首先，为更好地管理网页，需要将网页用站点进行统一管理，因此要先新建站点：单击站点-新建站点。

1．新建站点

在任意一个根目录下创建好一个文件夹（我们这里假设为 D 盘），如取名为 WWW。打开 DreamWeaver，选择“站点-新建站点”，打开“新建站点”对话框，如图 1-3 所示。在站点名称中输入网站的名称（MyFirstWeb），在本地根文件夹中选择刚才创建的文件夹（D:\WWW），如图 1-4 所示。然后单击“保存”按钮即可。再次打开 DreamWeaver，会自动找到刚才设立的站点。如果有多个站点，可以在菜单“站点-打开站点”中去选择。

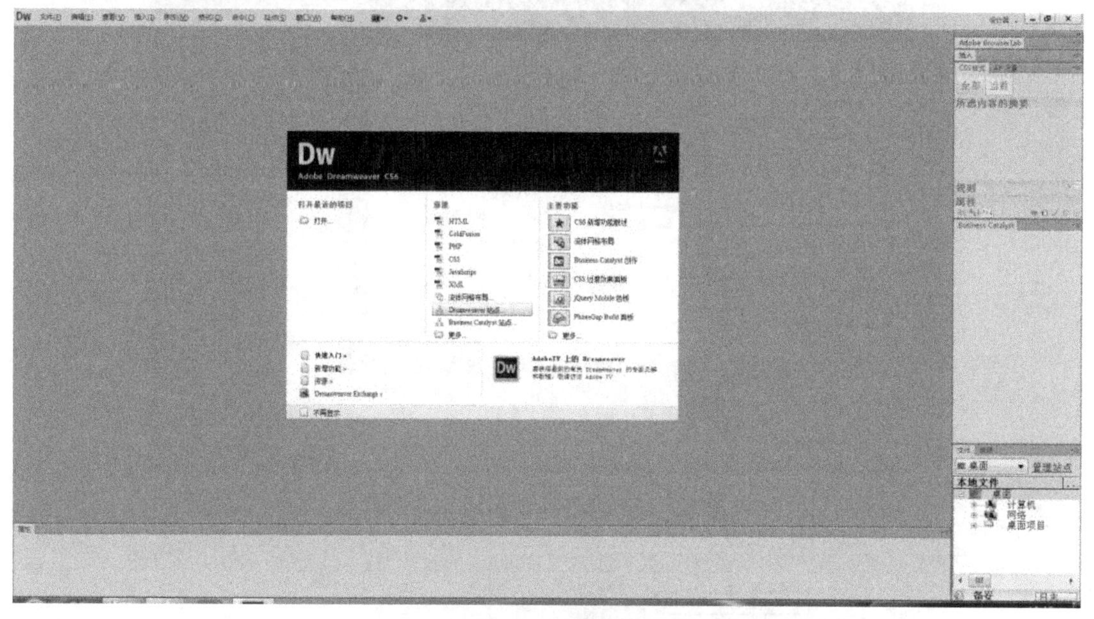

图 1-3 新建站点

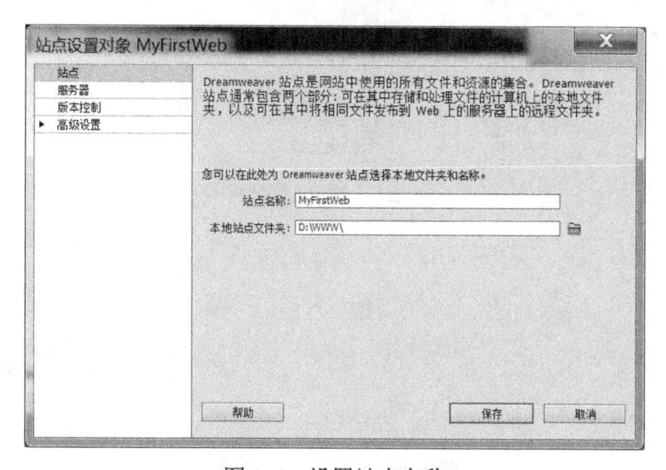

图 1-4 设置站点名称

站点规划，一般设置一个专门放图片的文件夹 image 或 picture，一个专门放格式的文件夹 style，一个专门存放页面的文件夹 pages，一个主页放在根目录。

2. 建立 HTML 页面

首先，打开 DreamWeaver CS6，出现欢迎界面，如图 1-5 所示。

选择“文件”菜单下的“新建”按钮，在弹出窗口中，选择页面类型中的第一项“HTML”，然后在右侧“文档类型”的下拉菜单中，选择文档所要支持的 HTML 版本，例如 HTML5，如图 1-6 所示。

单击“创建”按钮，即可建立一个空的 HTML5 页面，如图 1-7 所示。

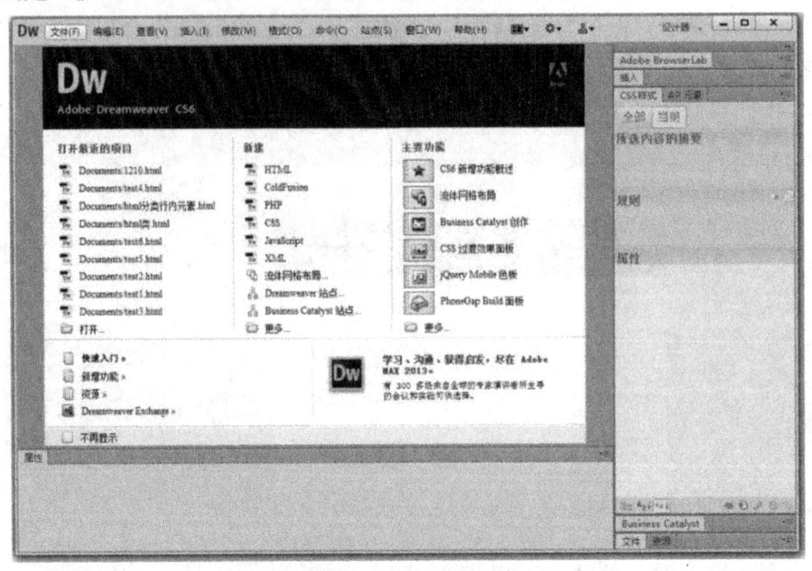

图 1-5　DreamWeaver CS6 欢迎界面

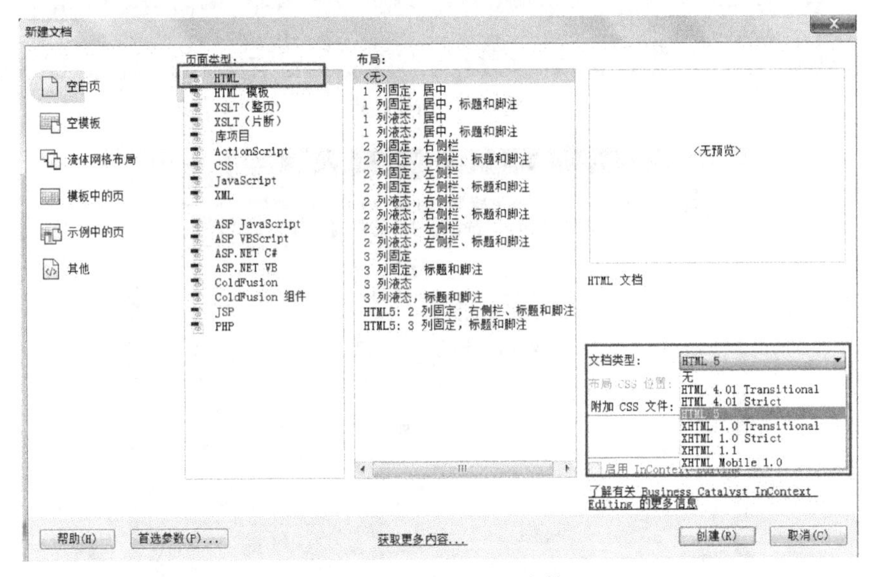

图 1-6　创建 HTML 文档

在页面中加入如下代码，示例如下。

【例 1-1】 helloworld.html 代码。

```
<!DOCTYPE html>
<html>
<head>
<meta charset="utf-8">
<title>第一个 HTML</title>
</head>
<body>
<h1>Hello World!</h1>
```

```
</body>
</html>
```

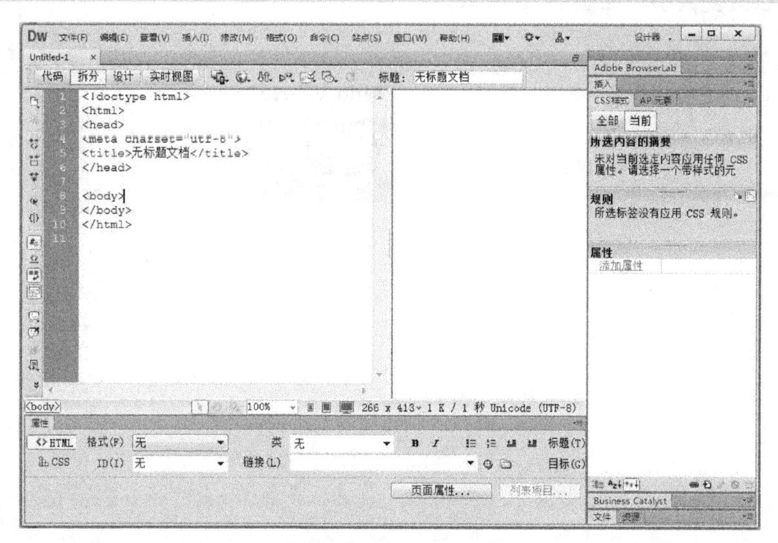

图 1-7　HTML5 空白页面

将文档保存为 helloworld.html，这已经是一个真正的 Web 页面了，可以用浏览器打开文档查看显示效果，如图 1-8 所示。

到目前为止，对于 HTML5，各大浏览器的开发还在继续，其中，IE9 以上的版本、Chrome6.0 以上版本、Firefox4.0 以上版本对大部分 HTML5 属性均支持，此外还有 Safari、Edge 等浏览器也支持，将来各大浏览器应该会全面支持 HTML5。本书所有的 HTML 示例，都是在 Firefox 浏览器下进行测试的。

3. 页面添加图片

在本地文件夹 D:\WWW 下面的空白处，右键单击，选择“新建文件夹”，用它来存放图片，重命名为 images，如图 1-9 所示。

用菜单“窗口→对象”打开对象面板，单击“插入图像”，在对话框里选择要插入的图片。

图 1-8　helloworld.html 页面显示效果

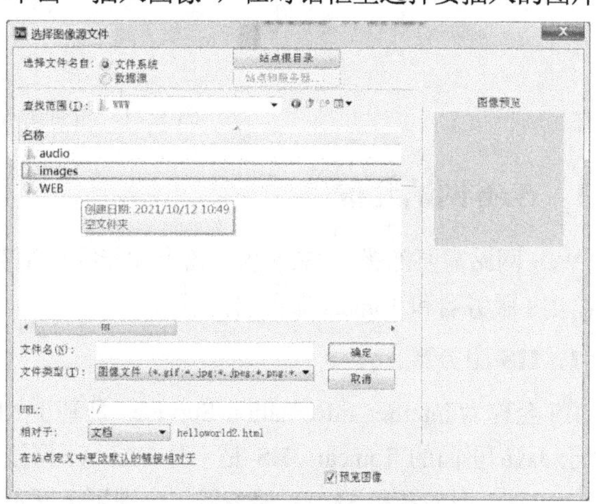

图 1-9　页面插入图片

选中该图片，打开“属性”面板，可以在上面为图片取名，重新设置图片的高、宽，拖住图片角上的点可以改变大小，如图 1-10 所示。

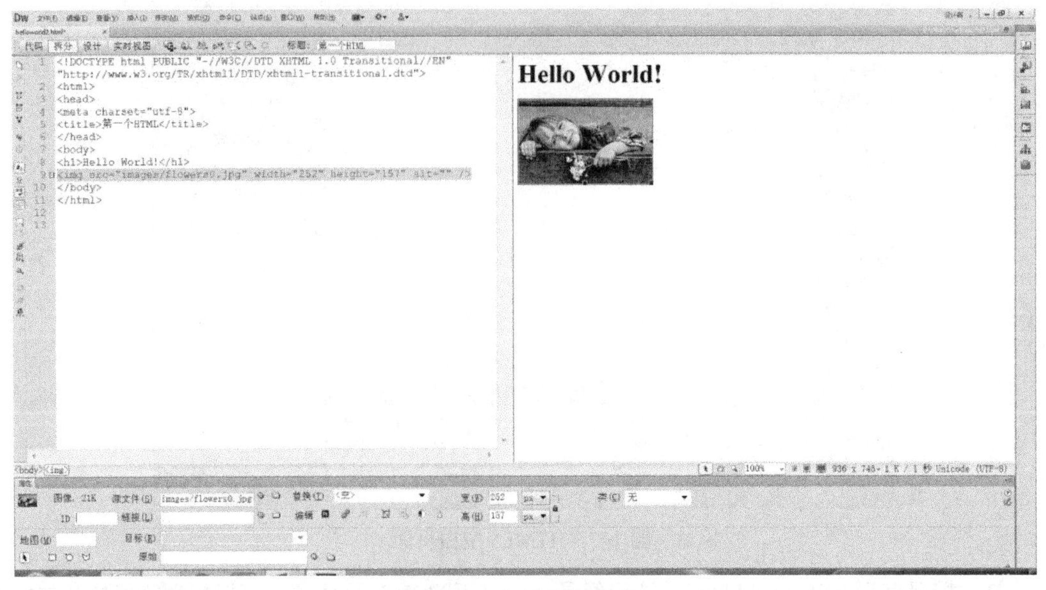

图 1-10　图片属性设置

页面保存后可通过浏览器查看，如图 1-11 所示。

图 1-11　带有图片的页面

1.3.3　Web 网站发布

Web 网站需要部署在 Web 服务器上才能提供浏览访问功能，当前主要有两种流行的 Web 服务器，IIS 服务器和 Tomcat 服务器。

1．IIS 服务器

IIS 全称为 Internet Information Service，是基于 Microsoft Windows 运行的一种 Web 服务器，类似于 Java 里面的 Tomcat。IIS 是一种 Web（网页）服务组件，其中包括 Web 服务器、FTP 服务器、NNTP 服务器和 SMTP 服务器，分别用于网页浏览、文件传输、新闻服务和邮件发送等方面，是安装在 Windows 上的 Web 平台。

打开控制面板，找到“管理工具”，单击进入，双击“Internet 信息服务(IIS)管理器”，也就是 IIS，在 IIS 左边选择“网站”右键单击，选择“添加网站”，如图 1-12 所示。

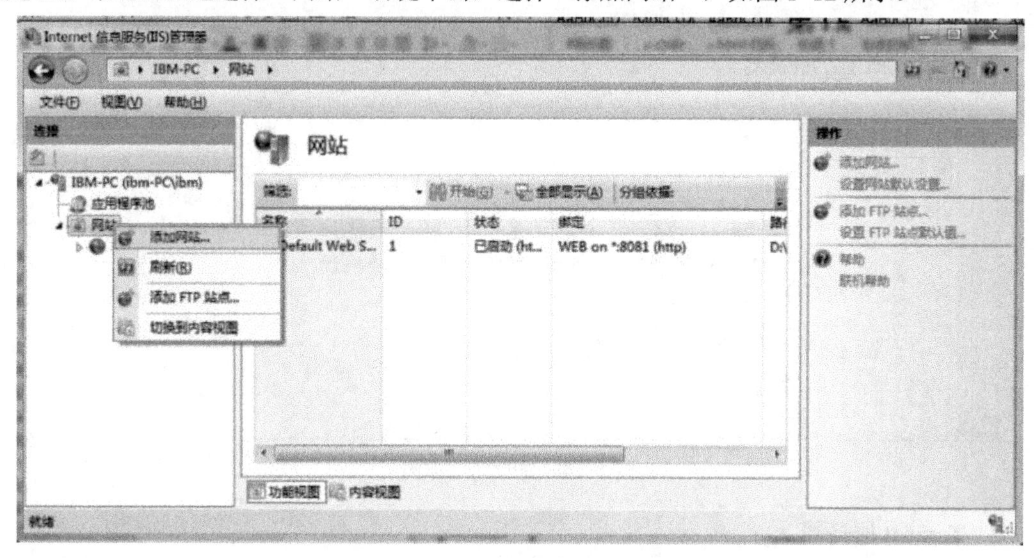

图 1-12　添加网站

设置网站信息，主要包括“网站名称”“物理路径”“端口”，如图 1-13 所示。

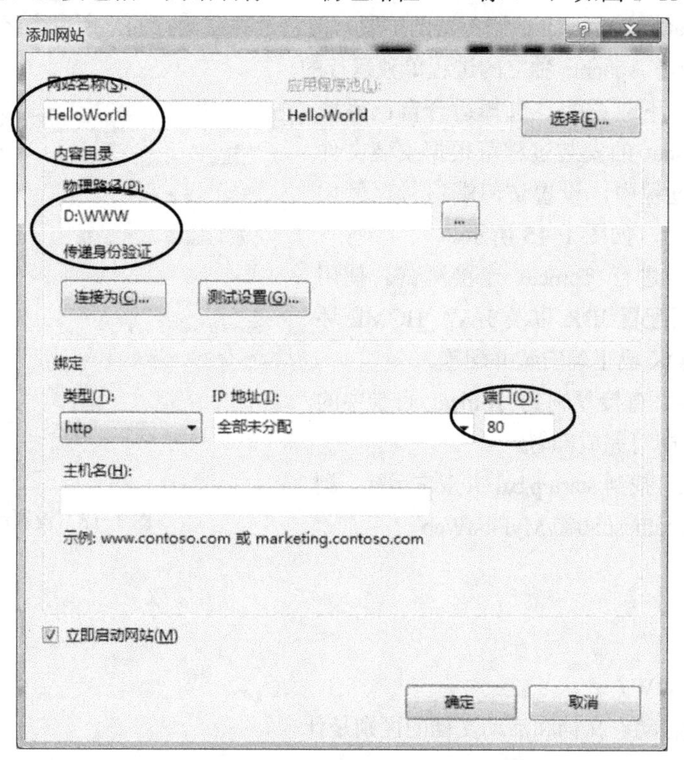

图 1-13　设置相关参数

添加好后，单击新建的网站名字，显示出这个网站的详情，如图 1-14 所示。

图 1-14　显示网站详情

2. Tomcat 服务器

Tomcat 服务器是一款免费的开放源代码的 Web 应用服务器，属于轻量级应用服务器，在中小型系统和并发访问用户不是很多的场合下被普遍使用，是开发和调试 JSP 程序的首选。

实际上 Tomcat 是对 Apache 服务器的扩展，但它是独立运行的，所以当运行 Tomcat 时，它实际上是作为一个与 Apache 独立的进程单独运行的。

进入 Tomcat 下载页面，选择适合自己系统的 zip 版本，Tomcat 的安装过程可根据安装文件逐步执行，安装过程中，设置访问端口号，例如设置端口号为 8080，如图 1-15 所示。

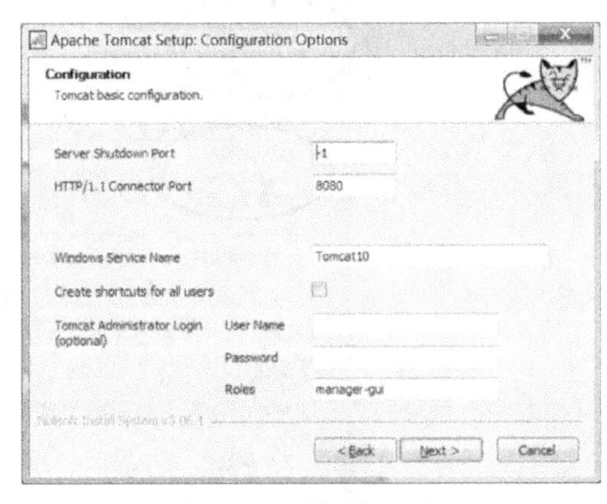

图 1-15　设置端口号

安装完成后，进行 Tomcat 连接测试。使用 Tomcat 之前，需要配置 JDK 以及 JAVA_HOME 环境变量。请确认 JDK 已正确安装并配置。

把 Web 文件夹直接复制到 Tomcat 目录中的 Webapps 文件夹下即可完成部署。

打开 bin 目录，找到 startup.bat 并双击运行，浏览器中输入 http://localhost:8080/MyFirstWeb。

习题

1. 什么是 WWW？
2. 静态文档、动态文档和活动文档的区别是什么？
3. 制作一个 HelloWorld 网页。

第 2 章 HTML 基础

作为展现 Internet 风采的重要载体，Web 页面越来越受到人们的重视。Web 页面是由 HTML 语言组织起来的，由浏览器解释显示的一种文件。最初的 HTML 语言功能极其有限，仅能够实现静态文本的显示，人们远远不满足于死板的仅展示文本文件的 Web 页面。后来增强的 HTML 语言扩展了对图片、声音、视频影像等多媒体的支持，使得网页内容更加丰富。如何使用 HTML 语言构建 Web 页面？本章将介绍有关 HTML 的概念及其基本语法。

2.1 HTML 文档

在万维网中，网页都是用 HTML 语言所组织起来的文档，由浏览器解释这些文档并呈现。HTML 标准定义了 HTML 文档特定的文档结构、语法格式和编写规范。

2.1.1 HTML 标签

HTML 标签是 HTML 元素的组成部分，用来标记内容块，每一个标签描述了一种功能。HTML 标签是由“<”和“>”所括住的指令标签。HTML 标签不区分大小写，但习惯上用小写字母表示。

1. 双标签和单标签

HTML 语言中所使用的标签有双标签和单标签两种形式。但无论是哪种形式，在标签名中都不允许包含空格。

1）双标签：成对出现的标签，由开始标签和结束标签构成，必须成对使用。

这类标签的语法是：

```
<标签名>  内容  </标签名>
```

标签对中的<标签名>是开始标签，</标签名>是结束标签。开始标签告诉 Web 浏览器从此处开始执行该标签所表示的功能，而结束标签告诉 Web 浏览器在这里结束该功能。例如<title>表示文档标题的开始，</title>表示文档标题的结束。“内容”就是这对标签施加作用的部分。常用的双标签有：表示 html 文档的<html></html>，文档头<head></head>，文档体<body></body>，段落标签<p></p>等。

虽然没有结束标签，解析器也可以识别，但建议开始标签还是要有对应的结束标签来关闭，这样也便于网页的阅读和修改。

2）单标签：只需单独使用就能完整地表达意思。

这类标签的语法是：

```
<标签名>
```

如果开始标签和结束标签之间没有内容，就可以用单标签表示。常用的单标签有：
，它表示换行。

HTML 标签对大小写不敏感：<P> 等同于 <p>。许多网站都使用大写的 HTML 标签，但在以后的 HTML 版本中可能会强制要求小写。

2．注释标签

注释标签用于在源代码中插入注释，加入注释有助于对源代码功能的解读和后期修改。

注释标签的格式为：

```
<!--注释内容-->
```

在浏览 Web 页面时，注释不会显示出来。

2.1.2 HTML 元素

1．元素定义

在学习 HTML 时，需要区分标签和元素的含义。

网页内容是由元素组成的，而标签是为一个元素的开始和结束做标记。

HTML 元素指的是从开始标签（start tag）到结束标签（end tag）的所有代码。通常一个元素由开始标签、属性、元素内容和结束标签构成。

可参考表 2-1 所示示例。

表 2-1　HTML 元素示例

开始标签	元素内容	结束标签
<p>	段落内容	</p>
<a href="default.htm" >	链接	</a>

HTML 元素语法要求：

- HTML 元素以开始标签起始。
- HTML 元素以结束标签终止。
- 元素的内容是开始标签与结束标签之间的内容。
- 某些 HTML 元素内容为空。
- 空元素在开始标签中进行关闭（以开始标签的结束而结束）。
- 大多数 HTML 元素可拥有属性。

大多数 HTML 元素可以嵌套（可以包含其他 HTML 元素）。HTML 文档是由嵌套的 HTML 元素构成的。在嵌套时需要按顺序关闭标签，做到对称。HTML 文档元素嵌套所形式如下：

```
<head>
<title>我的网页</title>
```

```
</head>
```

2. 块级元素和行内元素

HTML 将元素分为块级元素和行内元素。块级元素和行内元素都是 HTML 规范中的概念，它们的基本差异是块级元素一般都是从新行开始的。当加了 CSS 控制以后，块级元素可以变为行内元素，行内元素也可以变为块级元素。

- 块级元素，一般都是从新行开始。常用的块级元素比如段落元素 p 等。
- 行内元素，也叫作内联元素，一般都是语义级别的基本元素，常用的行内元素比如超链接元素 a 等。

块级元素与行内元素的区别：

1）块级元素会独占一行。行内元素不会独占一行，相邻的行内元素会排列在同一行里，直到一行排不下，才会换行。

2）块级元素的宽度默认自动填满其父元素宽度（width），除非设定了宽度。行内元素的宽度就是它的文字或图片的宽度，宽度不可改变。

3）块级元素的高度（height）、行高（line-height）以及内边距（padding）和外边距（margin）都可改变。行内元素对高度和行高设置无效，外边距仅对水平方向有效，对垂直方向无效，内边距上下左右设置有效。

4）块级元素可以容纳行内元素和其他块级元素。form 这个块级元素比较特殊，只能来容纳其他块级元素。行内元素只能容纳文本或者其他行内元素。

HTML 中的块级元素如表 2-2 所示。

表 2-2　HTML 中的块级元素

标签	描述	标签	描述
<address>	定义地址	<li>	定义列表的项目
<article>	定义文章	<menu>	定义命令的列表或菜单
<aside>	定义页面内容之外的内容	<meter>	定义预定义范围内的度量
<audio>	定义声音内容	<nav>	定义导航链接
<blockquote>	定义长的引用	<noframes>	定义针对不支持框架的用户的替代内容
<canvas>	定义图形	<noscript>	定义针对不支持客户端脚本的用户的替代内容
<caption>	定义表格标题	<ol>	定义有序列表
<dd>	定义列表中项目的描述	<output>	定义输出的一些类型
<div>	定义文档中的节	<p>	定义段落
<dl>	定义列表	<pre>	定义预格式文本
<dt>	定义列表中的项目	<section>	定义 section
<details>	定义元素的细节	<table>	定义表格
<fieldset>	定义围绕表单中元素的边框	<tbody>	定义表格中的主体内容
<figcaption>	定义 figure 元素的标题	<td>	定义表格中的单元
<figure>	定义媒介内容的分组，以及它们的标题	<tfoot>	定义表格中的表尾内容（脚注）
<footer>	定义 section 或 page 的页脚	<th>	定义表格中的表头单元格
<form>	定义供用户输入的 HTML 表单	<thead>	定义表格中的表头内容

（续）

标签	描述	标签	描述
<h1> to <h6>	定义 HTML 标题	<time>	定义日期/时间
<header>	定义 section 或 page 的页眉	<tr>	定义表格中的行
<hr>	定义水平线	<ul>	定义无序列表
<legend>	定义 fieldset 元素的标题		

HTML 中的行内元素如表 2-3 所示。

表 2-3　HTML 中的行内元素

标签	描述	标签	描述
<a>	定义锚	<label>	定义 input 元素的标注
<abbr>	定义缩写	<map>	定义图像映射
<acronym>	定义只取首字母的缩写	<mark>	定义有记号的文本
<b>	定义粗体字	<object>	定义内嵌对象
<bdo>	定义文字方向	<progress>	定义任何类型的任务的进度
<big>	定义大号文本	<q>	定义短的引用
 	定义简单的折行	<samp>	定义计算机代码样本
<button>	定义按钮（push button）	<select>	定义选择列表（下拉列表）
<cite>	定义引用（citation)	<small>	定义小号文本
<code>	定义计算机代码文本	<span>	定义文档中的节
<command>	定义命令按钮	<strong>	定义强调文本
<dfn>	定义项目	<sub>	定义下标文本
<del>	定义被删除文本	<sup>	定义上标文本
<em>	定义强调文本	<textarea>	定义多行的文本输入控件
<embed>	定义外部交互内容或插件	<time>	定义日期/时间
<i>	定义斜体字	<tt>	定义打字机文本
<img>	定义图像	<var>	定义文本的变量部分
<input>	定义输入控件	<video>	定义视频
<kbd>	定义键盘文本	<wbr>	定义可能的换行符

2.1.3　HTML 属性

为了增强元素的功能，许多单标签和双标签的开始标签内可以包含一些属性。属性是与元素相关的特性，每个属性总是对应一个属性值，称为“属性/值”对。属性在使用时的语法是：

```
<标签名 元素属性 1="属性值 1"  属性 2="属性值 2"  … >
```

属性值被包含在引号中，以空格分隔。“属性/值”对之间无先后次序，数量任意。

例如下面的属性值定义：

```
<img src="img/01.jpg" name=”flower” width="300" height="150" >
```

在任何元素中都可以使用的属性，称为全局属性，如表 2-4 所示。

表 2-4　全局属性

属性	值	描述	说明
Accesskey	字符	设置访问元素的键盘快捷键	
Class	类名	规定元素的类名（classname）	
contenteditable	true，false	规定是否可编辑元素的内容	HTML5 新增
Contextmenu	menu_id	指定一个元素的上下文菜单。当用户右击该元素，出现上下文菜单	HTML5 新增
data-*	字符串	用于存储页面的自定义数据	HTML5 新增
dir	ltr，rtl	设置元素中内容的文本方向	
draggable	true，false，auto	指定某个元素是否可以拖动	HTML5 新增
dropzone	copy，move，link	指定是否将数据复制移动、链接或删除	HTML5 新增
hidden	hidden	hidden 属性规定对元素进行隐藏	HTML5 新增
id	id	规定元素的唯一 id	
lang	自然语言代码	设置元素中内容的语言代码	
spellcheck	true，false	检测元素是否拼写错误	HTML5 新增
style	样式定义	规定元素的行内样式（inline style）	
tabindex	数字	设置元素的 Tab 键控制次序	
title	文本	规定元素的额外信息（可在工具提示中显示）	
translate	yes，no	指定一个元素的值在页面载入时是否需要翻译	HTML5 新增

HTML 事件可以触发浏览器中的行为，比如当单击某个 HTML 元素时启动一段 JavaScript 代码。通过在 HTML 元素内设置事件属性，可以调用 JavaScript 程序。表 2-5 列出的是针对 window 对象触发的事件属性，可以应用到 <body>元素上。

表 2-5　窗口事件属性

属性	值	描述	说明
onafterprint	JavaScript 代码	在打印文档之后运行脚本	HTML5 新增
onbeforeprint	JavaScript 代码	在文档打印之前运行脚本	HTML5 新增
onbeforeonload	JavaScript 代码	在文档加载之前运行脚本	HTML5 新增
onblur	JavaScript 代码	当窗口失去焦点时运行脚本	
onerror	JavaScript 代码	当错误发生时运行脚本	HTML5 新增
onfocus	JavaScript 代码	当窗口获得焦点时运行脚本	
onhaschange	JavaScript 代码	当文档改变时运行脚本	HTML5 新增
onload	JavaScript 代码	当文档加载时运行脚本	
onmessage	JavaScript 代码	当触发消息时运行脚本	HTML5 新增
onoffline	JavaScript 代码	当文档离线时运行脚本	HTML5 新增
ononline	JavaScript 代码	当文档上线时运行脚本	HTML5 新增
onpagehide	JavaScript 代码	当窗口隐藏时运行脚本	HTML5 新增
onpageshow	JavaScript 代码	当窗口可见时运行脚本	HTML5 新增
onpopstate	JavaScript 代码	当窗口历史记录改变时运行脚本	HTML5 新增
onredo	JavaScript 代码	当文档执行再执行操作（redo）时运行脚本	HTML5 新增
onresize	JavaScript 代码	当调整窗口大小时运行脚本	HTML5 新增

（续）

属性	值	描述	说明
onstorage	JavaScript 代码	当 Web Storage 区域更新时（存储空间中的数据发生变化时）运行脚本	HTML5 新增
onundo	JavaScript 代码	当文档执行撤销时运行脚本	HTML5 新增
onunload	JavaScript 代码	当用户离开文档时运行脚本	HTML5 新增

由 HTML 表单内的动作触发的事件可以应用到几乎所有 HTML 元素，但最常用的还是在 form 元素中，如表 2-6 所示。

表 2-6　表单事件属性

属性	值	描述	说明
onblur	JavaScript 代码	当元素失去焦点时运行脚本	
onchange	JavaScript 代码	当元素改变时运行脚本	
oncontextmenu	JavaScript 代码	当触发上下文菜单时运行脚本	HTML5 新增
onfocus	JavaScript 代码	当元素获得焦点时运行脚本	
onformchange	JavaScript 代码	当表单改变时运行脚本	HTML5 新增
onforminput	JavaScript 代码	当表单获得用户输入时运行脚本	HTML5 新增
oninput	JavaScript 代码	当元素获得用户输入时运行脚本	HTML5 新增
oninvalid	JavaScript 代码	当元素无效时运行脚本	HTML5 新增
onreset	JavaScript 代码	当表单重置时运行脚本	HTML5 不支持
onselect	JavaScript 代码	当选取元素时运行脚本	
onsubmit	JavaScript 代码	当提交表单时运行脚本	

有些事件是通过键盘或鼠标操作触发的，如表 2-7 所示。

表 2-7　键盘和鼠标事件属性

属性	值	描述	说明
onkeydown	JavaScript 代码	当按下按键时运行脚本	
onkeypress	JavaScript 代码	当按下并松开按键时运行脚本	
onkeyup	JavaScript 代码	当松开按键时运行脚本	
onclick	JavaScript 代码	当单击鼠标时运行脚本	
ondblclick	JavaScript 代码	当双击鼠标时运行脚本	
ondrag	JavaScript 代码	当拖动元素时运行脚本	HTML5 新增
ondragend	JavaScript 代码	当拖动操作结束时运行脚本	HTML5 新增
ondragenter	JavaScript 代码	当元素被拖动至有效的拖放目标时运行脚本	HTML5 新增
ondragleave	JavaScript 代码	当元素离开有效拖放目标时运行脚本	HTML5 新增
ondragover	JavaScript 代码	当元素被拖动至有效拖放目标上方时运行脚本	HTML5 新增
ondragstart	JavaScript 代码	当拖动操作开始时运行脚本	HTML5 新增
ondrop	JavaScript 代码	当被拖动元素正在被拖放时运行脚本	HTML5 新增
onmousedown	JavaScript 代码	当按下鼠标按钮时运行脚本	
onmousemove	JavaScript 代码	当鼠标指针移动时运行脚本	
onmouseout	JavaScript 代码	当鼠标指针移出元素时运行脚本	

（续）

属性	值	描述	说明
onmouseover	JavaScript 代码	当鼠标指针移至元素之上时运行脚本	
onmouseup	JavaScript 代码	当松开鼠标按钮时运行脚本	
onmousewheel	JavaScript 代码	当转动鼠标滚轮时运行脚本	HTML5 新增
onscroll	JavaScript 代码	当滚动元素的滚动条时运行脚本	HTML5 新增

由多媒体（如视频、图像和音频）触发的事件适用于所有 HTML 元素，但多应用于 HTML 媒体元素比如 <audio><embed><img><object><video>，如表 2-8 所示。

表 2-8　多媒体事件属性

属性	值	描述	说明
Onabort	JavaScript 代码	当发生中止事件时运行脚本	
Oncanplay	JavaScript 代码	当媒介能够开始播放但可能因缓冲而需要停止时运行脚本	HTML5 新增
oncanplaythrough	JavaScript 代码	当媒介能够无需因缓冲而停止即可播放至结尾时运行脚本	HTML5 新增
ondurationchange	JavaScript 代码	当媒介长度改变时运行脚本	HTML5 新增
Onemptied	JavaScript 代码	当媒介资源元素突然为空时（如网络错误、加载错误等）运行脚本	HTML5 新增
Onended	JavaScript 代码	当媒介已抵达结尾时运行脚本	HTML5 新增
Onerror	JavaScript 代码	当在元素加载期间发生错误时运行脚本	HTML5 新增
onloadeddata	JavaScript 代码	当加载媒介数据时运行脚本	HTML5 新增
onloadedmetadata	JavaScript 代码	当媒介元素的持续时间以及其他媒介数据已加载时运行脚本	HTML5 新增
Onloadstart	JavaScript 代码	当浏览器开始加载媒介数据时运行脚本	HTML5 新增
Onpause	JavaScript 代码	当媒介数据暂停时运行脚本	HTML5 新增
Onplay	JavaScript 代码	当媒介数据将要开始播放时运行脚本	HTML5 新增
Onplaying	JavaScript 代码	当媒介数据已开始播放时运行脚本	HTML5 新增
Onprogress	JavaScript 代码	当浏览器正在取媒介数据时运行脚本	HTML5 新增
onratechange	JavaScript 代码	当媒介数据的播放速率改变时运行脚本	HTML5 新增
onreadystatechange	JavaScript 代码	当就绪状态改变时运行脚本	HTML5 新增
Onseeked	JavaScript 代码	当媒介元素的定位属性不再为真且定位已结束时运行脚本	HTML5 新增
Onseeking	JavaScript 代码	当媒介元素的定位属性为真且定位已开始时运行脚本	HTML5 新增
Onstalled	JavaScript 代码	当取回媒介数据过程中（延迟）存在错误时运行脚本	HTML5 新增
Onsuspend	JavaScript 代码	当浏览器无法获取媒介数据（如媒介数据加载暂停或浏览器阻止继续加载）时运行脚本	HTML5 新增
ontimeupdate	JavaScript 代码	当媒介改变其播放位置时运行脚本	HTML5 新增
onvolumechange	JavaScript 代码	当媒介改变音量或当音量被设置为静音时运行脚本	HTML5 新增
Onwaiting	JavaScript 代码	当媒介已停止播放但打算继续播放时运行脚本	

其他事件属性见表 2-9。

表 2-9　其他事件属性

属性	值	描述	说明
onshow	JavaScript 代码	当 <menu> 元素在上下文显示时触发	HTML5 新增
ontoggle	JavaScript 代码	当用户打开或关闭 <details> 元素时触发	HTML5 新增

2.1.4 HTML 文档的基本结构

一个 HTML 文档由标题、段落、文本、表格、列表等各种元素组成，HTML 使用标签来描述这些元素。实际上，HTML 文档就是由标签和元素组成的文本文件。一个 HTML 文档包括四个部分，如图 2-1 所示。

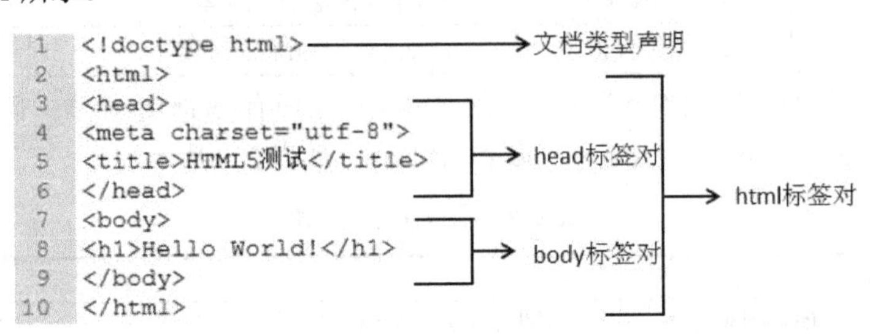

图 2-1　HTML 文档结构示例

下面将详细讨论这些组成部分。

1．HTML 文档类型声明

在用 HTML 语言编写文档时，需要指定文档类型，以确保浏览器能按照文档类型的标准渲染网页。

在 HTML 文档中，用 DOCTYPE 声明来指定文档类型。DOCTYPE 是一种标准通用标记语言（Standard Generalized Markup Language，SGML）的文档类型声明，它的目的是要告诉标准通用标记语言解析器或者浏览器，应该按照什么规则来解析文档，这些规则就是 DTD（Document Type Definition，文档类型定义）中包含的规则。

DTD 是一套关于标记符的语法规则，它定义了文档中元素的定义规则、元素间关系的定义规则、元素可使用的属性、可使用的实体或符号规则等。DTD 是一种保证 HTML 文档格式正确的有效方法，它为解析器提供了解析 HTML 文档的依据，可以通过比较 HTML 文档和 DTD 文件来看文档是否符合规范、元素和标签使用是否正确。

DOCTYPE 声明必须放在 HTML 文档的第一行，在 html 标签之前定义。DOCTYPE 没有使用或格式不正确会导致文档以兼容模式呈现，建议直接复制粘贴 DOCTYPE 声明而不是自己输入。

DOCTYPE 声明的语法格式为：

```
<!DOCTYPE 根元素 可用性 "注册//组织//类型 标签 定义//语言" "URL" >
```

HTML4.01 需要对 DTD 进行引用，有三种 DOCTYPE 声明方法。

1）HTML 4.01 Strict

```
<!DOCTYPE HTML PUBLIC "-//W3C//DTD HTML 4.01//EN"
 "http://www.w3.org/TR/html4/strict.dtd">
```

2）HTML 4.01 Transitional

```
<!DOCTYPE HTML PUBLIC "-//W3C//DTD HTML 4.01 Transitional//EN"
"http://www.w3.org/TR/html4/loose.dtd">
```

3）HTML 4.01 Frameset

```
<!DOCTYPE HTML PUBLIC "-//W3C//DTD HTML 4.01 Frameset//EN"
```

```
    "http://www.w3.org/TR/html4/frameset.dtd">
```

HTML5 不基于 SGML，不需要引用 DTD。HTML5 的 DOCTYPE 声明只有一种，格式简明扼要，仅用一个 DOCTYPE 来触发标准模式，语法如下。

```
<!DOCTYPE html>
```

2．<html>标签对

<!DOCTYPE> 标签之后是<html>标签，用来标识 HTML 文档的开始，并告知浏览器这是一个 HTML 文档，</html>标签放在 HTML 文档的最后，用来标识 HTML 文档的结束，这对标签是双标签，必须成对使用。<html>标签对是所有其他 HTML 元素的容器，在<html>和</html>标签之间是文档头和文档主体。文档头由<head>标签定义，文档主体由<body>标签定义。

<html>标签中可以设置两个基本属性：dir 和 lang。dir 属性规定元素内容的文本方向，在<html>标签中使用 dir 属性将决定整个文档中文本的显示方向。dir 属性值有 ltr、rtl 和 auto 三种，如表 2-10 所示。浏览器默认属性为“ltr”，即从左向右的文本方向。除非特殊要求，一般不需要设置<html>标签的 dir 属性，可省略。

lang 属性规定元素内容的语言，属性值为 language_code。

表 2-10　html 元素的属性

属性	值	描述
dir	ltr	（默认）从左向右的文本方向
	rtl	从右向左的文本方向
	auto	让浏览器根据内容来判断文本方向（仅在文本方向未知时推荐使用）
lang	language_code	规定元素内容的语言代码

3．<head>标签对

<head>和</head>构成 HTML 文档的头部分，在此标签对之间可以使用<title><style><base><link><meta><script>等辅助性标签，这些标签都是描述 HTML 文档头部信息的标签。除了<title>的元素内容会在文档的标题栏显示，<head></head>之间的内容是不会在浏览器页面中显示出来的。

要将网页的标题显示到浏览器的顶部，只要在<title></title>标签对之间加入要显示的文本即可。例如：

```
<head>
<title>静夜思</title>
</head>
```

<title></title>标签对只能放在<head></head>标签对之间使用，并且只有全局属性。

元数据<meta>标签用来描述 HTML 文档的信息，元数据不会在浏览器页面中显示，但会被解析器解读。meta 元素用来指定网页的描述、关键词、作者、文档最后的修改时间及其他元数据。<meta>标签位于<head></head>区域内，它是单标签，没有结束标签。例如：

```
<head>
<meta name= "Author" content= "Patterson" >
</head>
```

上面的代码段中用 meta 元素的 name 属性说明了元数据的关键字：Author，content 属性定义了这个关键字的值：Patterson。

meta 的属性定义如表 2-11 所示。

表 2-11 meta 的属性

属性	值	描述	说明
http-equiv	content-type expires refresh set-cookie	把 content 属性关联到 HTTP 头部	
Name	author description keywords generator revised others	把 content 属性关联到一个名称	
Content	任意文本	定义与 http-equiv 或 name 属性相关的元信息，可用任意文本表示	
Charset	字符编码	规定 HTML 文档的字符编码 常用的字符编码： UTF-8： Unicode 字符编码 ISO-8859-1：拉丁字母表的字符编码 GB-2312：简体中文字符编码	HTML5 新增

content 属性指定了 meta 信息的内容，如果将 name 的属性值设为 keywords，可以向搜索引擎说明网页的关键词。例如：

```
<head>
<meta name= "keywords" content= "图书，书名，作者，出版社" >
</head>
```

charset 属性可以声明网页所使用的字符编码，告知浏览器选择正确的编码。例如：

```
<head>
<meta charset=" gb2312">
</head>
```

其中 gb2312 是简体中文字符集。其他常用的字符集还有表示西欧字符集的 ISO-8859-1 和几乎覆盖所有字符与符号的 UTF-8。在 HTML5 中默认的字符编码是 UTF-8，又称万国码，可以兼容世界上大多数语言。

4. <body>标签对

<body>标签对是 HTML 文档的主体部分，在<body>和</body>标签对之间可包含<p></p><h1></h1>
<hr>等标签，它们所定义的文本、图像等将会在浏览器的框架内显示出来。<body>标签在</head>标签之后出现，结束标签</body>需在</html>前使用。

<body>标签中可以设置很多属性，比如文档背景颜色、文本颜色、背景图像、边距等、表 2-12 中列举了其中的三种。

表 2-12 body 的属性

S	用途	示例
<body bgcolor="#rrggbb">	设置背景颜色	<body bgcolor=" #0000ff"> 将背景设为蓝色

（续）

S	用途	示例
<body text="#rrggbb">	设置文本颜色	<body text="#ffffff"> 将文本设为白色
<body background="image-URL">	设置背景图像	<body background="01.jpg"> 把图像设为背景

色彩 rrggbb 用十六进制的 红一绿一蓝（red-green-blue, RGB）值来表示。

<body>标签的属性设置例如：

```
<body bgcolor="#333333" text="white" >
静夜思<br>
李白<br>
床前明月光，疑是地上霜。<br>
举头望明月，低头思故乡。<br>
</body>
```

在浏览器中打开页面，显示效果如图 2-2 所示。

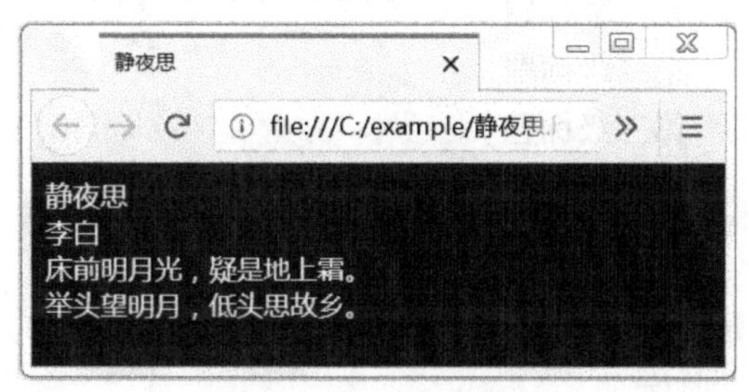

图 2-2　body 属性设置

2.2　网页文字设计

在设计网页时，通过使用如段落、列表、表格等文字设计标签，可以在 HTML 文档中编排文字并设置文字格式，使页面更加结构化和条理化，便于浏览者快速获取所需信息。

2.2.1　文本设计

1．段落和换行

段落是通过<p>标签定义的。 <p>表示段落开始，</p>表示段落结束，在此标签对之间添加的文本将按照段落的格式显示在浏览器页面上。<p>和</p>需要成对使用。不建议使用没有内容的 p 元素，因为浏览器在显示页面时会忽略。

浏览器会自动地在段落的前后各添加一个空行。但不建议将<p>标签用于换行。

<p>标签可以使用 align 属性来设置段落的对齐方式。align 属性值可设为：left（左对齐），center（居中对齐）和 right（右对齐），默认属性值为 left。其语法格式为：

```
<p align="对齐方式" >
```

当需要结束一行，并且不想开始新段落时，可以使用
标签。
标签不管放在什么位置，都能够强制换行。它是单标签。

用 align 属性设置段落居中对齐，并且每行文字都用
换行，代码如下。

```
<p align="center">
江雪<br>
[唐]柳宗元<br>
千山鸟飞绝，万径人踪灭。<br>
孤舟蓑笠翁，独钓寒江雪。<br>
</p>
```

在页面中会呈现如图 2-3 所示的效果。

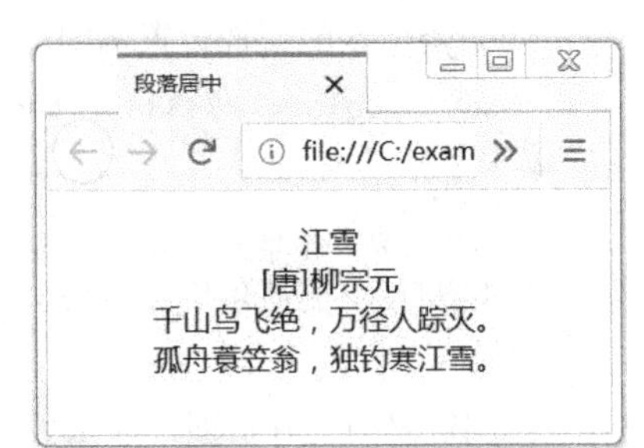

图 2-3　段落居中对齐

2. 分级标题

一般文章都有标题、副标题、章和节等结构，HTML 中也提供了相应的标题标签<Hn>，其中 n 为标题的等级，HTML 总共提供六个等级的标题，n 越小，标题字号就越大，以下列出所有等级的标题：

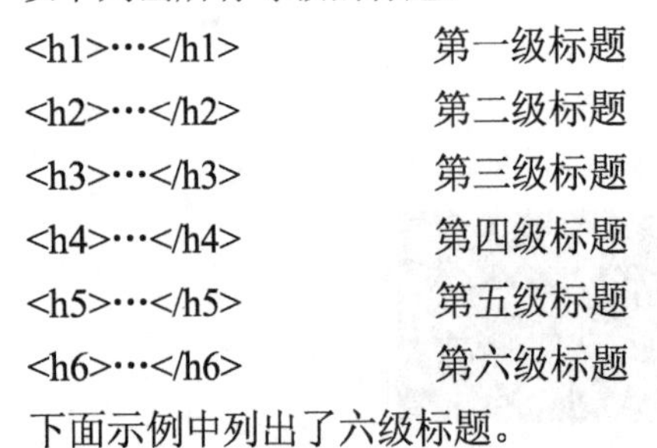

<h1>…</h1>　　第一级标题
<h2>…</h2>　　第二级标题
<h3>…</h3>　　第三级标题
<h4>…</h4>　　第四级标题
<h5>…</h5>　　第五级标题
<h6>…</h6>　　第六级标题

下面示例中列出了六级标题。

```
<body>
<p>普通文本
<H1>一级标题</H1>
<H2>二级标题</H2>
<H3>三级标题</H3>
<H4>四级标题</H4>
<H5>五级标题</H5>
<H6>六级标题</H6>
</p>
</body>
```

在浏览器中的显示效果如图 2-4 所示。

图 2-4　分级标题

3. 预格式化文本

pre 元素用于对文本格式进行预先设定，当浏览器处理文本时，会按照 pre 元素所设置的方式在页面中呈现出来。<pre>和</pre>是构成 pre 元素的标签对，该标签可定义预格式化的文本，被包围在 pre 元素中的文本通常会保留空格和换行符，并且文本会呈现为等宽字体。

图 2-5 对比了使用 pre 预格式化前后的效果。

4. 基本文字格式

在使用 Word 等文本编辑工具时，可以给字体设置

“加粗”“斜体”“删除线”等格式，在 Web 页面中，也可以通过一些文本格式设置，呈现出这些效果。常用的文字格式标签见表 2-13，这些标签均为双标签，每个标签所设定的文字格式作用于开始和结束标签之间的文本。

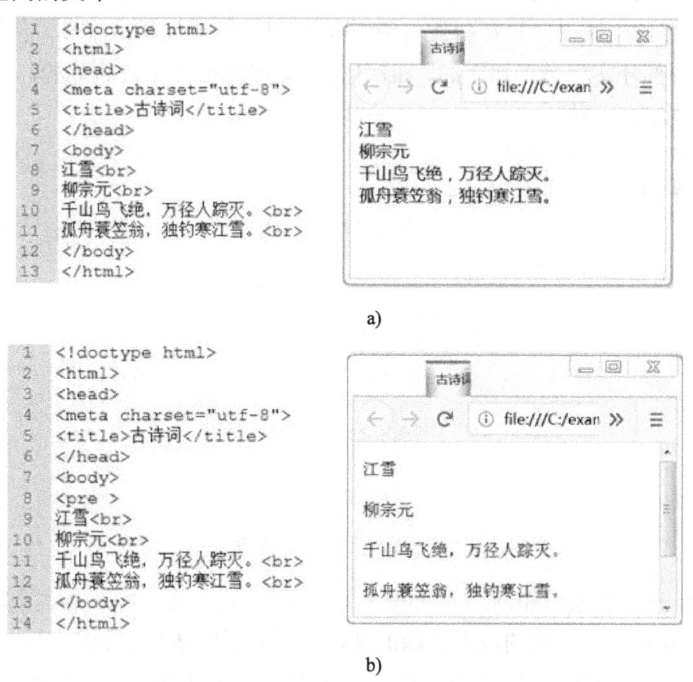

图 2-5　pre 预格式化前后效果呈现

a) 预格式化前效果呈现　b) 预格式化后效果呈现

表 2-13　常见文字格式标签

标签	描述	说明
<b>	定义粗体文本	
<i>	定义斜体字	
<small>	定义小号字	
<em>	定义着重文字	
<strong>	定义加重语气	
<sub>	定义下标字	
<sup>	定义上标字	
<ins>	定义插入字	
<del>	定义删除字	
<s>	定义不正确、不准确或者没有用的文本	
<ruby>	定义中文注音或字符	HTML5 新增
<rt>	定义字符（中文注音或字符）的解释或发音	HTML5 新增
<rp>	在 ruby 注释中使用，以定义不支持 ruby 元素的浏览器所显示的内容	HTML5 新增

其中，<small>用来呈现小号文字，比如网页底部的版权声明及联系方式等。<sub>和<sup>

分别呈现下标和上标，多用于公式或数学运算中，有些语言也会使用上标和下标来表示。

<em>和<strong>用于强调语义，对于一些语音阅读的程序，当遇到表示强调的文字时，可以根据不同的设定改变语气或语速。通常，浏览器会把<em>着重的文字显示为斜体，把<strong>强调的文字显示为粗体。如果仅显示斜体，使用<i>即可，如果仅显示粗体，使用<b>即可。

ins 用来标记哪部分文字是新插入的，del 用来标记哪部分文字是删除的，ins 和 del 可以搭配使用来体现文字的修改。例如：

```
<p>
鸟宿池边树，僧<del>推</del><ins>敲</ins>月下门。
</p>
```

在页面中会呈现如图 2-6 所示的效果。

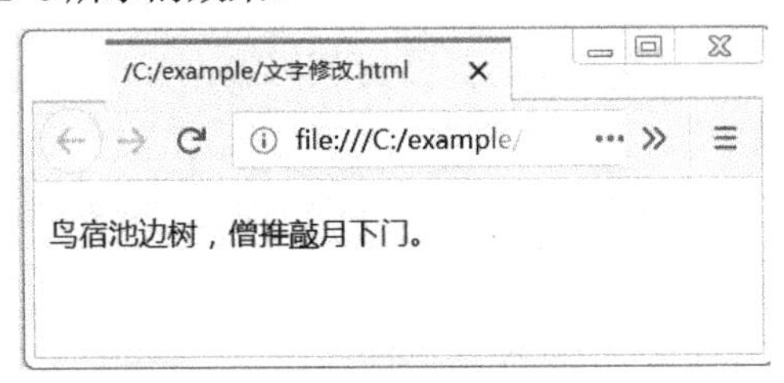

图 2-6　标记文字修改

虽然 s 与 del 呈现的效果相同，但两者含义不同。s 是对那些不正确、不准确或者没有用的文本进行标识，它并不表示替换的或者删除的文本，后者则由 del 来标识。

表 2-13 所示的这些文本格式标签是可以叠加使用的。如【例 2-1】所示。

【例 2-1】 文本格式叠加示例。

```
<!doctype html>
<html>
<head>
<meta charset="utf-8">
<title>优惠信息</title>
</head>
<body>
<p>
优质菲力牛排<br>
<s>建议零售价：￥70.00/500g</s><br>
<b>优惠价：￥50.00/500g</b><br>
</p>
</body>
</html>
```

代码的页面显示效果如图 2-7 所示。

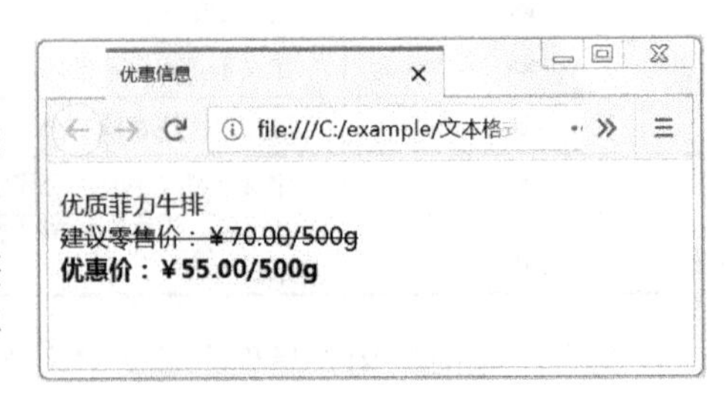

图 2-7　文本格式叠加代码显示效果

5．水平分割线

网页中可以用水平分割线从视觉上实现页面内容的分隔，使得页面的显示更加清晰。水平分割线用<hr>标签实现，<hr>为单标签。水平分割线会横跨整个页面，并且随着浏览器窗口的宽度自动调整。水平分割线的使用示例如下。

【例 2-2】 水平分割线示例。

```
<!doctype html>
<html>
<head>
<meta charset="utf-8">
<title>江雪</title>
</head>
<body>
<p align="center">
江雪<br>
[唐]柳宗元<br>
千山鸟飞绝，万径人踪灭。<br>
孤舟蓑笠翁，独钓寒江雪。<br>
<hr>
【注解】：<br>
蓑笠翁：披蓑衣，戴斗笠的渔翁。<br>
</p>
</body>
</html>
```

代码的页面显示效果如图 2-8 所示。

6. 字符实体

在网页上普通字符可以在 HTML 的<body>内添加，但某些特殊字符是不能直接使用的，比如在 HTML 中不能使用小于号（<）和大于号（>），这是因为浏览器会误认为它们是标签。如果希望正确地显示这些特殊字符，必须在 HTML 源代码中使用字符实体（Character Entities）。表 2-14 列出了常用的字符实体。

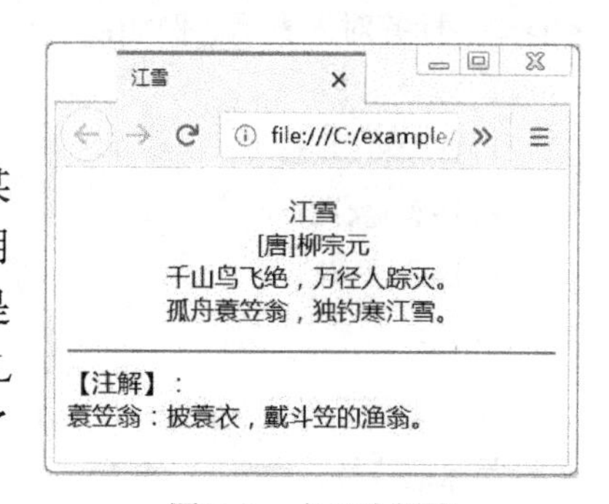

图 2-8　水平分割线

表 2-14　常用的字符实体

显示	描述	实体名称	实体编号
	空格		
<	小于号	<	<
>	大于号	>	>
"	引号	"	"
'	撇号	' (IE 不支持)	'
&	和号	&	&
¥	人民币/日元	¥	¥
€	欧元	€	€
×	乘号	×	×
÷	除号	÷	÷
©	版权	©	©
®	注册商标	®	®

字符实体在 HTML 文档中的使用可参考如下代码：

```
<body>
  如果 a &lt b，那么 x=1，否则 x=0
</body>
```

以上字符实体的使用在浏览器中的显示效果如图 2-9 所示。

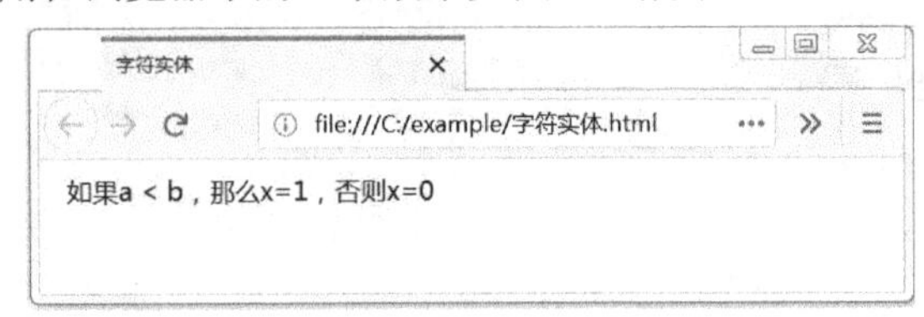

图 2-9　字符实体

2.2.2　列表

HTML 的列表有三种形式：无序列表、有序列表和自定义列表。

1．无序列表

无序列表采用符号来标记每个列表。无序列表用<ul></ul>标签对实现，每个列表项用<li></li>标签对来表示。例如：

```
<ul>
<li>学校</li>
<li>医院</li>
<li>公司</li>
</ul>
```

浏览器显示结果如图 2-10 所示。默认每个列表项使用粗体圆点进行标记，也可以使用 CSS 样式来设置标记符号。

2．有序列表

有序列表使用数字对每个列表项进行标记，数字用来表示顺序。有序列表用<ol></ol>标签对实现，每个列表项用<li></li>标签对来表示。例如：

```
<ol>
<li>HTML</li>
<li>CSS</li>
</ol>
```

浏览器显示结果如图 2-11 所示。默认每个列表项使用数字 1，2，…进行标记，也可以使用 CSS 样式来设置标记序号。

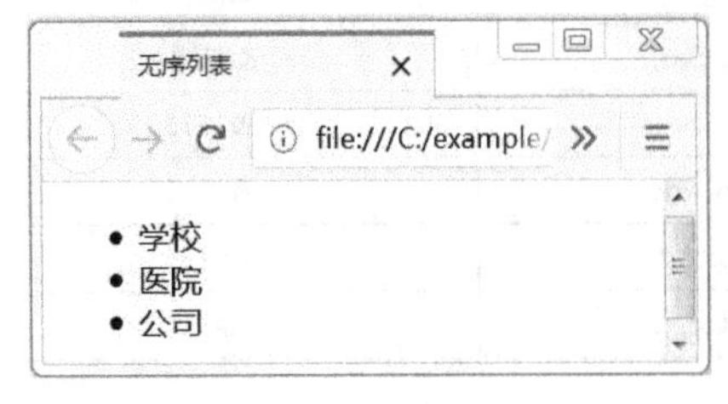

图 2-10　无序列表

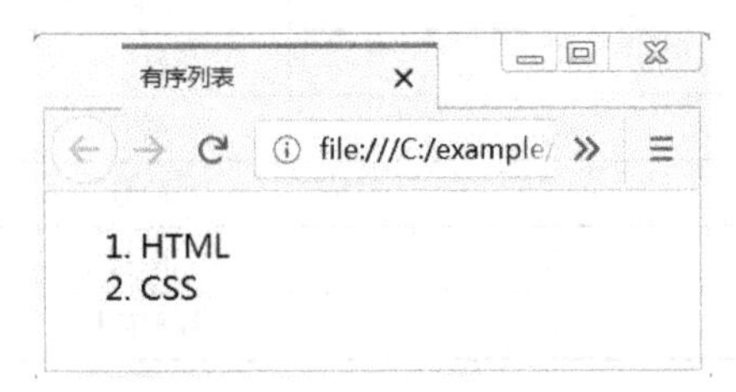

图 2-11　有序列表

3．自定义列表

自定义列表通常用于对某个条目进行定义、解释或说明。自定义列表用<dl></dl>标签对实现，每个条目从<dt>标签开始，条目的解释说明以<dd>标签开始。例如：

```
<dl>
<dt>HTML
<dd>超文本标记语言</dd>
</dt>
<dt>URL
<dd>统一资源定位符</dd>
</dt>
</dl>
```

浏览器显示结果如图 2-12 所示。默认<dd>标签内的文字缩进显示。

4．列表嵌套

在一个列表中可以包含其他列表，称之为列表嵌套。列表嵌套可以体现多层次的内容。例如：

```
<ul>
<li>计算机
<ul>
<li>巨型机</li>
<li>大型机</li>
<li>小型机</li>
<li>微型计算机
<ul>
<li>PC</li>
<li>单片机</li>
<li>……</li>
</ul>
</li>
</ul>
```

浏览器显示结果如图 2-13 所示。

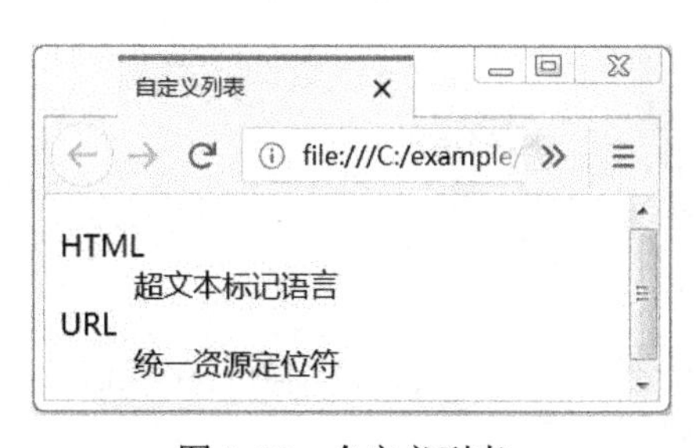

图 2-12　自定义列表

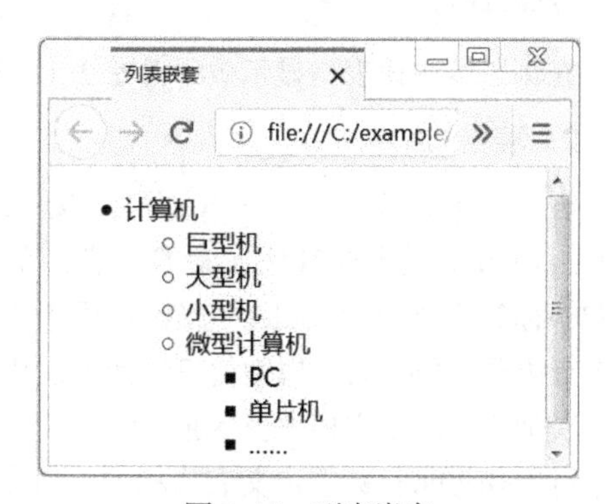

图 2-13　列表嵌套

2.2.3　表格

在 HTML 文档中使用表格不但可以呈现数据之间的关系，还可以组织文本、图形等的布局。

1．表格的相关元素

HTML 文档中的表格与 Excel 文档中的表格形式相似，可以由如下的元素来构建表格：

- table 元素：用来定义表格。
- caption 元素：用来定义表格的标题。
- tr 元素：用来定义表格中的行。
- td 元素：用来定义单元格。
- th 元素：用来定义表头。
- thead 元素：用来定义表格头。
- tbody 元素：用来定义表格主体。
- tfoot 元素：用来定义表格尾。
- colgroup 元素：用于对表格中的列进行组合，以便对其进行格式化。
- col 元素：规定了 <colgroup> 元素内部的每一列的列属性。通过使用 <col> 标签，可以向整个列应用样式，而不需要重复为每个单元格或每一行设置样式。

其中，table 元素、tr 元素、th 元素和 td 元素是创建表格的基本元素。简单的表格由 table 元素，一个或多个 tr 元素，一个或多个 th、td 元素组成即可。例如下面的代码可生成三行两列的表格：

```
<table border="1">
<tr>
<th>姓名</th>
<th>性别</th>
</tr>
<tr>
<td>张三</td>
<td>男</td>
</tr>
<tr>
<td>小芳</td>
<td>女</td>
</tr>
</table>
```

在浏览器中该表格显示效果如图 2-14 所示。

图 2-14　简单表格页面

2．表格的结构

表格以标签 <table> 开始，以 </table> 结束。<table></table>是表格其他元素的容器。在 HTML5 中，<table>标签仅支持“border”属性，用于规定表格各单元是否有边框。“border”属性值可设为 1 或其他数字数值。

类似于 Word 文档中表格通常会有标题，在 HTML 文档中可用<caption>标签定义表格标题，对表格的内容做一个简要的概括。<caption>标签必须放到<table>标签之后。每个表格只能定义一个标题或不设标题。

每个表格都有多行，每行又可以被分割为多个单元格。HTML 用 tr 元素定义表格中的一行，<tr></tr>标签包含在<table></table>标签内，它是单元格的容器。

表格中的单元格通常有两种形式。一种是表头，用来对单元格数据的性质进行归类，例如成绩单中包括学生的学号、姓名、成绩，这些归类可排列在表格头部，作为表头。另一种是标准单元格，用来表示数据。

表头用 th 元素创建，<th></th>标签包含在<tr></tr>标签内。<th>元素中的文本通常呈现为粗体并且居中。

th 元素的属性设置如表 2-15 所示。

表 2-15　th 元素的属性

属性	值	描述
Headers	header_id	规定与表头单元格相关联的一个或多个表头单元格
Scope	col colgroup row rowgroup	规定表头单元格是否是行、列、行组或列组的头部
Colspan	数值	规定表头单元格可横跨的列数
Rowspan	数值	规定表头单元格可横跨的行数

其中，th 元素的 scope 属性用于规定当前 th 单元格是哪些单元格的表头。

标准单元格用 td 元素创建，<td></td>标签包含在<tr></tr>标签内。<td> 元素中的文本通常呈现为普通的左对齐文本。

td 元素的属性设置如表 2-16 所示。

表 2-16　td 元素的属性设置

属性	值	描述
headers	header_id	规定与单元格相关联的一个或多个表头单元格
colspan	数值	规定单元格可横跨的列数
rowspan	数值	规定单元格可横跨的行数

<th>和<td>元素都可以使用 headers 属性，<th>元素中的 headers 属性用于规定与当前表头单元格相关联的一个或多个表头单元格，<td>元素中的 headers 属性用于规定与当前标准单元格相关联的一个或多个表头单元格。

表格中有时存在跨越多行或者多列的单元格，<th>和<td>元素都可以使用与之相关的两个重要的属性：

- rowspan 属性：设置单元格跨越的行数。
- colspan 属性：设置单元格跨越的列数。

表格中的多行可以按照内容分开组织为表格头、表格主体和表格尾三个部分。用 thead 元素来定义表格头， tbody 元素定义表格主体，tfoot 元素定义表格尾。通过使用这些元素，使浏览器能保持表格头和表格尾不动，仅使表格主体滚动。当打印跨越多个页面的长表格时，表格的表头和表尾可被打印在表格的每张页面上。

<thead><tbody> 和 <tfoot> 元素应结合起来使用，这三个元素必须包含在<table>元素内，<tfoot>必须定义在<tbody>元素前，这样在表格主体数据完全加载前就可以先呈现表格尾。每一个<thead><tbody> 和 <tfoot>元素至少包含一行，并且必须包含相同的列数。

下面的代码展示了如何运用这些元素建立一个有表头、主体、表尾，并且有跨行单元格的 HTML 表格。表格在浏览器中的呈现效果如图 2-15 所示。

图 2-15　表格综合示例

【例 2-3】 表格综合示例。

```
<!doctype html>
<html>
<head>
<meta charset="utf-8">
<title>节目单</title>
</head>
<body>
<table border="1">
<caption>节目单</caption>
<thead>
<tr>
<th scope="col" id="name">演唱者</th>
<th scope="col" id="song">曲目</th>
</tr>
</thead>
<tfoot>
<tr>
<td colspan="2">共计：5 个节目</td>
</tr>
</tfoot>
<tbody>
<tr>
<td rowspan="2" headers="name">小明</td>
<td headers="song">蓝莲花</td>
</tr>
<tr>
<td headers="song">怒放的生命</td>
</tr>
<tr>
<td headers="name">小丽</td>
<td headers="song">小幸运</td>
</tr>
<tr>
<td rowspan="2" headers="name">小强</td>
<td headers="song">红日</td>
```

```
</tr>
<tr>
<td headers="song">光辉岁月</td>
</tr>
</tbody>
</table>
</body>
</html>
```

2.2.4 语义元素

HTML 语义化是指可使用合理的 HTML 元素去格式化文档内容。通俗地说，语义化就是对数据和信息进行处理，使得机器可以理解。

在浏览 Web 页面时，页面中的每一部分内容都包含一种含义，浏览者可以粗略地通过观察判断内容的语义，但对搜索引擎和 Web 浏览器来说，只能通过元素或标签来判断内容的语义，因此，要尽可能地使 HTML 文档语义化，以便于浏览器进行解析，同时，也更方便开发人员阅读代码文档、理清代码结构。

一个 HTML 语义元素的存在意味着被标记的内容有相应的结构化的意义。例如：

```
<p>文字</p>
<span>文字</span>
```

如上代码，<p>是语义元素，<span>是无语义元素。<p>元素和<span>元素显示的文字效果相同，但区别在于<p>元素清楚地定义了其中的内容为段落，而<span>元素并没有特殊含义。

常用的无语义元素：<div>和<span>。

之前介绍过的<html><head><title><meta><body><p>
，<h1>到<h6>，<ul>，<ol>，<li>，<dl><table><caption><tr><td><thead><tfoot>等对内容进行了定义的元素均为语义元素。

在 HTML 文档中使用语义元素有几大优势：

- HTML 文档结构清晰，便于代码维护和团队开发。
- 便于其他设备（如屏幕阅读器、盲人阅读器、移动设备）解析，以语义的方式渲染网页。
- 有利于搜索引擎的优化。
- HTML 文档语义化会减少代码量，加快页面加载。

HTML 正在朝着更加健壮的语义化的 HTML 文本结构发展，在 HTML5 中增加了更多的语义元素，使 HTML 文档的页面结构更加清晰。新增语义元素如表 2-17 所示。

表 2-17 HTML5 新增语义元素

元素	描述
<article>	定义文章
<aside>	定义页面内容以外的内容
<details>	定义用户能够查看或隐藏的额外细节
<figcaption>	定义 <figure> 元素的标题
<figure>	规定自包含内容，比如图示、图表、照片、代码清单等
<footer>	定义文档或节的页脚

（续）

元素	描述
<header>	规定文档或节的页眉
<main>	规定文档的主内容
<mark>	定义重要的或强调的文本
<nav>	定义导航链接
<section>	定义文档中的节
<summary>	定义 <details> 元素的可见标题

2.3 建立超链接

当浏览网页时，单击一个超链接，可以使网页切换到另一个 HTML 文档或由 URL 指向的站点。超链接最终使万维网形成了网络，万维网中的网页相互链接，才能构成网络。

2.3.1 超链接的概念

超链接（HyperLink）是从一个 Web 资源（例如网页中的文字、图片等）到另一个 Web 资源的连接，也称为链接。

超链接始于源端，指向目标端，因此，超链接的定义需要指定源端和目标端。源端在定义超链接的 HTML 文档中，目标端需要通过链接属性来指定，它可以是另一个 Web 页面、一段文本、一个图片、一段视频、一个应用程序，也可以是当前网页上的不同位置。

网页上的超链接一般分为三种：

1）第一种是绝对 URL 的超链接。URL（Uniform Resource Locator）就是统一资源定位符，简单地讲就是网络上的一个站点、网页的完整路径。

2）第二种是相对 URL 的超链接。如将自己网页上的某一段文字或某标题链接到同一网站的其他网页上面去。

3）第三种为同一网页的超链接，这就要使用到书签的超链接，一般用#号加上名称链接到同一页面的指定位置。

在网页中，如果用户已经浏览过某个超链接，这个超链接的文本颜色就会发生改变。只有图像的超链接访问后，颜色不会发生变化。

2.3.2 绝对路径和相对路径

路径是指文件存放的位置，在 HTML 文档中利用路径可以引用文件，插入图像、视频等。表示路径的方法有两种：绝对路径和相对路径。

1. 绝对路径

绝对路径是指完整的路径。以图 2-16 所示路径为例，C:/example/helloworld.html 是 helloworld.html 文件的绝对路径，由绝对路径就可以看出 helloworld.html 文件是在 C 盘的 example 目录下。

超链接文件也有绝对路径，假设某一图片 icon.jpg 所在网站域名为 www.test.com，则它的绝对路径是：https://www.test.com/img/icon.jpg。

有时会发现编写的 HTML 文档在自己的计算机上浏览正常、可以显示图片，但上传到 Web 服务器上浏览就不显示图片了，这是因为静态的 HTML 文件需要上传到 Web 服务器上，而 Web 服务器存放文件的路径可能与自己计算机上编辑文件的路径不一致，按照之前的绝对路径去找，找不到对应的文件，所以在 Web 服务器上浏览不显示图片。这也是使用绝对路径的风险。

2．相对路径

相对路径是指目标相对于当前文件的路径，网页结构设计中多采用这种方法来表示目标的路径。相对路径有多种表示方法，其表示的意义不尽相同。表示方法如下：

- ./ ：代表 HTML 文件所在的目录（可以省略不写）。
- ../ ：代表HTML文件所在的父级目录。
- ../../ ：代表 HTML 文件所在的父级目录的父级目录。
- / ：代表 HTML 文件所在的根目录。

注：代表文件所在的根目录可以理解成项目内部的绝对路径。

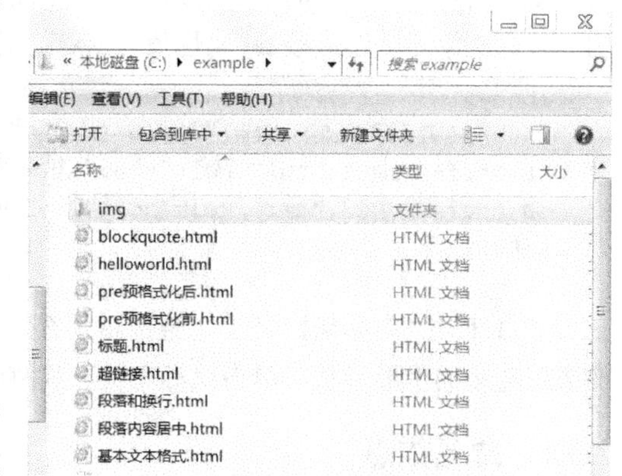

图 2-16　文件路径

以图 2-16 所示路径为例，当前文档为 helloworld.html（绝对路径：C:/example/helloworld.html），如果要在 helloworld.html 文档中引入同一目录下 img 文件夹中的 flower.jpg（绝对路径：C:/example/img/flower.jpg），采用相对路径可以用以下几种格式：

```
<a href="./img/flower.jpg"/>
```

或者省略./，简写为：

```
<a href=" img/flower.jpg "/>
```

还可以用：

```
<a href="../example/ img/flower.jpg "/>
```

相对路径可以避免上述绝对路径使用时根目录不同的问题。只要将网页文件及引用文件的相对位置与 Web 服务器上文件的相对位置保持一致，那么它们的相对路径也会一致。例如上面的例子，helloworld.html 文档中引入图片 flower.jpg，由于 flower.jpg 相对于 helloworld.html 文件是在同一个目录，只要这两个文件还在同一个目录内，无论上传到 Web 服务器的哪个位置，在浏览器里都能正确地显示图片。

2.3.3　定义超链接

a 元素定义超链接的语法如下：

```
<a href="URL">链接文本</a>
```

其中，URL 是指超链接指向的目标地址；“链接文本”是带有超链接的文本，但不局限于文本，图片或者其他 HTML 元素也可以成为链接。

使用 a 元素定义超链接时常用的属性如下：

1）href 属性。href 属性是 a 元素最重要的属性，它可以定义链接的目标。目标 URL 可以是另一个文档，也可以是当前文档的其他位置。

2）target 属性。target 属性可以定义是在何处打开链接，比如设置其属性值为“_blank”可以在当前窗口打开链接，设置属性值为“_self”可以在新窗口中打开链接。

3）rel 属性。rel 属性用来表示当前文档与链接的目标文档之间的关系。

例如下面的超链接定义，假设当前文档为 page2.html，第一个超链接 rel 属性值“index”，表明链接文档是当前文档的索引目录，第二个超链接 rel 属性值“prev” 表明链接文档是当前文档的前一页，第三个超链接 rel 属性值“next” 表明链接文档是当前文档的后一页。

```
<body>
<a href="../index.html" rel="index ">目录</a><br>
<a href="page1.html" rel="prev">第一页</a><br>
<a href="page3.html" rel="next">第三页</a>
</body>
```

在 HTML 中如果定义了超链接，那么浏览页面时，当鼠标移动到链接文本上，鼠标指针会变成超链接的手形形状，单击鼠标左键，将跳转至链接页面。

2.3.4 命名锚点

“命名锚点”类似阅读书籍时加入的书签，当需要翻阅指定的内容时，找到之前标记的书签即可。在访问内容繁杂的网页时，如果希望链接到网页的特定位置，通过创建“命名锚点”，就可以快速地链接到指定位置，便于浏览网页内容。

创建命名锚点需要两个步骤：

1）需要在 HTML 文档对锚点进行命名（即创建一个书签），可用 HTML 元素的 id 属性来设置锚点名称。

2）在同一个文档中创建指向该锚点的链接，将 a 元素的 href 属性值设为“#锚点名称”。

例如下列代码段说明了在 h3 元素中使用 id 属性定义了锚点，将其命名为“第一节”，这个锚点通过<a>元素的 href 属性来设置链接，href 的属性值为“#第一节”，可通过单击链接文本“查看 1.1.1 小节”链接到命名锚点。

```
<h3 id="第一节">1.1.1HTML 定义</h3>
……<!--省略中间大段文字-->
<a href="#第一节">查看 1.1.1 小节</a>
```

完整代码示例如下。

【例 2-4】 超链接命名锚点。

```
<!doctype html>
<html>
<head>
<meta charset="utf-8">
<title>超链接</title>
</head>
<body>
<h3 id="第一节">1.1.1HTML 定义</h3>
```

```
    <p>
    万维网(World Wide Web, WWW)以客户/服务器(Client/Server, C/S)方式工作，浏览器就是客户
程序，万维网文档所驻留的计算机称为 Web 服务器。客户程序向服务器程序发出请求，服务器程序向客户
程序送回所请求的万维网文档。在一个客户程序主窗口上显示出的万维网文档称为页面(Page)。
    </p>
    <a href="../index.html" rel="index" id="link1">目录</a><br>
    <a href="page1.html" rel="prev">第一页</a><br>
    <a href="page3.html" rel="next">第三页</a><br>
    <a href="#第一节">查看 1.1.1 小节</a>
    </body>
    </html>
```

在浏览器中打开页面，将滑动条拉至链接文本处，如图 2-17a 所示，当单击链接文本时，页面将链接至命名锚点，如图 2-17b 所示。

图 2-17　链接到命名锚点

a) 链接前　b) 链接后

2.4　网页表单设计

表单在网页设计中有着非常重要的作用。表单可以收集用户输入的信息，当用户提交表单后，浏览器将其在表单中输入的信息打包发送给服务器，实现用户与 Web 服务器的交互。

2.4.1　创建表单

HTML 文档中表单主要用来实现客户端与服务器端的交互，例如提交的订单、搜索栏等。表单通过收集用户发送的信息，将信息送至服务器端进行处理，为客户端和服务器端之间数据的传送与处理提供服务。

HTML 使用 form 元素创建表单。表单元素允许用户在表单中输入内容，比如：文本域（textarea），下拉列表，单选框（radio-buttons），复选框（checkboxes）等。form 元素中可以包含一个或多个如下的表单元素：

- <input>。
- <textarea>。
- <button>。
- <select>。
- <option>。
- <optgroup>。

- <fieldset>。
- <label>。

form 元素的属性如表 2-18 所示。

表 2-18　form 元素的属性

属性	值	描述
Name	Text	规定表单的名称
Action	URL	规定当提交表单时向何处发送表单数据
accept-charset	character_set	规定服务器可处理的表单数据字符集
Autocomplete	On Off	规定是否启用表单的自动完成功能 on：执行自动完成；off：不执行自动完成
Enctype	application/x-www-form-urlencoded multipart/form-data text/plain	规定在向服务器发送表单数据之前如何对其进行编码（适用于 method="post" 的情况）
Method	Get Post	规定用于发送表单数据的 HTTP 方法
Novalidate	Novalidate	如果使用该属性，则提交表单时不进行验证
Target	_blank _self _parent _top、 Framename	规定在何处打开 action URL _blank：在新窗口/选项卡中打开 _self：在同一框架中打开 _parent：在父框架中打开 _top：在整个窗口中打开 framename：在指定的 iframe 中打开

其中，action 属性定义了处理表单数据的服务器端程序 URL。method 属性定义了表单数据发送到服务器端的方法，主要有两种：

1）method="get"：表单数据可被作为 URL 变量的形式来发送。将表单数据以名称/值对的形式附加到 action 属性设置的 URL 中（在 URL 中可见）。method="get"更适用于非安全数据，对于加入书签的表单提交很有用。

2）method="post"：表单数据作为 HTTP post 事务的形式来发送。将表单数据附加到 HTTP 请求的 body 内（数据不显示在 URL 中）。通过 method="post"提交的表单不能加入书签。

target 属性定义了在何处显示提交表单后接收到的响应，其_parent、_top 和 framename 值大多与 iframe 配合使用。

autocomplete 属性是 HTML5 中的新属性，用于规定表单是否启用自动完成功能。自动完成允许浏览器预测对字段的输入，当用户在字段开始键入时，浏览器基于之前键入过的值，会显示出在字段中填写的选项。autocomplete="on" 表示执行自动完成，适用于表单，autocomplete="off"表示不执行自动完成，适用于特定的输入字段。

novalidate 属性也是 HTML5 中的新属性，用于规定当提交表单时不对表单数据（输入）进行验证。

2.4.2　input 元素创建控件

在 HTML 文档中常常包含一些可视的元件，如单选框、按钮、菜单等，这些元件被称为控件。通过改变控件的状态（比如选择单选框、选中菜单项等）可以完成表单，并将表单提交至服务器处理。用户与表单的交互就是通过控件进行的。

form 元素通常不会单独使用，而是嵌套各种控件一起使用。大多数的控件可以用输入元素 input 来定义。input 元素需要在 form 元素中使用，<input>为单标签，没有结束标签，最常用的属性是 type 属性，用于设定控件的类型。type 的属性值如表 2-19 所示。

表 2-19　type 的属性值

属性值	描述	说明
Button	定义可单击的按钮（通常与 JavaScript 一起使用来启动脚本）	
Checkbox	定义复选框	
Color	定义拾色器	HTML5 新增
Date	定义 date 控件（包括年、月、日，不包括时间）	HTML5 新增
Datetime	定义 date 和 time 控件（包括年、月、日、时、分、秒、几分之一秒，基于 UTC 时区）	HTML5 新增
datetime-local	定义 date 和 time 控件（包括年、月、日、时、分、秒、几分之一秒，不带时区）	HTML5 新增
Email	定义用于 E-mail 地址的字段	HTML5 新增
File	定义文件选择字段和 "浏览..." 按钮，供文件上传	
Hidden	定义隐藏输入字段	
Image	定义图像作为提交按钮	
Month	定义 month 和 year 控件（不带时区）	HTML5 新增
Number	定义用于输入数字的字段	HTML5 新增
Password	定义密码字段（字段中的字符会被遮蔽）	
Radio	定义单选按钮	
Range	定义用于精确值不重要的输入数字的控件（比如 slider 控件）	HTML5 新增
Reset	定义重置按钮（重置所有的表单值为默认值）	
Search	定义用于输入搜索字符串的文本字段	HTML5 新增
Submit	定义提交按钮	
Tel	定义用于输入电话号码的字段	HTML5 新增
Text	默认。定义一个单行的文本字段（默认宽度为 20 个字符）	
Time	定义用于输入时间的控件（不带时区）	HTML5 新增
url	定义用于输入 URL 的字段	HTML5 新增
Week	定义 week 和 year 控件（不带时区）	HTML5 新增

此外，除了 type 属性，input 元素常用的属性还有：

- name 属性：定义控件的名称，可作为标识
- value 属性：设定控件的初始值
- maxlength 属性：设定控件允许输入的最大字符数
- size 属性：设定控件的宽度（当控件 type="image"时，用 width 属性定义宽度）

其他的属性在下列常用控件的创建过程中进行介绍。

1. 单行文本输入框和密码输入框

将 type 属性值设为 text 可创建一个单行文本输入框，将 type 属性值设为 password 可创建一个密码输入框，例如：

```
<form>
```

```
用户名
<input type="text" name="yourname">
密码
<input type="password"  name="password">
</form>
```

输入信息后，在浏览器中的显示效果如图 2-18 所示。

2．单选按钮和复选按钮

当有两个及以上的选项时，单选按钮决定了只能选择其中一个选项提交。将 type 属性值设为 radio 可创建单选按钮，例如：

```
<form>
<input type="radio" name="性别" value="male">男
<input type="radio" name="性别" value="female">女
</form>
```

选择选项后，在浏览器中的显示效果如图 2-19 所示。

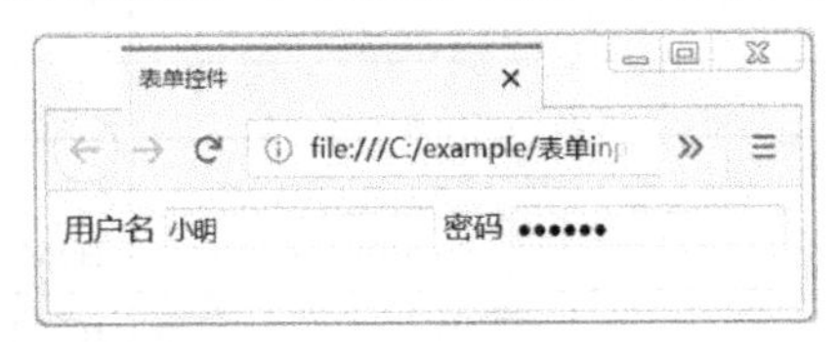

图 2-18　单行文本框和密码输入框显示效果

图 2-19　单选按钮显示效果

复选按钮允许在两个及以上的选项中任意选择多个选项。将 type 属性值设为 checkbox 可创建复选按钮，例如：

```
<form>
感兴趣的目的地：<br>
<input type="checkbox" name="travel" value="青海">青海<br>
<input type="checkbox" name="travel" value="贵州">贵州<br>
<input type="checkbox" name="travel" value="云南">云南<br>
<input type="checkbox" name="travel" value="四川">四川<br>
</form>
```

选择选项后，在浏览器中的显示效果如图 2-20 所示。

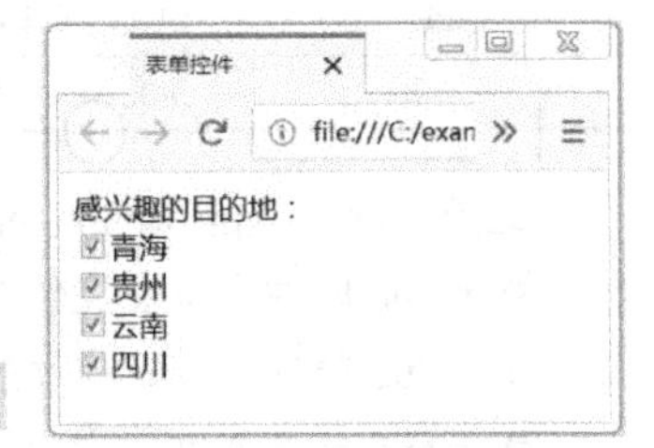

图 2-20　复选按钮显示效果

3．普通按钮、提交按钮和重置按钮

将 type 属性值设为 button 可创建一个普通按钮，普通按钮上的文字可用 input 元素的 value 属性来设置。例如：

```
<input type="button" value="单击">
```

将 type 属性值设为 submit 可创建提交按钮，提交按钮上的文字可用 input 元素的 value 属性来设置。当按下提交按钮后，表单中所有控件的值将被提交，并交给由 form 元素的 action 属性所定义的 URL。

将 type 属性值设为 reset 可创建重置按钮，重置按钮上的文字可用 input 元素的 value 属性来设置。当按下重置按钮后，表单中所有控件的值将被重置为由各自的 value 属性所定义的初始值。

例如下面的代码设置了提交按钮和重置按钮：

```
<form>
用户名
<input type="text" name="yourname" size="10">
密码
<input type="password"  name="password" size="8">  <br>
<input type="submit" value="提交">
<input type="reset" value="重置">
</form>
```

在浏览器中的显示效果如图 2-21 所示。

4．文件选择框

文件选择框可以从本地计算机中选择某个文件，并将该文件上传。将 type 属性值设为 file 可创建文件选择框，例如：

```
<form>
<input type="file" name="yourfile">
</form>
```

未选择文件前，在浏览器中的显示效果如图 2-22 所示。单击“浏览”按钮，会弹出窗口，由用户通过浏览本地计算机从中选择要添加的文件。

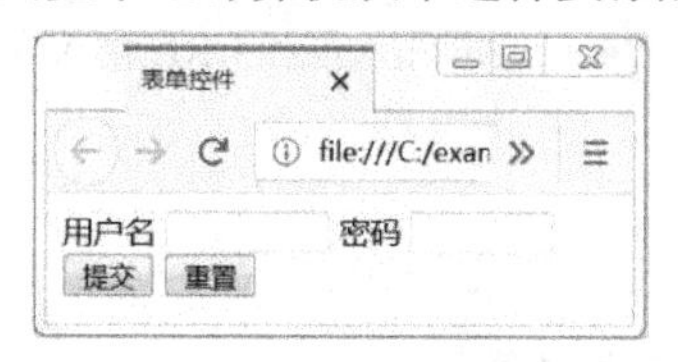

图 2-21　提交按钮和重置按钮显示效果

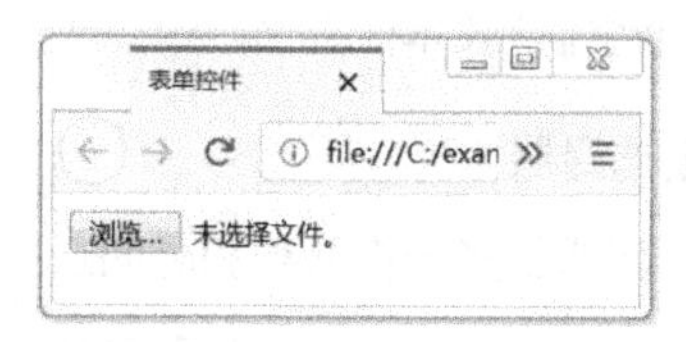

图 2-22　文本选择框显示效果

5．数字输入

表单中数字的输入有两种形式：一种是文本框形式，将 type 属性值设为 number 可创建数字输入文本框；另一种是滑动条形式，将 type 属性值设为 range 可创建数字输入滑动条。number 和 range 是 HTML5 新增的属性值。

除了设置 type 属性，还可以设置 input 元素的 max、min、step 和 value 属性，它们分别设定输入数字的最大值、最小值、数字间隔和初始值。例如：

```
<form>
输入数字（1 到 9 之间）
<input type="number" name="num" min="1" max="9">
<input type="submit" value="提交"><br>
输入数字（1 到 9 之间）
<input type="range" name="num" min="1" max="9">
<input type="submit" value="提交">
</form>
```

在浏览器中的显示效果如图 2-23 所示。

6．email 地址输入和 URL 地址输入

email 和 url 是 HTML5 新增的属性值。

将 type 属性值设为 email 可创建 E-mail 地址输入框，在提交表单时，会自动验证输入的 Email 地址是否是有效的格式，如果不是，会给出提示信息。

将 type 属性值设为 url 可创建 URL 地址输入框，在提交表单时，会自动验证输入的 URL 地址是否是有效的格式，如果不是，会给出提示信息。

例如：

```
<form>
电子邮件：
<input type="email" name="youremail">
<input type="submit" value="提交"><br>
输入网址：
<input type="url" name="yoururl">
<input type="submit" value="提交">
</form>
```

当输入的 E-mail 地址格式有错时，在浏览器中的显示效果如图 2-24 所示。

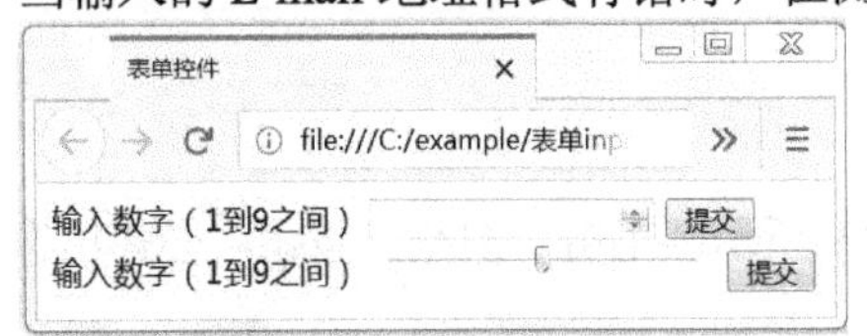

图 2-23　数字输入文本框和滑动条显示效果

图 2-24　email 输入框和 URL 输入框显示效果

7. 日期选择器

HTML5 新增了多个供日期和时间选择的 type 属性值，如表 2-20 所示。

表 2-20　type 的日期选择属性值

属性值	描述
Date	选择年、月、日
Datetime	选择年、月、日、时、分、秒、几分之一秒（UTC 时区）
datetime-local	选择年、月、日、时、分、秒、几分之一秒（本地时间）
Month	选择月份和年
Week	选择周和年
Time	选择时间：小时和分钟（本地时间）

例如：

```
<form>
请选择日期
<input type="date"><br>
请选择时间
<input type="time">
</form>
```

在浏览器中的显示效果如图 2-25 所示。

8. 搜索框

在网页中常常用到输入关键字的搜索框，将 type 属性值设为 search 可创建搜索框。search 是 HTML5 中新增的 type 属性值。例如：

```
<form>
```

```
请输入搜索关键字：
<input type="search">
<input type="submit" value="Go">
</form>
```

在浏览器中的显示效果如图 2-26 所示。

图 2-25　日期选择器显示效果

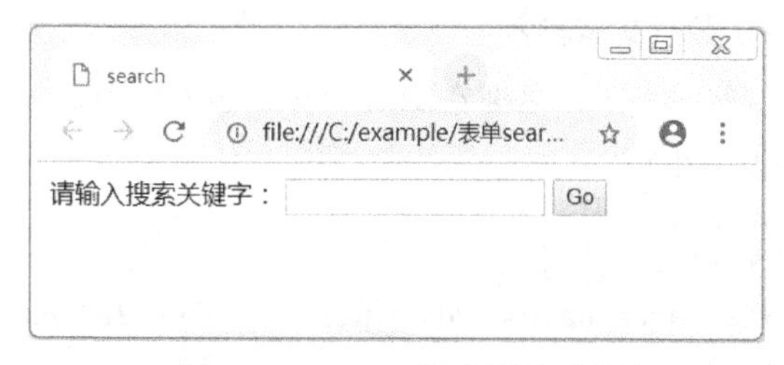

图 2-26　search 搜索栏显示效果

9．拾色器

将 type 属性值设为 color 可创建拾色器，用于在颜色选板中选择一个颜色，默认值为 #000000（黑色）。color 是 HTML5 中新增的 type 属性值。例如：

```
<form>
选择颜色
<input type="color">
<input type="submit" value="提交">
</form>
```

在浏览器中的显示效果如图 2-27 所示。

鼠标单击默认的黑色色块，可弹出如图 2-28 所示的颜色选板，选择所需颜色即可。

图 2-27　拾色器显示效果

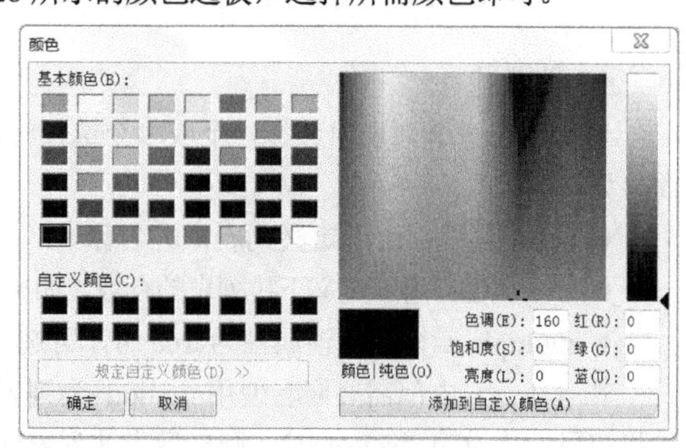

图 2-28　颜色选板

10．电话号码输入

将 type 属性值设为 tel 可实现电话号码的输入。tel 是 HTML5 中新增的 type 属性值。例如：

```
<form>
输入电话号码：
<input type="tel">
<input type="submit" value="提交">
```

```
</form>
```

浏览器中显示效果如图 2-29 所示。

用于输入电话号码的文本框不限定只输入数字，因为很多的电话号码还包括其他字符（如“-”“+”等），例如：86-025-66666666。

2.4.3 其他常用控件

1. 多行文本输入框

有些情况下，需要在网页的文本输入框中输入多行文字，需要使用<textarea>创建多行文本输入框。例如：

```
<form>
自我介绍：<br>
<textarea name="introdution" cols="30" rows="5"></textarea>
<br>
<input type="submit" value="提交">
</form>
```

在浏览器中的显示效果如图 2-30 所示。

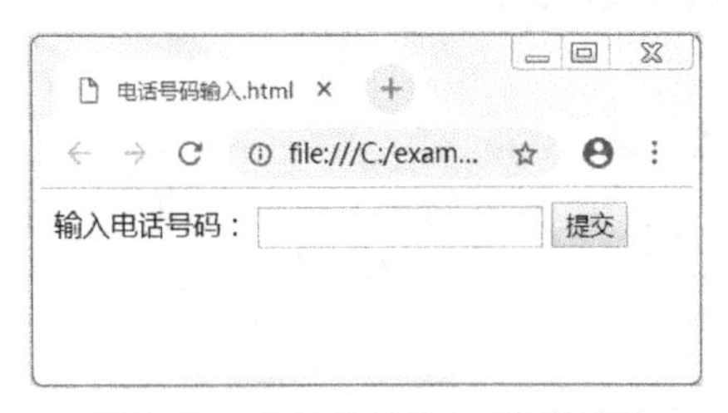

图 2-29 电话号码输入显示效果

图 2-30 多行文本输入框显示效果

2. 列表框

当需要在一个列表中选择一个或多个选项时，需要使用<select>创建列表框。<select>的常用属性如下。

- name 属性：用于定义列表框的名称。
- size 属性：用于定义下拉列表的行数，如果选择项多于 size 设定的数值，将会出现滚动条。
- multiple 属性：当该属性为 true 时，可选择多个选项。

在<select> 内部需要嵌套使用<option>为列表框提供列表项，<option>有一个 selected 属性，如果该属性值设为“selected”，则表示当前列表项在初始状态已被选择。

例如：

```
<form>
感兴趣的目的地：<br>
<select size="3" multiple="multiple">
<option value="地点 1">青海</option>
<option value="地点 2">贵州</option>
<option value="地点 3">云南</option>
<option value="地点 4">四川</option>
```

```
</select>
</form>
```

在浏览器中的显示效果如图 2-31 所示。

图 2-31 列表框显示效果

3．按钮

创建按钮的方式有两种，一种是前面介绍的在 input 元素中设置 type 属性值，另一种是使用<button>创建按钮。<button>元素也有 type 属性，类似的， type 属性值设置为 button，submit 或者 reset，将分别创建普通按钮，提交按钮或者重置按钮。例如：

```
<form>
<button name="普通按钮" type="button">单击</button>
</form>
```

4．组合表单元素

fieldset 元素可将表单内的相关元素分组组合起来。<fieldset> 将表单内容的一部分打包，生成一组相关表单的字段。当一组表单元素放到 <fieldset> 标签内时，浏览器会以特殊方式来显示它们，比如特殊的边界、3D 效果，甚至可创建一个子表单来处理这些元素。<fieldset> 标签内通常包括一个<legend> 标签，用于定义 fieldset 元素的标题。例如：

```
<form>
  <fieldset>
    <legend>个人健康信息</legend>
    身高：<input type="text" />
    体重：<input type="text" />
  </fieldset>
</form>
```

在浏览器中的显示效果如图 2-32 所示。

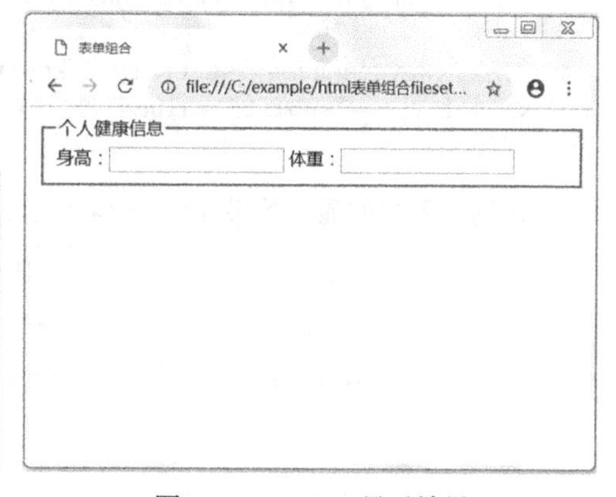

图 2-32 fieldset 显示效果

2.4.4 HTML5 新的表单元素

HTML5 新增了多个表单元素，分别为<datalist><keygen>和<output>。需要注意的是，并非所有浏览器都支持 HTML5 新的表单元素，即使浏览器不支持这些表单属性，仍然可显示为常规的表单元素。

1．<datalist>元素

<datalist>元素用于为输入框提供一个可选的列表，当用户在输入框中开始输入时，输入框中将自动显示列表中对应的预设选项，从而实现自动完成的功能。如果预设列表中没有用户需要输入的选项，也可以自行输入其他内容。

<datalist> 元素需在<input>元素内部使用，如果要把<datalist>提供的列表绑定到某个输入框对应的<input>元素，需要使用<input>元素的 list 属性引用<datalist>元素的 id。预设的列表由<datalist>元素中的子元素<option>创建，每一个<option>都必须设置 value 属性。例如：

```
<form>
```

```
感兴趣的目的地：
<input list="destination">
<datalist id="destination">
 <option value="青海">
   <option value="贵州">
   <option value="云南">
   <option value="四川">
</datalist>
<input type="submit">
</form>
```

在浏览器中的显示效果如图 2-33 所示。

2．<keygen> 元素

<keygen> 元素是密钥对生成器，用于提供一种验证用户的可靠方法。当用户提交表单时，会生成两个键，一个是私钥，一个是公钥。私钥会存储于客户端，公钥则被发送到服务器端。公钥可用于之后验证用户的客户端证书。<keygen>元素可使用 keytype 属性设置密钥的安全算法，如 rsa、dsa 和 ec。例如：

```
<form>
用户名：<input type="text" name="user_name">
<br>
加密：<keygen name="security"  keytype="rsa" >
<input type="submit" value="提交">
</form>
```

在浏览器中的显示效果如图 2-34 所示。

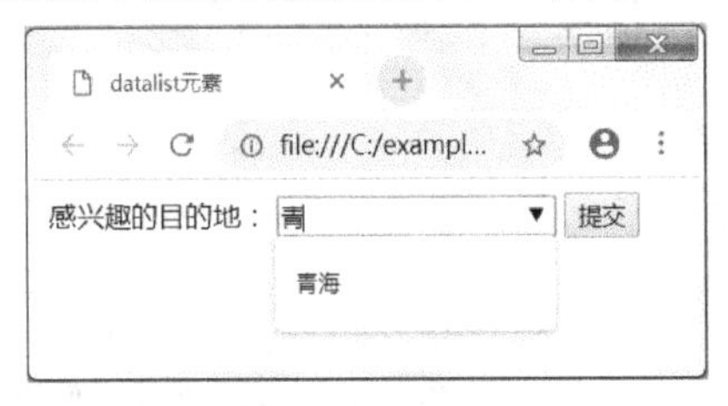

图 2-33　datalist 显示效果

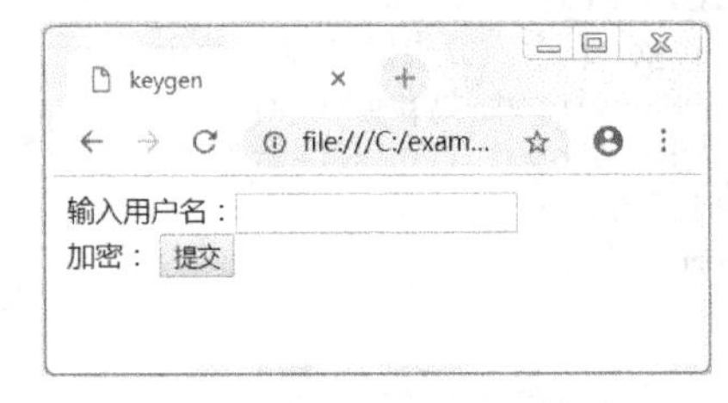

图 2-34　keygen 显示效果

3．<output> 元素

<output>元素用于浏览器中不同类型的输出，比如计算或脚本输出。<output> 元素属于双标签格式，包含开始标签和结束标签，其语法格式为：

```
<output name="" >文本</output>
```

<output> 元素的 name 属性用于在表单提交时提供对象的名称，for 属性用于描述计算输出时所用的元素与计算结果之间的关系。例如下面的代码将计算两个输入框中输入的数字，并将两数相乘，通过<output>元素将结果输出在输出框中显示。

【例 2-5】 <output>元素计算输出示例。

```
<!doctype html>
<html>
<head>
<meta charset="utf-8">
```

```
<title>output</title>
</head>
<body>
<form oninput="x.value=parseInt(a.value)*parseInt(b.value)">
<input type="number" id="a">*<input type="number" id="b">=
<output name="x" for="a b"></output>
</form>
</body>
</html>
```

在浏览器中的显示效果如图 2-35 所示。

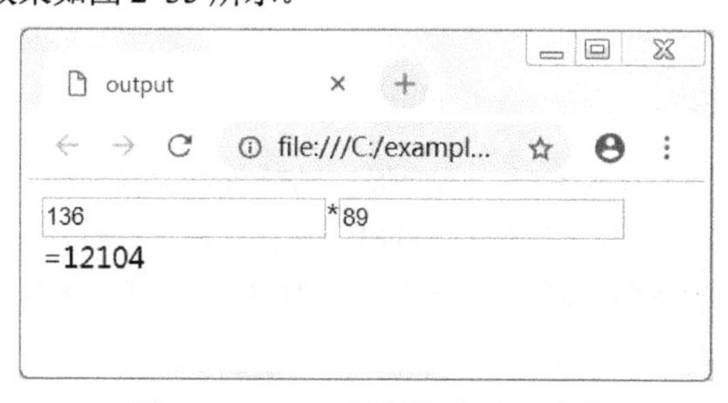

图 2-35　output 计算输出显示效果

习题

1．HTML 文档的基本结构是什么？

2．标识 HTML 文档开始和结束的标签对是什么？标识文档头部开始和结束的标签对是什么？标识文档主体开始和结束的标签对是什么？

3．如何让浏览器打开 HTML 文档后，在标题栏显示“我的第一个网页”？

4．怎样创建有序列表、无序列表和自定义列表？

5．标识表格开始和结束的标签对是什么？定义表格行的标签对是什么？定义单元格的标签对是什么？

6．在 HTML 中，下列哪个是相对地址？

A．https://www.163.com

B．example/helloworld.htm

C．file://121.68.122.40

D．https://www.163.com/top.jpg

7．假如在当前的 HTML 文档中用"<a id="Ch_1">第 1 章</a>"设置了锚点，要从页面其他位置跳转到锚点处，该如何设置？

8．如何将图片插入网页，并在单击图片时跳转到某个网站的主页？

9．列举在 HTML 中用于定义表单控件的元素。

第3章 HTML进阶

最初的 HTML 语言功能极其有限，仅能够实现静态文本的显示，人们远远不满足于死板的仅展示文本文件的 Web 页面。后来增强的 HTML 语言扩展了对图片、声音、视频影像等多媒体的支持，使得网页内容更加丰富。本章将介绍有关 HTML 的网页多媒体设计、图形绘制、网页布局及用户接口 API。

3.1 网页多媒体设计

多媒体（图像、声音、视频等）可视化效果好，是网页中不可缺少的元素。在 HTML 文档中巧妙地使用多媒体，可以使网页更具有吸引力。

3.1.1 图像

1．<img>元素

要将 JPEG、PNG、GIF 的图像呈现在网页中，需要通过在 HTML 文档中添加图像文件的路径来实现。

在 HTML 中 img 元素可实现如上功能，并且可以通过设置 img 元素的属性值定义图像的位置、大小、边框等。

<img> 是单标签，没有结束标签，它包含的属性主要如下。

（1）src 属性

要在页面上显示图像，需要使用源属性 src。src 指 "source"。使用 src 属性的语法是：

<img src="url"/>

src 属性的值是图像的 URL 地址。URL 地址指存储图像的位置，可以是绝对地址，也可以是相对地址。

（2）height 和 width 属性

height 属性表示图片高度的像素值，width 表示图片宽度的像素值。设置了这两个属性后，图片将按照设定的尺寸扩大或缩小。如果不设置，图片将以原始大小呈现。

例如：

```
<img src="img/cat.JPG" height="240" width="300">
<img src="img/cat.JPG" height="120" width="150">
```

两行代码设置了同一图像的不同高度值和宽度值，在浏览器中的显示效果如图 3-1 所示。

（3）alt 属性

img 标签的 alt 属性用来为图像定义一串预备的可替换的文本。替换文本属性的值是用户定义的。在浏览器无法载入图像时，浏览器将显示替代文本而不是图像。例如：

```
<img  src-"img/flower.JPG"; height-"300"; width="200"alt="no flower.jpg"/>
<br>
<img src="img/ship.jpg" alt="no ship.jpg"/>
```

如果设定当前路径中有 flower.jpg 图像，但不存在 ship.jpg 这幅图像，那么代码运行页面会显示如图 3-2 所示效果。

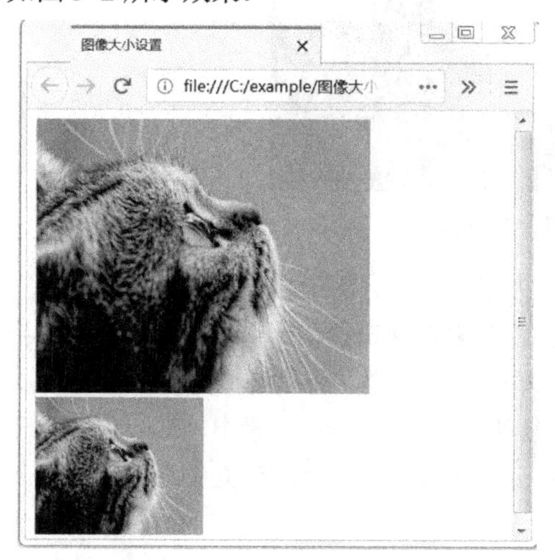

图 3-1　改变图像大小

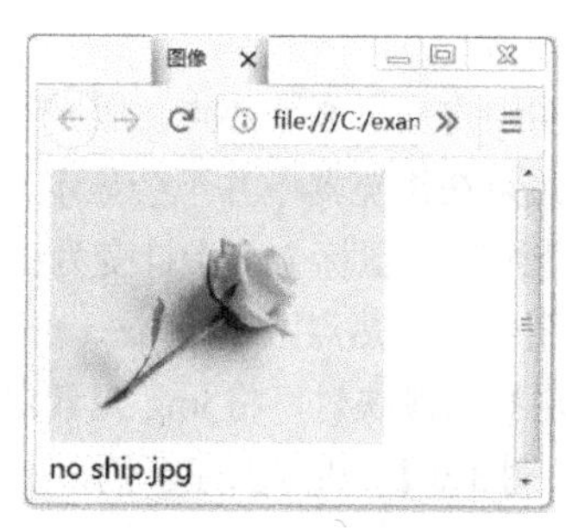

图 3-2　图像替换文本

2. 图片超链接

可以使用 a 元素为图片创建超链接，例如：

```
<a href="newpage.html/">
<img src="img/drop.jpg"
</a>
```

在浏览器中查看网页，移动鼠标到图片上，鼠标指针会变成超链接的手形形状，单击鼠标左键，将跳转至链接页面，如图 3-3 所示。

图 3-3　图片超链接

3. 热点与图像映射

上面的例子是对整个图片建立链接，有时可能希望在一张图片的某几个区域建立链接，当鼠标单击图片的不同区域时可以进入不同的页面，或者是单击图片的某一块区域进入某一个页面，这就是网页的热点链接。

热点可以是图像中具有某种形状的一块区域，形状可以是长方形、圆形或者多边形，如图 3-4 所示。

图 3-4　图像中的热点

图中定义了 8 个热点，眼睛是圆形，前爪是正方形，鼻子、嘴巴和耳朵都是多边形。

热点在浏览器中并不会显示，但热点会通过图像映射创建链接，所以当鼠标移动到热点所标识的范围时，鼠标会由指针变为链接的手形形状，单击鼠标左键，将跳转至链接目标。

图像中的热点区域用 area 元素定义，area 元素始终包含在 map 元素中，map 元素用于创建客户端的图像映射，将 img 元素定义的图像与 area 元素定义的热点区域建立关联。

【例 3-1】 热点创建示例。

```
    <!doctype html>
    <html>
    <head>
    <meta charset="utf-8">
    <title>热点</title>
    </head>
    <body>
    <img  src="img/cat2.JPG" width="600" height="400" usemap="#Map">
    <map name="Map">
      <area shape="circle" coords="282,113,18" href="eye.html" title="右眼">
      <area shape="circle" coords="341,116,15" href="eye.html" title="左眼">
      <area        shape="poly"        coords="283,143,301,131,319,143,307,154,297,154"
href="nose.html"
    title="鼻子">
      <area   shape="poly"   coords="259,99,247,44,251,33,260,32,272,42,279,46,286,63,
295,66" href="ear.html" title="右耳">
      <area   shape="poly"   coords="352,69,370,49,385,35,397,30,406,45,406,65,403,81,
401,89,402,97" href="ear.html" title="左耳">
      <area shape="rect" coords="238,294,309,393" href="frontpaw.html" title="右前爪">
      <area shape="rect" coords="331,293,398,393" href="frontpaw.html" title="左前爪">
      <area    shape="poly"    coords="283,167,291,160,299,157,309,163,315,172,281,174"
href="mouth.html" title="嘴">
     </map>
     </body>
     </html>
```

img 元素的 usename 属性与 map 元素的 name 属性相关联，以创建图像与映射之间的关系。如【例 3-1】所示，img 元素的 usename 属性设置为“#Map”，与 map 元素的 name 属性“Map”建立了关联。

在 map 元素中包含了 8 个 area 元素，即定义了 8 个热点，每个 area 元素都通过 href 属性设置了链接目标。其中，热点区域的形状由 arca 元素的 shape 属性设置。shape 的属性值如表 3-1 所示。

表 3-1 shape 的属性

属性值	描述
default	定义全部区域为热点
rect	定义矩形区域
circ	定义圆形
poly	定义多边形区域

除了定义形状的类型，对于矩形（rect）、多边形（poly）和圆形（circ）还需要定义形状的区域，必须用坐标值来指定。area 元素的 coords 属性可以定义热点区域的坐标值，坐标值的定义与 shape 属性设置的形状类型相关。

coords 属性值如表 3-2 所示。

表 3-2 coords 属性值

属性值	描述
left-x,top-y,right-x,bottom-y	如果 shape 属性设置为 "rect"，则该值规定矩形左上角和右下角的坐标
center-x,center-y,radius	如果 shape 属性设置为 "circ"，则该值规定圆心的坐标和半径
x1,y1,x2,y2,..,xn,yn	如果 shape 属性设置为 "poly"，则该值规定多边形各顶点的 x 坐标和 y 坐标，其中第一个点的坐标要与最后一个点的坐标一致，这样多边形才能闭合。如果第一个坐标和最后一个坐标不一致，浏览器会自动添加最后一对坐标以闭合多边形

如果 shape 属性设置为“default”，即定义图像全部区域为热点时，coords 属性设置无效。

如果多个热点存在重叠区域时，在 HTML 文档中先定义的热点具有更高的优先级。当鼠标指向重叠区域，单击鼠标左键，将会跳转到具有更高优先级的热点所对应的链接目标。

3.1.2 声音和视频

1. 声音元素

HTML5 新增了支持音频播放的 audio 元素。Internet Explorer 9 及以上的版本，Firefox、Opera、Chrome 以及 Safari 浏览器都支持<audio> 标签，但 Internet Explorer 8 以及更早的版本不支持<audio>标签。audio 元素支持 3 种声音文件格式：MP3、Wav 和 Ogg，但并非所有的音频格式都能被各种浏览器支持。

主流的浏览器对音频格式的支持如表 3-3 所示。

表 3-3 主流浏览器对音频格式的支持

浏览器	MP3	Wav	Ogg
Internet Explorer	支持	不支持	不支持
Chrome	支持	支持	支持

（续）

浏览器	MP3	Wav	Ogg
Firefox	支持	支持	支持
Safari	支持	支持	不支持
Opera	支持	支持	支持

audio 元素的属性设置如表 3-4 所示。

表 3-4　audio 元素的属性设置

属性	值	描述
Autoplay	Autoplay	如果出现该属性，则音频在就绪后马上播放
Controls	Controls	如果出现该属性，则向用户显示音频控件（比如播放/暂停按钮）
Loop	Loop	如果出现该属性，则每当音频结束时重新开始播放
Muted	Muted	如果出现该属性，则音频输出为静音
Preload	Auto metadata none	规定当网页加载时，音频是否默认被加载以及如何被加载
Src	URL	规定音频文件的 URL

audio 元素可以使用 src 属性设置音频文件的 URL，例如：

```
<audio src="piano sonata.mp3" controls="controls">
</audio>
```

audio 元素中允许定义多个音频文件，但需要嵌套使用 source 元素。

source 元素本身没有含义，需要在音频元素 audio 或者视频元素 video 内使用，用于定义两个及以上的音频文件或者视频文件。例如：

```
<audio controls="controls">
<source src="piano sonata.mp3" type="audio/mpeg"/>
<source src="violin concerto.mp3" type="audio/mpeg"/>
</audio>
```

source 元素有三个属性：

1）src 属性：用于定义音频或视频文件的 URL。

2）type 属性：用于说明音频或视频文件的类型。音频文件的 type 属性值有两种：audio/ogg 和 audio/mpeg。视频文件的 type 属性值有三种：video/ogg、video/mp4 和 video/Webm。

3）media 属性：用于指定媒体资源的类型，使用该属性，可以帮助浏览器确定是否可以播放该文件。如果不能，浏览器可以选择不下载文件。

<source>标签为单标签，没有结束标签，而且仅在 audio 元素或者 video 元素没有设置 src 属性时使用。浏览器会按照 source 定义的媒体文件的顺序依次检测文件能否播放，并播放第一个可被浏览器支持的媒体文件，如果不支持，则顺序检测下一个。

音频播放器在不同浏览器中呈现的外观不同，以 Firefox 浏览器为例，音频呈现的效果如图 3-5 所示。

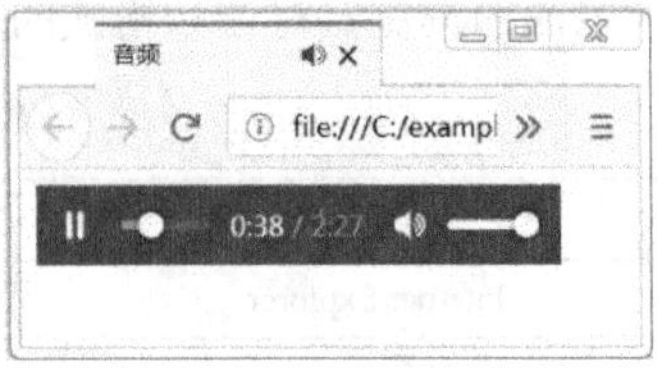

图 3-5　音频播放器在 Firefox 中呈现效果

2．视频元素

很多 Web 站点都会用到视频，但直到现在，仍然不存在一项定义在网页上显示视频的标准。大多数视频是通过插件（比如 Flash Player）来播放的。然而，并非所有浏览器都拥有同样的插件，其他可能会用到如 Windows Media Player 或者 QuickTime Player 插件。

HTML5 提供了使用 video 元素来展示视频的标准方法。Internet Explorer 9 及以上版本、Firefox 3.5 及以上版本、Opera 10.5 及以上版本、Chrome 4.0 及以上版本和 Safari 4.0 及以上版本的浏览器都支持 <video> 标签。video 元素支持 3 种视频文件格式：MP4、WebM 和 Ogg。

- MP4： MPEG 4 文件使用 H264 视频编解码器和 AAC 音频编解码器。
- WebM：WebM 文件使用 VP8 视频编解码器和 Vorbis 音频编解码器。
- Ogg：Ogg 文件使用 Theora 视频编解码器和 Vorbis 音频编解码器。

主流浏览器对视频格式的支持如表 3-5 所示。

表 3-5 主流浏览器对视频格式的支持

浏览器	MP4	WebM	Ogg
Internet Explorer	支持	不支持	不支持
Chrome	支持	支持	支持
Firefox	支持	支持	支持
Safari	支持	不支持	不支持
Opera	支持	支持	支持

video 元素的属性设置如表 3-6 所示。

表 3-6 video 元素的属性设置

属性	值	描述
Autoplay	autoplay	如果出现该属性，则视频在就绪后马上播放
Controls	controls	如果出现该属性，则向用户显示控件（比如播放/暂停按钮）
Loop	loop	如果出现该属性，则每当视频播放结束后重新开始播放
Height	pixels	设置视频播放器的高度
Width	pixels	设置视频播放器的宽度
Muted	muted	如果出现该属性，则视频的音频输出为静音
Poster	URL	规定视频在下载时显示的图像，直到用户单击播放按钮
Preload	auto metadata none	规定当网页加载时，视频是否默认被加载，并预备播放
Src	URL	规定视频文件的 URL

video 元素的 src 属性定义了视频文件的 URL 地址，controls 属性用于设置播放、暂停。video 元素提供了 width 和 height 属性控制视频的尺寸。如果设置了高度和宽度，所需的视频空间会在页面加载时保留。如果没有设置这些属性，浏览器将不知道视频显示的尺寸大小，浏览器就不能在加载时保留特定的空间，页面就会根据原始视频的尺寸大小而改变。例如：

```
<video src="video_demo.mp4" width="300" height="200" controls="controls">
</video>
```

video 元素中也可以使用 source 元素定义多个视频文件，例如：

```
<video controls="controls" width="300" height="200">
<source src="video_demo1.mp4" type="video/mp4"/>
<source src="video_demo2.3gp" type="video/3gpp"/>
</video>
```

视频播放器在不同浏览器中呈现的外观不同，以Firefox 浏览器为例，视频播放呈现的效果如图 3-6 所示。

图 3-6 视频播放器在 Firefox 中呈现效果

3.1.3 内联框架

HTML 内联框架是为了在一个网页中显示另一个网页。在当前的 HTML 文档中使用内联框架，可以设置使用多大的框架来显示另一个网页。从显示效果上来说，使用内联框架可以在同一个浏览器窗口中显示不止一个页面。

内联框架由 iframe 元素定义。iframe 元素的常用属性如表 3-7 所示。

表 3-7 iframe 元素的常用属性

属性	值	描述
name	name	规定 <iframe> 的名称
height	pixels	规定 <iframe> 的高度
width	pixels	规定 <iframe> 的宽度
src	URL	规定在 <iframe> 中显示的文档的 URL
sandbox	"" allow-forms allow-same-origin allow-scripts allow-top-navigation	对 <iframe> 的内容定义一系列额外的限制
seamless	seamless	规定 <iframe> 看起来像是父文档中的一部分
srcdoc	HTML_code	规定页面中的 HTML 内容显示在 <iframe> 中

iframe 元素的 src 属性可以定义内联框架所指向的另一个文档的 URL，可以是网页，也可以是图像。width 和 height 属性可以设置框架的宽度和高度。例如：

```
<iframe src="注音.html">
</iframe>
<iframe src="img/elephant.JPG" width="300" height="200">
</iframe>
```

如上代码中，第一个内联框架为网页，第二个内联框架为图像，在浏览器中的显示效果如图 3-7 所示。

iframe 元素定义的框架可作为超链接、图像热点或表单的目标（Target）。通过在 iframe 元素中定义 name 属性为内联框架设定一个名称，以名称作为框架的标识，在其他的元素（如 a 元素，area 元素，form 元素）中使用 target 属性可将该框架设定为关联目标。例如：

```
<body>
<iframe name="热点" src="热点.html"></iframe>
<p>
<a href="helloworld.html" target="热点"> hello world</a>
```

```
</p>
</body>
```

在浏览器中初始页面如图 3-8 所示。

图 3-7　内联框架显示效果

图 3-8　内联框架初始页面

当单击超链接文字“hello world”之后，内联框架的内容将被替换为超链接的页面，如图 3-9 所示。

图 3-9　内联框架作为目标后

3.1.4　对象

前面介绍的 img 元素、audio 元素、video 元素和 iframe 元素可以在 HTML 文档中方便地添加图像、音频、视频或者显示另一个页面。除此之外，HTML 还提供了一个用于添加各种多媒体内容的通用的对象元素 object。object 元素包含的对象除了图像、音频、视频，还包含 Java applets、ActiveX、PDF 以及 Flash。

例如，使用 object 元素添加一个 jpg 图像、一个视频和一个网页：

```
<object data="demo.jpg" width="300" height="200" >
</object>
<object data="video_demo.mp4">
</object>
<object data="test.html">
</object>
```

object 元素的属性如表 3-8 所示。

表 3-8　object 元素的属性

属性	值	描述
name	Name	为对象设定名称
height	Pixels	规定对象的高度

（续）

属性	值	描述
width	Pixels	规定对象的宽度
data	URL	规定对象使用的资源的 URL
type	MIME_type	规定 data 属性中规定的数据的 MIME 类型 注：MIME = Multipurpose Internet Mail Extensions
usemap	#mapname	规定与对象一同使用的客户端图像映射的名称
form	form_id	规定对象所属的一个或多个表单

IE、火狐、谷歌、Safari、Opera 浏览器都支持<object>标签，但<object>定义的文件格式不是所有浏览器都支持的。

在<object>标签内可以嵌入<param>标签，用于设置对象的参数。HTML5 中，<param>为单标签，没有结束标签，其属性有两个：

- name 属性：定义参数的名称（用在脚本中）。
- value 属性：描述参数值。

例如，设置视频对象的参数“autoplay”值为“true”，当视频加载后会自动播放：

```
<object data="video_demo1.mp4">
<param name="autoplay" value="true">
</object>
```

HTML5 新增了一个 embed 元素，用来嵌入外部应用，比如插件。embed 元素的属性如表 3-9 所示。

表 3-9　embed 元素的属性

属性	值	描述
src	URL	规定嵌入内容的 URL
height	pixels	规定嵌入内容的高度
width	pixels	规定嵌入内容的宽度
type	MIME_type	规定嵌入内容的 MIME 类型

<embed>标签为单标签，没有结束标签，例如使用 embed 元素添加一个 jpg 图像、一个视频和一个网页：

```
<embed src=" test.jpg" width="300" height="200">
<embed src="video_demo.mp4">
<embed src="test.html">
```

3.2　图形绘制与数学公式

HTML5 新增的一个重要的功能就是在网页上进行动态绘图，通过使用 Canvas、SVG、MathML 元素，可以在网页上呈现绘制的图形、矢量图和复杂的数学公式等，使网页具有更好的可视化和动态交互效果。

3.2.1　Canvas 绘图

在 HTML 页面中添加 canvas 元素，相当于在页面上创建了一块矩形的画布，在画布上可以绘制各种图形。

canvas 元素默认的画布大小为宽 300 像素，高 150 像素，也可以用 width 和 height 属性定义画布的宽度、高度。canvas 默认没有边框，可以用 style 属性添加边框，例如：

```
<canvas width="300" height="150" style="border:1px solid #000000"></canvas>
```

在代码段中用 style 属性可以为 canvas 画布设置一个实线描边的边框，浏览器中的效果如图 3-10 所示。

在画布中需要根据坐标来绘制图形，画布中的坐标与传统的笛卡儿坐标有所不同，在画布中，坐标原点位于左上角，从坐标原点出发，水平方向为 X 轴，垂直方向为 Y 轴，如图 3-11 所示。

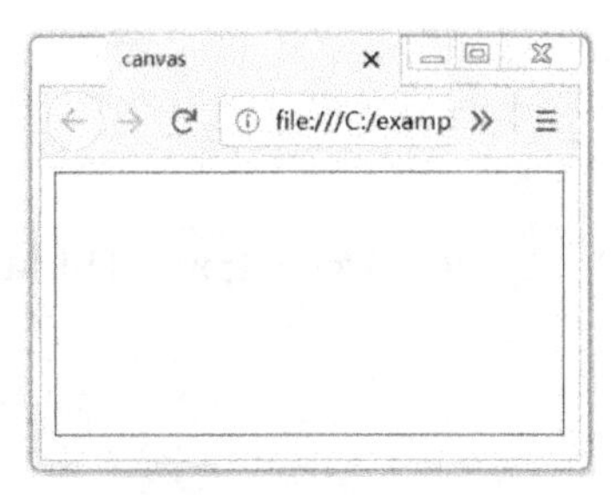

图 3-10　canvas 画布效果

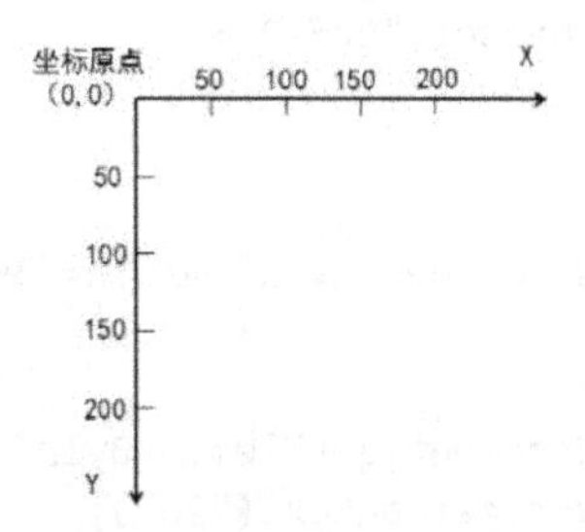

图 3-11　canvas 画布坐标系

canvas 元素本身不能进行图形绘制，需要使用 JavaScript 脚本代码完成图形绘制。脚本代码可以用 script 元素定义。script 元素既可包含脚本语句，也可通过 src 属性指向外部脚本文件。在 HTML5 中，script 元素的 type 属性不再是必需的，默认值是 "text/javascript"。例如：

```
<script>
function popupMsg(msg){  alert(msg);}
</script>
```

1．绘制图形的基本步骤

1）添加 canvas 元素。需要注意的是，canvas 元素必须定义 id 属性以作为标识供 JavaScript 调用，例如：

```
<canvas id="myCanvas" width="300" height="150" style="border:1px solid
#000000"></canvas>
```

2）使用 JavaScript 来绘制图形。

在 JavaScript 脚本代码中使用 document.getElementById()方法，由 canvas 元素的 id 值获取 canvas，并创建对象。

```
var c=document.getElementById("myCanvas");
```

使用 canvas 的 getContext()方法获取画布的上下文，创建 context 对象，获取允许图形绘制的 2D 环境，例如：

```
var ctx=c.getContext("2d");
```

context 对象具有多种绘制线、矩形、圆、文字以及图像的方法。例如，用 context 对象绘制一个矩形：

```
ctx.fillStyle="#00CCFF";
ctx.fillRect(50,50,100,50);
```

其中，context 对象的 fillStyle 属性用于设置矩形的填充色，fillRect()方法定义了矩形的位置和尺寸，绘制矩形的起始点（50,50）由前两个参数值定义，矩形的宽度 100 像素和高度 50 像素分别由后两个参数值定义。

完整的示例代码如下。

【例 3-2】 canvas 绘制矩形。

```
<!doctype html>
<html>
<head>
<meta charset="utf-8">
<title>canvas 绘制矩形</title>
</head>
<body>
<canvas id="myCanvas" width="300" height="150" style="border:1px solid #000000">
</canvas>
<script>
var c=document.getElementById("myCanvas");
var ctx=c.getContext("2d");
ctx.fillStyle="#00CCFF";
ctx.fillRect(50,50,100,50);
</script>
</body>
</html>
```

以上代码在浏览器中的显示效果如图 3-12 所示。

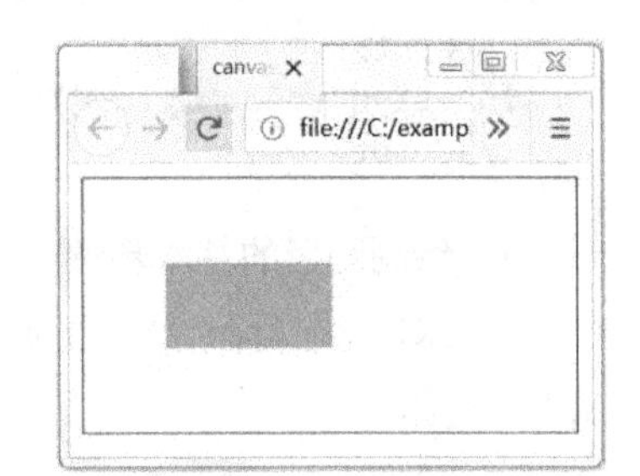

图 3-12　canvas 绘制矩形

2．canvas 图形

canvas 基本图形即线、矩形、圆等简单图形。

在 canvas 中绘制直线需要用到三个方法：

1）moveTo(x,y)：定义直线起始坐标。

2）lineTo(x,y)：定义直线结束坐标。

3）stroke()：实际绘制出一条路径（默认黑色）。

例如：

```
<canvas id="myCanvas" width="300" height="150" style="border:1px solid #000000">
</canvas>
<script>
var c=document.getElementById("myCanvas");
var ctx=c.getContext("2d");
ctx.moveTo(0,0);
ctx.lineTo(300,150);
ctx.stroke();
</script>
```

在上面的代码中，stroke()方法绘制的是通过 moveTo() 和 lineTo() 方法定义的直线。

在浏览器中的显示效果如图 3-13 所示。

在 canvas 中绘制矩形的方法在前面已举例说明，在此不做赘述。

绘制圆形可能会用到五种方法：

1）beginPath()：开始一条路径。

2）arc(x,y,r,sAngle,eAngle,counterclockwise)：创建弧线或圆。

3）closcPath()：创建从当前点到开始点的路径。

4）fill()：填充当前的路径或图像（默认黑色）。

5）stoke()：实际绘制出一条路径（默认黑色）。

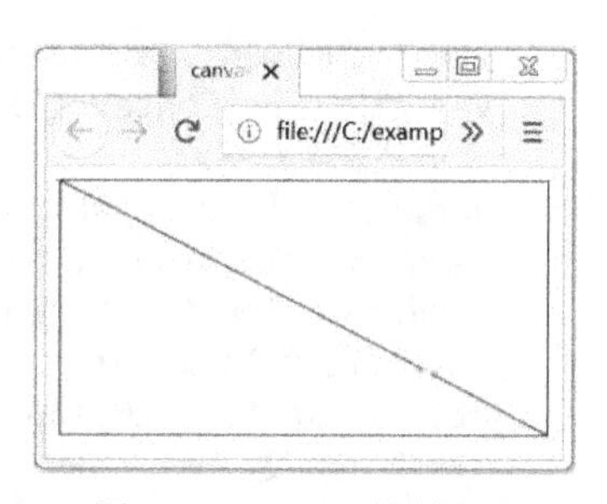

图 3-13 canvas 绘制直线

arc(x,y,r,sAngle,eAngle,counterclockwise)方法的参数：x,y 定义了圆心的坐标；r 为半径；sAngle 为起始角，eAngle 为结束角，单位为弧度；counterclockwise 为可选参数，设定绘制弧线或圆的方向是顺时针还是逆时针，设为 true 为逆时针，设为 false 为顺时针。

例如用 canvas 绘制圆弧：

```
<canvas id="myCanvas" width="300" height="150" style="border:1px solid #000000">
</canvas>
<script>
<script>
var c=document.getElementById("myCanvas");
var ctx=c.getContext("2d");
ctx.beginPath();
ctx.arc(120,80,50,0,Math.PI*1.5,false);
ctx.stroke();
</script>
```

在浏览器中的显示效果如图 3-14 所示。

如果要绘制圆，将 arc()函数的起始角设为 0，结束角设为 Math.PI*2 即可。

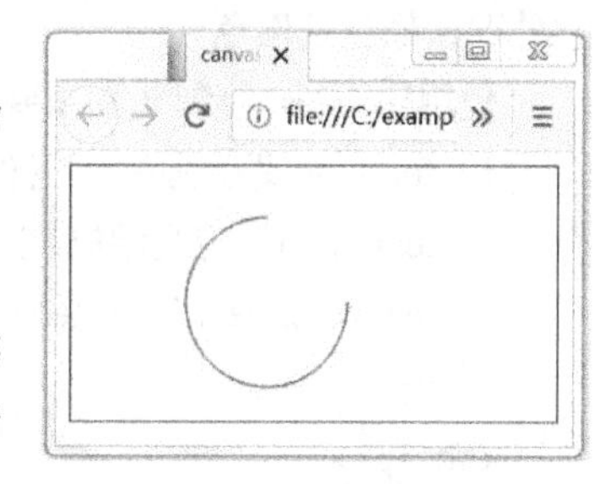

图 3-14 canvas 绘制圆弧

3．渐变

渐变可以定义不同的颜色填充在矩形、圆形、线条、文本等对象内。有两种不同的方式来设置 canvas 渐变，一种是线性渐变，另一种是径向渐变。渐变用到的方法有：

1）createLinearGradient(x0,y0,x1,y1) ：创建线条渐变。

2）createRadialGradient(x0,y0,r0,x1,y1,r1) ：创建一个径向/圆渐变。

3）addColorStop(stop,color)：定义色标的位置并上色。

createLinearGradient(x0,y0,x1,y1)方法的参数：x0 和 y0 为渐变起始点坐标；x1 和 y1 为渐变结束点坐标。

createRadialGradient(x0,y0,r0,x1,y1,r1)方法的参数：x0 和 y0 为渐变起始圆的圆心坐标；r0 为起始圆的半径；x1 和 y1 为渐变结束圆的圆心坐标；r1 为结束圆的半径。

addColorStop(stop,color)方法的参数：stop 为渐变起始点与结束点的相对位置，取值范围为 0.0 到 1.0 之间，起始点为 0.0，结束点为 1.0；color 用于设定结束位置的颜色。

例如：

```
<script>
```

```
var c=document.getElementById('myCanvas');
var ctx=c.getContext('2d');
<!--线性渐变-->
var lgrd=ctx.createLinearGradient(0,0,120,70);
lgrd.addColorStop(0,"blue");
lgrd.addColorStop(1,"white");
ctx.fillStyle=lgrd;
ctx.fillRect(20,20,100,50);
<!--径向渐变-->
var rgrd=ctx.createRadialGradient(60,75,5,90,90,100);
rgrd.addColorStop(0,"blue");
rgrd.addColorStop(1,"white");
ctx.fillStyle=rgrd;
ctx.fillRect(20,80,100,50);
</script>
```

在浏览器中的显示效果如图 3-15 所示。

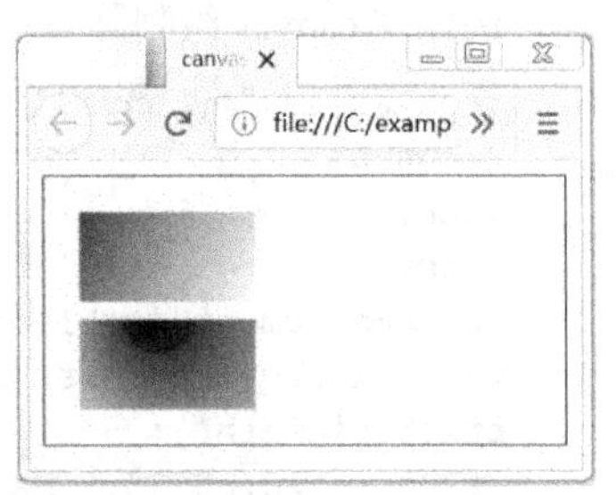

图 3-15　canvas 渐变

4．绘制文字

使用 canvas 绘制文字需要用到的方法如下。

1）fillText(text,x,y,maxwidth)：在 canvas 上绘制实心的文字。

2）strokeText(text,x,y,maxwidth)：在 canvas 上绘制空心的文字。

fillText()和 strokeText()方法的参数：text 定义了在画布上输出的文字；x 和 y 定义了开始绘制文字的 x，y 坐标；maxWidth 为可选参数，定义了允许的最大文本宽度，单位为像素。绘制文字的默认颜色是黑色。

使用 canvas 绘制文本需要用到的属性如下。

1）font：定义绘制文字的样式，如字体、字号等，其语法与 CSS 指定字体样式的方法相同。

2）textAlign：定义绘制文字的对齐方式。

3）textBaseline：定义绘制文字的基线。

例如：

```
<script>
var c=document.getElementById("myCanvas");
var ctx=c.getContext("2d");
ctx.font="20px Arial";
ctx.fillText("Hello World!",10,50);
ctx.font="30px Arial";
ctx.strokeText("Dreams",10,100);
</script>
```

在浏览器中的显示效果如图 3-16 所示。

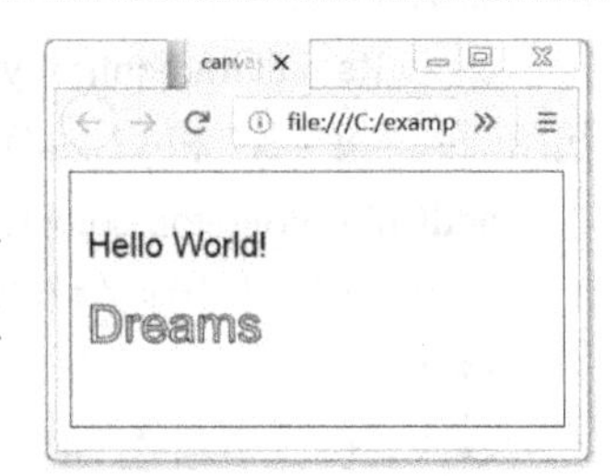

图 3-16　canvas 绘制文字

5．绘制图像

canvas 可以导入图像，对导入的图像进行更改大小、裁剪、合成等处理。把一幅图像放置到画布上，使用 drawImage()方法，有三种语法。

- drawImage(img,x,y)：在画布上放置图像。

- drawImage(img,x,y,width,height)：在画布上放置图像，并设置图像宽度和高度。
- drawImage(img,sx,sy,swidth,sheight, x,y,width,height)：裁剪图像，定位被裁剪的部分。

其中参数设置说明如表 3-10 所示。

表 3-10　drawImage 参数说明

参数	描述
Img	规定要使用的图像、画布或视频
Sx	可选。开始剪切的 x 坐标位置
Sy	可选。开始剪切的 y 坐标位置
Swidth	可选。被剪切图像的宽度
Sheight	可选。被剪切图像的高度
X	在画布上放置图像的 x 坐标位置
Y	在画布上放置图像的 y 坐标位置
Width	可选。要使用的图像的宽度（伸展或缩小图像）
Height	可选。要使用的图像的高度（伸展或缩小图像）
Img	规定要使用的图像、画布或视频

为了解决图像预加载问题，还可以使用 onload 事件，在加载图像的同时执行图像绘制。下面的示例演示了如何将图像添加到画布，并更改大小。

【例 3-3】 canvas 图像绘制。

```
<!doctype html>
<html>
<head>
<meta charset="utf-8">
<title>canvas 图像绘制</title>
</head>
<body>
要使用的图像<br>
<img id="beach" src="img/beach.jpg" width="240" height="160">
<br>画布<br>
<canvas id="myCanvas" width="240" height="150" style="border:1px solid #000000;">
</canvas>
<script>
var c=document.getElementById("myCanvas");
var ctx=c.getContext("2d");
var img=document.getElementById("beach");
img.onload = function() {
 ctx.drawImage(img,10,10,150,100);}
</script>
</body>
</html>
```

在浏览器中的显示效果如图 3-17 所示。

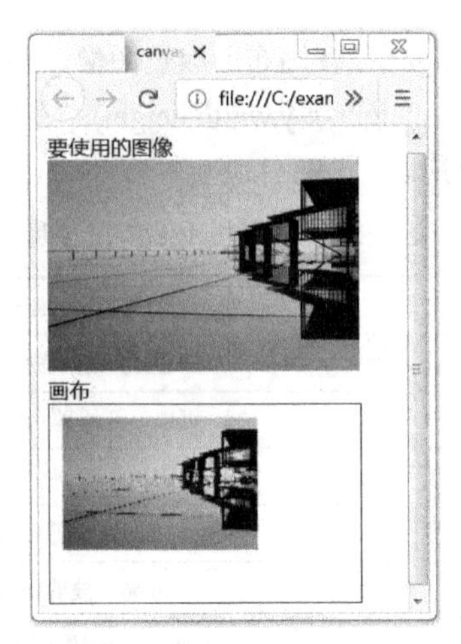

图 3-17 canvas 图像绘制

3.2.2 SVG 绘图

SVG 指可缩放矢量图形（Scalable Vector Graphics）。SVG 是 W3C 发布的标准，用于在页面上绘制矢量图形。与其他的图像格式如 JPEG、PNG 等相比， SVG 所绘制的矢量图形的质量在缩放或改变大小时不会有损失。

与 Canvas 通过 JavaScript 来绘制 2D 图形不同，SVG 是一种通过 XM（标准通用标记语言的子集）描述 2D 图形的语言。

表 3-11 对比了 Canvas 和 SVG 的不同之处。

表 3-11 Canvas 与 SVG 的对比

Canvas	SVG
依赖分辨率	依赖分辨率
不支持事件处理器	不支持事件处理器
弱的文本渲染能力	弱的文本渲染能力
能够以 .png 或 .jpg 格式保存结果图像	能够以 .png 或 .jpg 格式保存结果图像
最适合图像密集型的游戏，其中的许多对象会被频繁重绘	最适合图像密集型的游戏，其中的许多对象会被频繁重绘

Canvas 绘制矩形需要嵌入 JavaScript，而在 SVG 中用<rect>元素就可以绘制矩形。<rect>元素的常用属性有如下。

- x：矩形左上角的 x 坐标。
- y：矩形左上角的 y 坐标。
- rx：圆角矩形的 x 半径。
- ry：圆角矩形的 y 半径。
- width：矩形宽度。
- height：矩形高度。

例如下面的代码是用 rect 元素创建一个圆角矩形：

```
<svg>
  <rect x="10" y="10” rx="15" ry="15" width="200" height="150" fill="#00CCFF">
</svg>
```

在浏览器中的显示效果如图 3-18 所示。

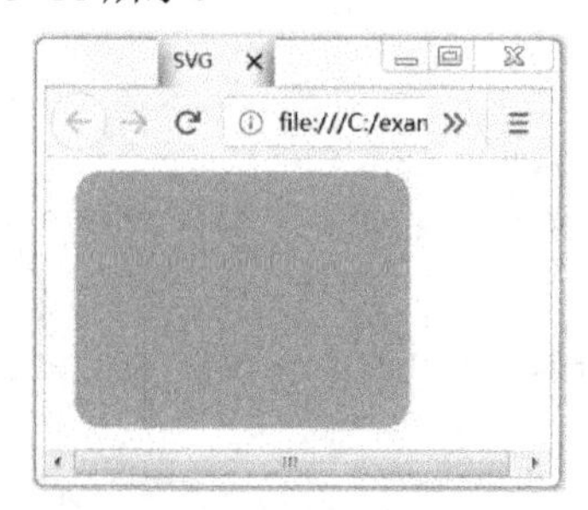

图 3-18　SVG 绘制圆角矩形

SVG 常见图形元素如表 3-12 所示。

表 3-12　SVG 常见图形元素

元素	功能	属性
<line>	定义一条线	x1="直线起始点 x 坐标" y1="直线起始点 y 坐标" x2="直线终点 x 坐标" y2="直线终点 y 坐标"
<circle>	定义一个圆	cx="圆的 x 轴坐标" cy="圆的 y 轴坐标" r="圆的半径
<ellipse>	定义一个椭圆	cx="椭圆 x 轴坐标" cy="椭圆 y 轴坐标" rx="沿 x 轴椭圆形的半径" ry="沿 y 轴长椭圆形的半径"
<polygon>	定义一个多边形	points="多边形的点。点的总数必须是偶数" fill-rule="FillStroke 演示属性的部分"
<polyline>	定义只有直线组成的任意形状	points=折线上的"点"
<rect>	定义一个矩形	x="矩形的左上角的 x 轴" y="矩形的左上角的 y 轴" rx="x 轴的半径（round 元素）" ry="y 轴的半径（round 元素）" width="矩形的宽度" height="矩形的高度"
<image>	定义图像	x="图像的左上角的 x 轴坐标" y="图像的左上角的 y 轴坐标" width="图像的宽度" height="图像的高度" xlink:href="图像的路径"

SVG 除了定义了绘制各种图形的元素，还支持多种图形显示效果，如滤镜、渐变、模糊效果等。

所有的 SVG 滤镜都包含在<defs>元素内，<filter>元素用来定义滤镜，各种滤镜效果用 id 属性作为标识，在图形创建时通过 id 来确定图形应用哪种滤镜。

例如，用<feGaussianBlur>元素实现模糊效果。

【例 3-4】 SVG 滤镜模糊效果。

```
<!doctype html>
<html>
<head>
<meta charset="utf-8">
<title>SVG 模糊效果</title>
```

```
</head>
<body>
<svg>
  <defs>
    <filter id="f1" x="0" y="0">
      <feGaussianBlur in="SourceGraphic" stdDeviation="15" />
    </filter>
  </defs>
  <rect x="10" y="10" width="90" height="90" fill="blue" filter="url(#f1)" />
</svg>
</body>
</html>
```

如【例 3-4】所示，<filter>用 id 属性定义了一个滤镜的唯一标识 f1，<feGaussianBlur>元素定义了模糊效果，其中，in 属性的值定义为“SourceGraphic”表示由整个图像创建效果，stdDeviation 属性定义了模糊量，在<rect>元素中用 filter 属性将矩形图形与“f1”建立映射。

示例代码在浏览器中的显示效果如图 3-19 所示。

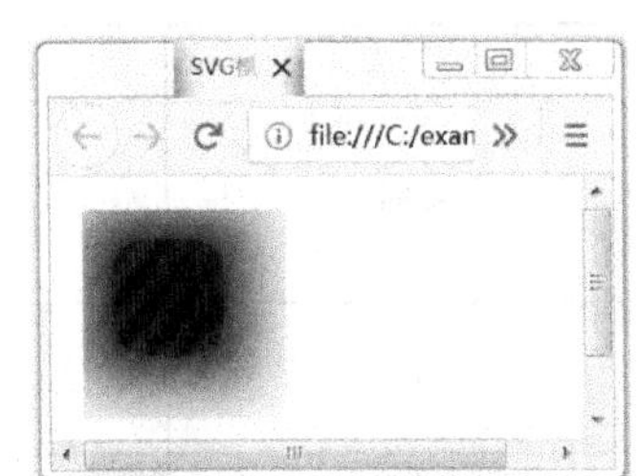

图 3-19　SVG 模糊效果

3.2.3　MathML 数学符号和公式

MathML 指数学标记语言（Mathematical Makeup Language），用于在互联网上书写数学符号和公式。MathML 是一种基于 XML 的标准，由 W3C 公布。

MathML 元素对应的标签是$$，下面的代码演示了在 HTML 中使用 MathML 元素。

```
<math>
   <mrow>
      <msup><mi>a</mi><mn>2</mn></msup>
      <mo>+</mo>
      <msup><mi>b</mi><mn>2</mn></msup>
      <mo>=</mo>
      <msup><mi>c</mi><mn>2</mn></msup>
   </mrow>
</math>
```

在浏览器中的显示效果如图 3-20 所示。

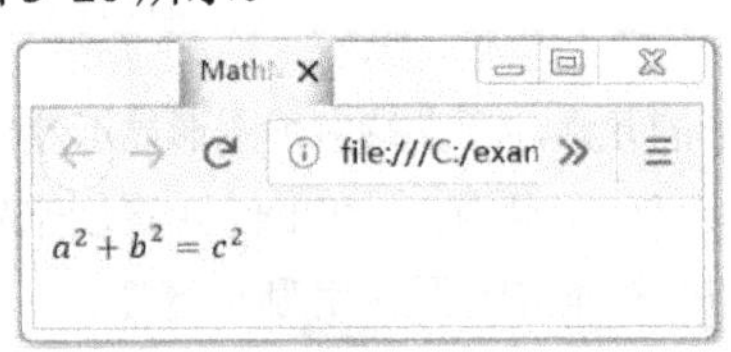

图 3-20　MathML 显示效果

3.3　网页布局

在设计 HTML 文档时，通过使用导航栏、菜单栏、侧边栏、文章块、标题栏、脚注栏等元素构建网页布局，可以使网页具有更好的可读性。

3.3.1　使用 div 元素的网页布局

<div> 元素常用作网页布局工具，它能够轻松地通过 CSS 对其进行定位。

<div>可定义文档中的分区或节，将文档分割为独立的、不同的各个部分。如果用 id 或 class 属性来标记<div>，就可以对该<div>元素进行定位，一般 class 属性用于某一类元素（具有相似的特性），而 id 属性用于标识单独的唯一的元素。

【例 3-5】 使用 div 元素的网页布局。

```
<!DOCTYPE html>
<html>

<head>
<style>
#header {
    background-color:#BB8C44;
    color:white;
    text-align:center;
    padding:5px;
}
#nav {
    line-height:30px;
    background-color:#eeeeee;
    height:200px;
    width:100px;
    float:left;
    padding:5px;
}
#section {
    width:350px;
    float:left;
    padding:10px;
}
#footer {
    background-color:#BB8C44;
    color:white;
    clear:both;
    text-align:center;
   padding:5px;
}
</style>
</head>

<body>
<div id="header">
<h1>城市风貌</h1>
</div>

<div id="nav">
西安<br>
苏州<br>
兰州<br>
```

```
</div>

<div id="section">
<h2 align="center">西安</h2>
<p align="justify">
    西安是一座历史悠久的文化名城，它有 3100 多年的建城史和 1100 多年的建都史，留存着周、秦、汉、唐等十三代古都的盛世辉煌。
</p>
<p align="justify">
    古长安城以百万人口之众构成当时的世界贸易交流和文化中心，古“丝绸之路”也由此起步。
</p>
</div>

<div id="footer">
Copyright@lgd
</div>

</body>
</html>
```

示例代码在浏览器中的显示效果如图 3-21 所示。

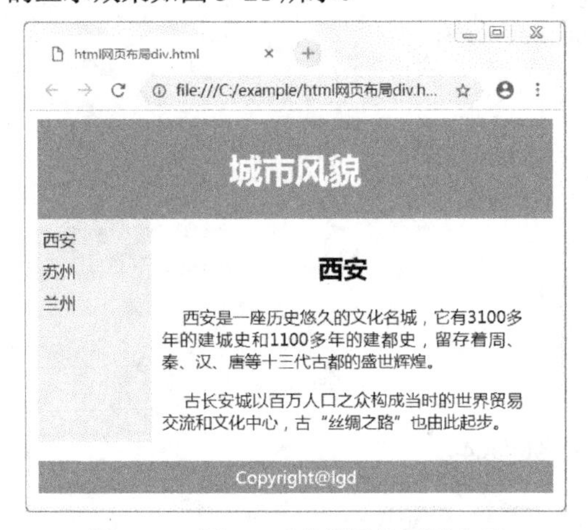

图 3-21　用 div 元素设置的网页布局

3.3.2　HTML5 网页布局

HTML5 新增了多个元素以使网页的结构和框架更加语义化，便于浏览器和搜索引擎更好地解析页面的内容和相互之间的关系，例如 header、nav、aside、section、article、footer 等元素。图 3-22 展示了这些元素对应的网页框架。

HTML 用<body>定义了文档主体，在<body>内又可以使用这些元素将文档主体按照逻辑关系分隔成多个区块。

1．文章块

文章块是页面中独立且结构完整的内容，比如论坛帖子、文章、评论等。<article>元素可以用来定义文章块。在<article>元素内可用<header>元素表示文章块的标题，文章块的附加信息比如作者、版权信息等可用<footer>元素作为文章块的页脚。例如：

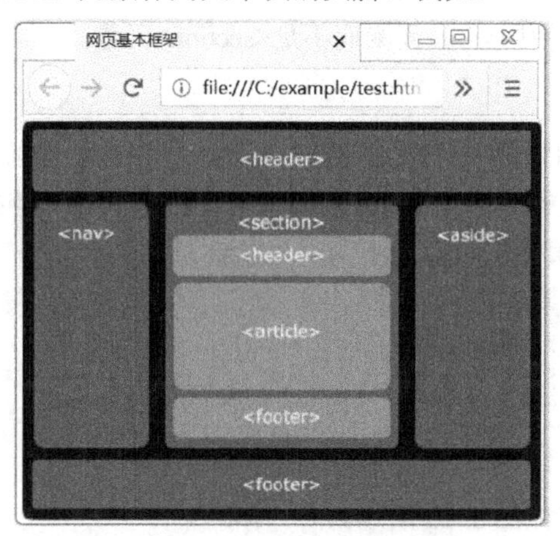

图 3-22　网页框架及结构元素

```
<article>
<header>
<h1>HTML5</h1>
<p>HTML5 是 HTML 的最新修订版本，2014 年 10 月由 W3C 完成标准的制定。
<br>……
</p>
<a href="?show=detail">阅读全文</a>
<footer>
<p><small>作者信息：</small></p>
</footer>
</article>
```

<article>元素内可以嵌套使用<article>，内层的内容在原则上需与外层内容相关联。例如，在文章末尾，访客留下的评论可以用<article>元素嵌套在文章块的<article>内。

2. 内容块

与具有独立、完整的内容的<article>元素不同，<section>元素用于对页面中的内容划分区块或者对文章进行分段。

一个<section>元素通常由内容和标题组成，例如：

```
<article>
    <h1>Web 应用开发技术</h1>
    <p>Web 编程需要学习 HTML,CSS，JavaScript……</p>
    <section>
        <h2>HTML</h2>
        <p>HTML 全称超文本标记语言……</p>
    </section>
    <section>
        <h2>CSS</h2>
        <p>CSS 全称层叠样式表……</p>
    </section>
</article>
```

在 HTML5 之前的版本中，使用<div>和<span>元素来划分区域、布局网页，但<article>和

<section>元素的出现并不意味着可以取代<div>元素。当一个元素需要定义为设置样式的容器或通过脚本定义行为时，应当使用<div>元素而不是<section>元素。

3．导航栏

导航栏一般位于页面的顶部或者正文的左右两侧，作用是从当前页面跳转到其他页面，也可以在当前页面的不同部分之间跳转。<nav>用来定义页面中的导航链接，一个页面中可以包含多个<nav>元素，从而为整个页面或页面的不同部分导航。例如：

```
<nav>
<a href="index.html">首页</a>|
<a href="email.html">邮箱</a>|
<a href="bbs.html">论坛</a>|
</nav>
```

在浏览器中的显示效果如图 3-23 所示。

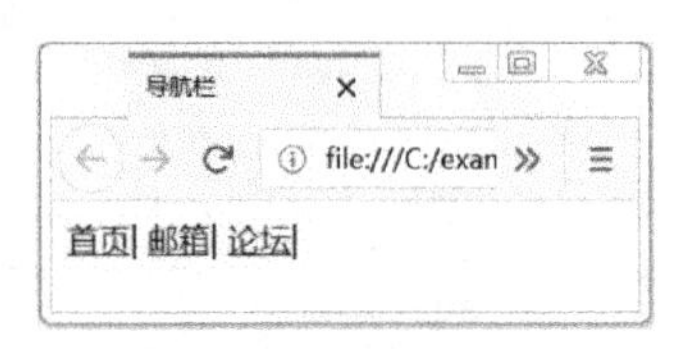

图 3-23　导航栏

4．侧边栏

侧边栏表示当前页面或文章的附属信息，比如广告、与当前页面或文章内容相关的导览、友情链接等，<aside>元素用来定义侧边栏，常与列表元素一起使用。如果希望侧边栏也有导航作用，可以在<aside>元素内嵌套使用<nav>元素。例如：

```
<aside>
<nav>
<h3>推荐</h3>
<dl>
<dd><a href="#">HTML 标签列表</a></dd>
<dd><a href="#">HTML 全局属性</a></dd>
<dd><a href="# ">HTML 事件</a></dd>
</dl>
</nav>
</aside>
```

5．标题栏和脚注栏

<header>元素通常作为整个页面或者页面中的一个文章块的标题。<header>元素内通常嵌套使用<h1>～<h6>元素，也可以包含<nav><form>等元素。

<footer>元素可以作为整个页面或者页面中的一个文章块、内容块的脚注。如果附加信息有联系人的信息或地址等，应该在<footer>元素内使用<address>元素。脚注默认显示为斜体。

例如：

```
<body>
<header>
<h1>我的主页</h1>
</header>
<article>
<header>
<h2>文章标题</h2>
</header>
<p>正文</p>
</article>
```

```
<footer>
<address>
作者：张三</a><br>
邮箱：<a href="zhangsan@example.com">zhangsan@example.com</a>
</address>
</footer>
</body>
```

下面的例子把使用 div 元素的网页布局修改为使用 HTML5 元素的网页布局。

【例 3-6】 使用 HTML5 元素的网页布局。

```
<!DOCTYPE html>
<html>
<head>
<style>
header {
    background-color:#BB8C44;
    color:white;
    text-align:center;
    padding:5px;
}
nav {
    line-height:30px;
    background-color:#eeeeee;
    height:200px;
    width:100px;
    float:left;
    padding:5px;
}
section {
    width:350px;
    float:left;
    padding:10px;
}
footer {
    background-color:#BB8C44;
    color:white;
    clear:both;
    text-align:center;
   padding:5px;
}
</style>
</head>

<body>

<header>
<h1>城市风貌</h1>
</header>

<nav>
西安<br>
苏州<br>
```

```
兰州<br>
</nav>

<section>
<h2 align="center">西安</h2>
<p align="justify">
    西安是一座历史悠久的文化名城，它有 3100 多年的建城史和 1100 多年的建都史，留存着周、秦、汉、唐等十三代古都的盛世辉煌。
</p>
<p align="justify">
    古长安城以百万人口之众构成当时的世界贸易交流和文化中心，古“丝绸之路”也由此起步。
</p>
</section>

<footer>
Copyright@lgd
</footer>

</body>
</html>
```

上述示例代码在浏览器中的显示效果与图 3-21 完全相同，但对浏览器来说，div 元素只能通过不同的 ID 属性名来区分，命名方式不同，代码易读性也随之改变，而这些 HTML5 新增的元素通过元素名即可定位，代码简单易读。

3.4　HTML5 用户接口 API

HTML5 新增的拖放、通知、地理定位、本地存储、SSE 等 API 为 Web 页面提供了更好的交互操作。

3.4.1　HTML5 拖放与通知

HTML5 在网页交互操作上带来了新的变化，如元素拖放、通知等。

1. 元素的拖放

网页中的拖放是将鼠标按下左键选中对象并始终保持左键为按下状态，直至将对象移动至目标区域，松开左键，将对象放置在目标区域内。拖放包含两个操作：拖动和放置。

在 HTML5 之前，要实现网页元素的拖放，需要借助 JavaScript 脚本，调用 JavaScript 事件如 mouseup、mousedown、mousemove 等来实现。而 HTML5 提供了拖放 API 来实现这项功能。

在 HTML5 中，实现元素拖放的步骤为：

1）将被拖放的元素的 draggable 属性设为 true。draggable 属性用于规定元素是否可拖动。在 HTML5 中，任何元素都能够拖放。

2）根据 HTML5 拖放 API 所定义的事件，为被拖放元素和目标元素设置触发事件，并编写与拖放相关的事件处理函数。拖放 API 相关的事件说明如表 3-13 所示。

表 3-13　拖放 API 相关事件

事件	事件作用的元素	事件描述
Ondragstart	被拖放的元素	开始拖动
Ondrag	被拖放的元素	拖动过程中
Ondragenter	拖动过程中鼠标经过的元素或目标元素	被拖放的元素开始进入当前元素的范围内
Ondragover	拖动过程中鼠标经过的元素或目标元素	被拖放的元素在当前元素上方移动
Ondragleave	拖动过程中鼠标经过的元素	被拖放的元素离开当前元素的范围
Ondrop	目标元素	被拖放的元素放置到当前元素中
Ondragend	被拖放的元素	拖放操作结束

由表 3-13 可知，与被拖动元素相关的触发事件为：

- ondragstart：开始拖动。
- ondrag：拖动过程中。
- ondragend：拖放操作结束。

与目标元素相关的触发事件为：

- ondragenter：被拖放的元素进入目标元素。
- ondragover：被拖放的元素在目标元素上方移动。
- ondragleave：被拖放的元素离开目标元素。
- ondrop：被拖放的元素放置到目标元素中。

【例 3-7】 元素的拖放。

```
<!doctype html>
<html>
<head>
<meta charset="utf-8">
<title>元素的拖放</title>
<style type="text/css">
#target {width:300px;height:150px;border:1px solid #000000;}
</style>
<script>
function allowDrop(ev)
{
ev.preventDefault();
 }
function drag(ev)
{
ev.dataTransfer.setData("Text",ev.target.id);
}
function drop(ev)
{ ev.preventDefault();
  var data=ev.dataTransfer.getData("Text");
  ev.target.appendChild(document.getElementById(data));
}
</script>
</head>
<body>
```

```
    <p>拖动图片到矩形框中</p>
    <div id="target" ondrop="drop(event)" ondragover="allowDrop(event)"></div>
    <br>
    <img id="drag" src="img/flower.JPG" draggable="true" ondragstart="drag(event)"
width="300" height="150">
    </body>
    </html>
```

【例 3-7】中设置了一个<img>元素作为被拖放的元素，一个<div>元素为目标元素。下面分析代码如何设计实现拖放功能：

1）首先，为了使<img>元素可拖动，将其 draggable 属性设置为 true。

```
<img id="drag" src="img/flower.JPG" draggable="true">
```

2）规定当元素被拖动时会发生的事件。开始拖动时，ondragstart 事件发生，调用了函数 drag(event)，在 drag 函数中使用 setData() 方法把被拖动数据的类型和数值写入 dataTransfer 对象。在本例中，数据类型是 "Text"，值是被拖动元素的 id ("drag")。

```
function drag(ev)
{       ev.dataTransfer.setData("Text",ev.target.id);
}
```

3）针对目标元素，应该用 ondragover 或者 ondragend 事件规定在何处放置被拖动的数据，本例中用 ondragover 事件设定。默认无法将数据/元素放置到其他元素中，如果需要设置为允许放置，需要在 ondragover 事件中调用 allowDrop(event) 函数，在 allowDrop 函数中使用 event.preventDefault() 方法来阻止默认处理方式。

```
function allowDrop(ev)
{        ev.preventDefault();
}
```

4）当在目标元素中放置被拖放元素时，发生 ondrop 事件。ondrop 属性调用了一个函数 drop(event)。

```
function drop(ev)
{       ev.preventDefault();
          var data=ev.dataTransfer.getData("Text");
          ev.target.appendChild(document.getElementById(data));
}
```

在 drop 函数中，首先调用 preventDefault() 来避免浏览器对数据的默认处理（drop 事件的默认行为是以链接形式打开）。然后通过 dataTransfer.getData("Text") 方法获得被拖动的数据，该方法将返回在 setData() 方法中设置为相同类型的数据，被拖动的数据是被拖动元素的 id ("drag")。最后，通过 appendChild(document.getElementById(data))方法把被拖动元素追加到目标元素中。

【例 3-7】在浏览器中的演示效果如图 3-24 所示。

2．通知

当网页中有新的通知时，屏幕右下角会弹出通知栏，及时将消息推送给用户。HTML5 中提供了 Notification API，可以更方便地实现通知功能。

图 3-24 元素拖放效果（左图为拖放前，右图为拖放后）

传统的网页通知是依附于页面存活的，当切换到新的页面，就不能收到之前页面的通知。而 HTML5 通知 API 是无论访问哪个页面，只要有通知都会推送，而不依附于页面。

用 Notification API 生成消息可分为如下几个步骤。

1）检查浏览器是否支持 Notification API。

```
<script>
if(Notification){
        alert("浏览器支持通知 API");}
else{
        alert("浏览器不支持通知 API");}
</script>
```

2）检查浏览器的通知权限（是否允许通知）。用 Notification 对象的 requestPermission()方法即可检查。

```
Notification.requestPermission()
```

若权限不够可以使用 requestPermission()静态方法，向用户询问是否给浏览器显示通知的权限。

```
if(Notification){
         if(Notification.permission=="granted"){
                  }
         else if(Notification.permission=="default")   {
                  Notification.requestPermission();
                  }
}else{
       alert("浏览器不支持通知 API");}
```

其中，permission 有 3 种状态：

- denied：表示用户拒绝推送通知。
- granted：表示用户同意推送通知。
- default：表示不知道用户是同意还是拒绝，一般默认状态为拒绝。

3）创建消息通知。

通过用构造函数 Notification()创建 notification 对象来显示通知。

```
var notify = new Notification(title, options)
```

该构造函数的第一个参数 title 设置通知的标题，第二个参数 option 为一个对象，用于设定通知内容的显示效果，如文字方向、所使用的语言、通知的标识符、通知图标等。

4）展示通知。

notification API 提供了 4 个事件用于管理通知：

onclick：当用户单击通知时触发。

onshow：当通知被显示时触发。

onclose：当通知被关闭时触发。

onerror：当通知出错时触发。

下面的代码示例展示了当用户单击页面中的按钮后，开启桌面通知。在浏览器中的显示效果如图 3-25 所示。

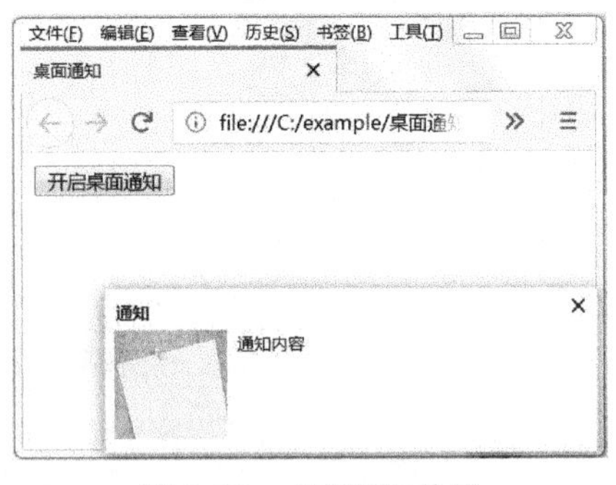

图 3-25　桌面通知效果

【例 3-8】 桌面通知示例代码。

```
<!doctype html>
<html>
<head>
<meta charset="utf-8">
<title>桌面通知</title>
</head>
 <body>
<input type="button" value="开启桌面通知" onclick="showNotice();">
<script>
 function showNotice(){
        if(Notification){
        Notification.requestPermission(function(status){
               if(status != "granted"){
                        return;
                        }
               else{
                        var notify = new Notification("通知",{
                               dir:'auto',
      lang:'zh-CN',
      tag:'sds',
      icon:'img/notify.png',
      body:'通知内容'
                               });
                               notify.onclick=function(){
                                      window.focus();
                                      };
      }
    });
}else{
    alert("浏览器不支持通知 API");}
}
</script>
</body>
</html>
```

3.4.2 HTML5 地理定位

HTML5 Geolocation API 是 HTML5 新增的地理位置应用程序接口，如果浏览器支持此功能，且设备具有定位功能，就可以使用这组 API 获得用户当前的地理位置信息，进而设计定位应用。鉴于此特性可能侵犯用户的隐私，除非用户同意，否则用户位置信息是不可用的。

位置信息的表示主要用一对经、纬度坐标组成，一般有两种格式：

- DMS（Degree-Minute-Second，度-分-秒）角度格式，如 35° 30′ 36″。
- 十进制格式，如 35.51 度。

把 DMS 格式转换成十进制格式的方法为：

十进制数=度 + 分/60 + 秒/3600

例如：35° 30′ 36″ =35+30/60+36/3600=35.51。

HTML5 Geolocation API 中使用的是十进制格式的经纬度坐标表示，并且除了经纬度坐标，还可以提供如海拔数据、位置坐标准确度等其他数据信息。设备可使用 IP 地址、GPS 全球定位系统、Wi-Fi 定位、手机定位、用户自定义定位等方式获取位置信息数据。HTML5 Geolocation API 并不指定设备使用哪种技术来定位，它只是通过 API 检索地理位置信息数据。

使用 HTML5 Geolocation API 的 getCurrentPosition() 方法可以获得用户当前的地理位置信息，其语法格式如下：

```
getCurrentPosition(successCallback, errorCallback,PositionOptions)
```

1）第一个参数 successCallback 表示获取当前地理位置信息成功时所执行的回调函数。此回调函数使用一个 position 对象作为参数，该对象包含 3 个属性：coords、address 和 timestamp。coords 属性包含 7 个值，accuracy：精确度，latitude：纬度，longitude：经度，altitude：海拔，altitudeAcuracy：海拔高度的精确度，heading：朝向，speed：速度。address 属性包含 8 个值，country：国家，province：省份，city：城市，district：区/县，street：路，streetNum：路编号，poiName：地点名称，cityCode：城市代码。timestamp 属性返回一个时间戳，表示获取地理位置信息时的时间。

2）第二个参数 errorCallback 表示获取当前地理位置信息失败时所执行的回调函数。此回调函数使用一个 error 对象作为参数，该对象包含两个属性：message 属性，表示错误信息；code 属性，表示错误代码。code 属性包含 4 个值：

unknow_error：表示不包括在其他错误代码中的错误，可以在 message 中查找信息。

permission_denied：表示用户拒绝浏览器获取位置信息的请求。

position unavalablf：表示网络不可用或者连接不到卫星。

timeout：表示获取超时时。必须在 options 中指定了 timeout 值时，才有可能发生这种错误。

3）第三个参数 PositionOptions 是一些可选属性的列表，可省略。其数据格式为 json，有 3 个属性：

enableHighAcuracy：布尔值，表示是否启用高精确度模式，如果启用这个模式，浏览器在获取位置信息时可能需要耗费更多的时间。

Timeout：整数，表示浏览器需要在给定的限定时间内获取位置信息。如果在限定时间内未获取到地理位置信息，则返回错误，即触发 errorCallback，单位为毫秒。

maximumAge: 整数/常量，表示浏览器重新获取位置信息的时间间隔，超过这个时间后，缓存的地理位置信息将被舍弃，并尝试重新获取地理位置信息，单位为毫秒。

【例 3-9】 获取地理位置信息。

```
<!doctype html>
<!doctype html>
<html>
<head>
<meta charset="utf-8">
<title>基于浏览器的 HTML5 地理定位</title>
</head>
<body>
  <div id="container"></div>
    <script src="http://map.qq.com/api/js?v=2.exp" type="text/javascript"></script>
     <script>
          var clientWidth = document.documentElement.clientWidth,
              clientHeight = document.documentElement.clientHeight;
          var container = document.getElementById('container');
          container.style.width = clientWidth + 'px';
          container.style.height = clientHeight + 'px';

          function getLocation(){
             if(navigator.geolocation){
                 //浏览器支持 geolocation
                 navigator.geolocation.getCurrentPosition(showPosition,showError,
options);
             }
               else{
                 //浏览器不支持 geolocation
                 alert("浏览器不支持使用 HTML5 获取地理位置信息");
             }
          }

          //成功时
          function showPositon(position){
               //返回用户位置
               //经度
               var longitude =position.coords.longitude;
               //纬度
               var latitude = position.coords.latitude;
                //地图的中心地理坐标
               var center = new qq.maps.LatLng(latitude, longitude);

               //使用地图 API
               var map = new qq.maps.Map(document.getElementById("container"), {
                 //地图的中心地理坐标
                 center: center,
                 //初始化地图缩放级别
                 zoom: 14
               });

               //在地图中创建信息提示窗口
               var infoWin = new qq.maps.InfoWindow({
                   map: map
               });
```

```
            //打开信息窗口
           infoWin.open();
            //设置信息窗口显示区的内容
            infoWin.setContent('<div style="width:200px;padding:10px;">'+
                '你的位置在这里<br/>纬度：'+  latitude+  '<br/>经度：'+longitude);
            //设置信息窗口的位置
            infoWin.setPosition(center);
        }


        //失败时
        function showError(error){
           switch(error.code){
               case error.PERMISSION_DENIED:
               alert("用户拒绝获取地理位置的请求");
               break;

               case error.POSITION_UNAVAILABLE:
               alert("获取不到地理位置信息");
               break;

               case error.TIMEOUT:
               alert("请求用户地理位置信息超时");
               break;

               case error.UNKNOWN_ERROR:
               alert("未知错误");
               break;
           }

        }
               var options={
               enableHighAccuracy:true, //要求高精度的地理信息
                      timeout:10000,//10 秒内未获取位置信息则返回错误
               maximumAge:1000 //地理位置信息缓存时间为 1 秒
           }

        window.onload=getLocation;
    </script>
  </body>
  </html>
```

3.5　案例——个人博客主页

本节将运用前面所学的 HTML 进阶知识实现一个个人博客主页，基本布局包含标题区、侧边栏、主区域及页脚区，案例最终效果如图 3-26 所示。为了使页面显示效果更好，本例中的页面显示效果图为 CSS 美化后的效果。本节只对 HTML 代码设计部分进行说明，关于 CSS 部分的设计将在后续章节中进行介绍。

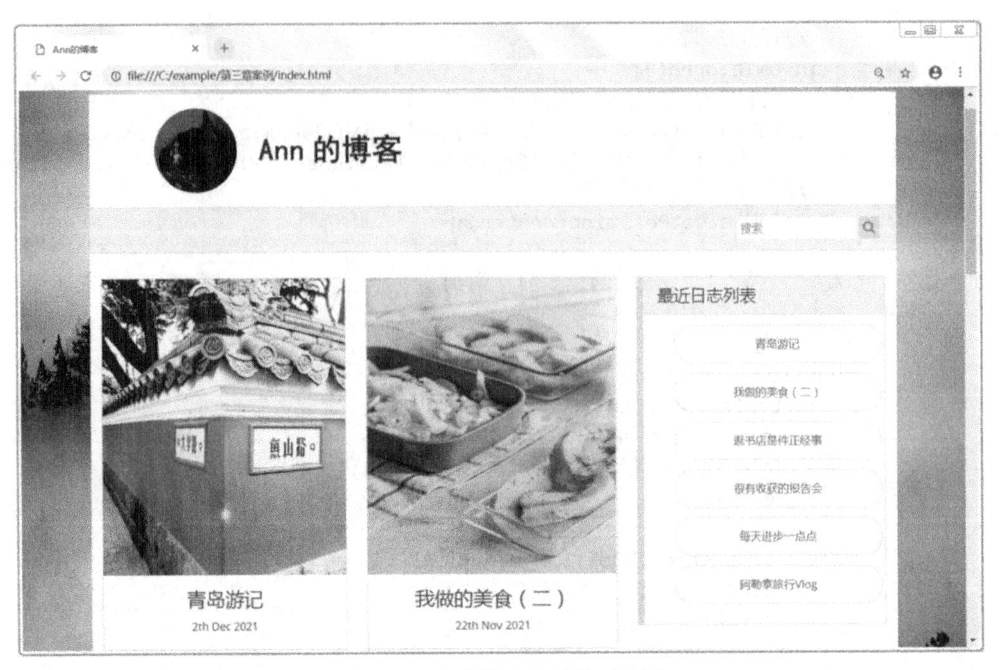

图 3-26　个人博客主页显示效果

首先，构建一个基础的 HTML 页面框架，代码如下。

```
<html>
<head>
    <meta charset="UTF-8">
    <title>Ann 的博客</title>
</head>
<body>
</body>
</html>
```

将该代码保存为 index.html 文件，并通过浏览器进行查看，此时页面上没有任何显示，只会在浏览器的标签页上显示“Ann 的博客”，下面我们一步一步来完成页面的编写。

（1）设置页面整体框架

在<body>中用<header>设置标题区，<section>设置主区域，<aside>设置侧边栏，<footer>设置页脚区。其框架结构如图 3-27 所示。

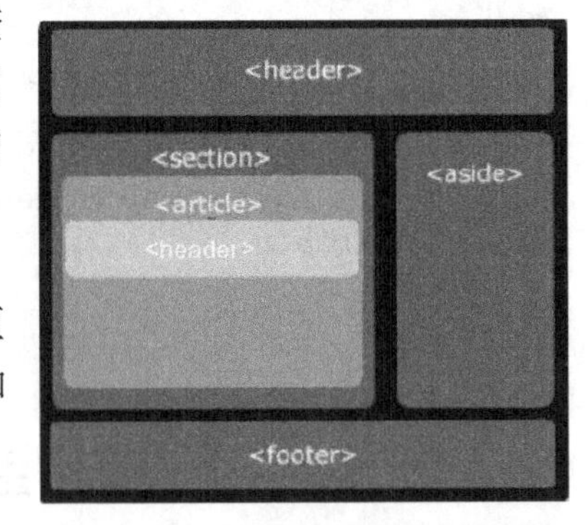

图 3-27　个人博客页面框架结构图

框架结构代码如下：

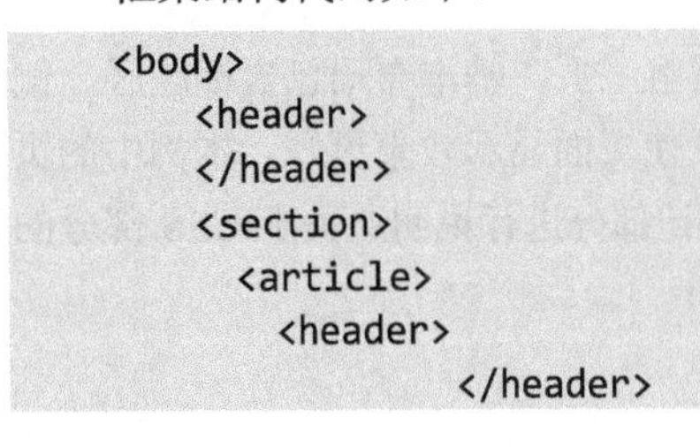

```
<body>
    <header>
    </header>
    <section>
      <article>
        <header>
                 </header>
```

```
                </article>
        </section>
        <aside>
        </aside>
        <footer>
        </footer>
    </body>
```

（2）设置标题区

标题区最上方设为个人博客的 logo 图片，之后设置一行分隔条，在分隔条上放一个搜索栏。首先，在<header>内设置一个<div>，作用是容纳插入图片的<img>，设置其类名为“logo”。在<img>内设置个人博客的 logo 图片路径，设置其宽和高的比例，并设其为居中。

之后添加一个<div>，作用是设置分隔条，通过 CSS 设置其高度和颜色，让其宽度与 logo 区宽度一致，设置其类名为“subheader”。在其内部添加一个<div>，作用是容纳后面的搜索栏，并设置其类名为 container。搜索栏需要使用表单元素<form>，设置其方法为“get”。搜索的文本框需要使用<input>的单行文本输入框工具，通过 placeholder 属性设置文本框中默认显示的文字为“搜索”。搜索按钮需要使用<button>，可使用<i>为搜索按钮添加一个图标。

标题区相关代码如下：

```
    <header>
        <div class="logo">
                        <img src="img/logo.png" width="50%" height="50%" alt="center">
        </div>
         <div class=" subheader ">
            <div class="container">
                <form method="get" >
                    <input class="searchfield" id="searchbox" type="text" placeholder=
"搜索">
                    <button class="searchbutton" type="submit">
                        <i class="fa fa-search"></i>
                    </button>
                </form>
            </div>
          </div>
    </header>
```

（3）设置主区域

在设置主区域之前，先放一个<div> ，设置其类名为“main”，作为主区域和侧边栏的容器，并让其占据整个主区域加侧边栏的宽度。

主区域的主要内容为最近的 6 篇博客日志的摘要，包括日志封面、标题和日期。

主区域<section>设置类名为“blog-main”，作用是容纳所有日志。在<section>内添加三个并列的<div>，设置其类名都为“row”，作用是作为一行来容纳两篇日志摘要，三个<div>表示有三行共 6 篇日志摘要。在每个类名为“row”的<div>内添加两个<section>，每个<section>包含一篇完整的日志摘要。<section>内使用<article>包含日志摘要的内容。日志封面图片用<img>插入，也可用<video>添加 vlog 视频。日志标题用<h3>添加，在<h3>内可用<a>添加日志的超链接。日志封面图片用到的<img>和日志标题用到的<h3>用<header>包含在<article>内，日志日期用<p>包含在<article>内。在 6 篇日志摘要后用一个类名为“paging”的<div>设置“更多日志…”的超链接，在<div>内用<a>添加超链接的路径。

主区域相关代码如下：

```
<section class=" blog-main">
    <div class="row">
        <section class=" col" >
          <article>
            <header>
              <img src="img/b1.jpg" alt="" height="420">
              <h3><a href="b1.html">青岛游记</a></h3>
            </header>
            <p>2th Dec 2021</p>
            <hr>
          </article>
        </section>
        <section class=" col" >
          <article>
            <header>
              <img src="img/b2.jpg" alt="" height="420">
              <h3><a href="b2.html">我做的美食（二）</a></h3>
            </header>
            <p>22th Nov 2021</p>
            <hr>
          </article>
        </section>
    </div>
    <div class="row">
      <section class=" col" >
        <article>
          <header>
            <img src="img/b3.jpg" alt="" height="420">
            <h3><a href="b3.html">逛书店是件正经事</a></h3>
          </header>
          <p>10th Nov 2021</p>
          <hr>
        </article>
      </section>
      <section class=" col" >
        <article>
          <header>
            <img src="img/b4.jpg" alt="" height="420">
            <h3><a href="b4.html">很有收获的报告会</a></h3>
          </header>
          <p>20th Oct 2021</p>
          <hr>
        </article>
      </section>
    </div>
    <div class="row">
      <section class=" col" >
        <article >
          <header>
```

```
                    <img src="img/b5.jpg" alt="" height="420">
                    <h3><a href="b5.html">每天进步一点点</a></h3>
                </header>
                 <p>10th Oct 2021</p>
                 <hr>
                </article>
              </section>
              <section class=" col" >
                <article>
                   <header>
                      <video src="video_demo1.mp4" height="420" width="350"
                      controls></video>
                      <p></p>
                      <h3><a href="b6.html">阿勒泰旅行 Vlog</a></h3>
                   </header>
                   <p>2nd Dec 2021</p>
                   <hr>
                 </article>
               </section>
            </div>
            <div class="paging">
               <a href="bloglist.html" >更多日志...</i></a>
            </div>
          </section>
```

（4）设置侧边栏

侧边栏的主要内容为“最近的日志列表”“我听的音乐”“最近访客”和“博客标签”。日志列表在图 3-26 已展示，“我听的音乐”“最近访客”和“博客标签”的显示效果如图 3-28 所示。

侧边栏<aside>设置类名为“blog-aside”，作用是容纳所有侧边栏内容。在<aside>内添加四个并列的<div>，设置其类名都为“aside-widget”，作用分别容纳“最近的日志列表”，“我听的音乐”“最近访客”和“博客标签”四个小模块。在每个<div>内用<header>划分标题区域，在<header>内用<h3>设置各小模块的标题。

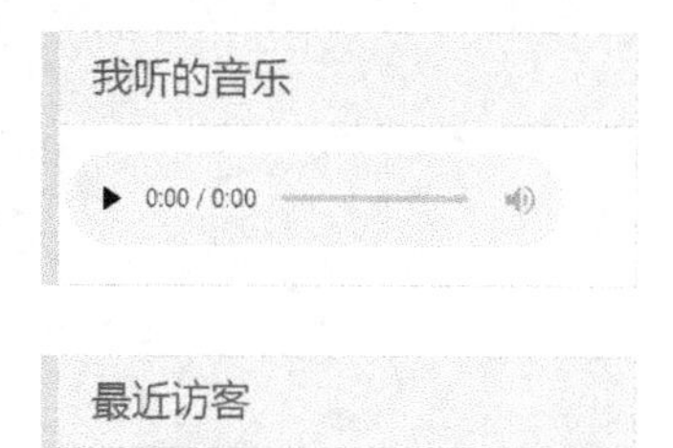

图 3-28 侧边栏部分内容显示效果

与<header>并列放一个<div>，设置其类名为“body”，作用是包含小模块的内容。在“最近的日志列表”模块的<div>内，用<ul>和<li>设置日志列表名称，并在<li>内通过<a>添加每项日志标题的超链接。在“我听的音乐”模块的<div>内，用<audio>添加音乐，可在<audio>内用多个<source>添加多首歌曲。在“最近访客”模块的<div>内，用<img>可添加访客的头像，<p>添加访客的来访日期和时间。在“标签”模块的<div>内，用<ul>和<li>设置博客文字中出现的常见标签。

侧边栏相关代码如下。

```
          <aside class=" blog-aside">
             <div class="aside-widget">
                <header>
```

```
                <h3>最近日志列表</h3>
            </header>
            <div class="body" align="center">
                <ul class="clean-list">
                    <li><a href="b1.html">青岛游记</a></li>
                    <li><a href="b2.html">我做的美食（二）</a></li>
                    <li><a href="b3.html">逛书店是件正经事</a></li>
                    <li><a href="b4.html">很有收获的报告会</a></li>
                    <li><a href="b5.html">每天进步一点点</a></li>
                    <li><a href="b6.html">阿勒泰旅行 Vlog</a></li>
                </ul>
            </div>
        </div>
        <div class="aside-widget">
            <header>
                <h3>我听的音乐</h3>
            </header>
            <div class="body">
            <audio controls>
                 <source src="piano sonata.mp3" type="audio/mpeg"/>
                 <source src="violin concerto.mp3" type="audio/mpeg"/>
                </audio>
            </div>
        </div>
        <div class="aside-widget">
            <header>
                <h3>最近访客</h3>
            </header>
            <div class="body">
                 <ul  class="visitor">
                     <li>
                       <a href="#">
                               <img src="img/t1.jpg" width="20%" height=
                               "20%"/>
                               <p>Tom 2021-10-30 19:30</p>
                         </a>
                     </li>
                </ul>
            </div>
            <div class="paging">
            <a href="blogvisitor.html" >更多访客...</i></a>
        </div>
        </div>
        <div class="aside-widget">
            <header>
                <h3>标签</h3>
            </header>
            <div class="body clearfix">
                <ul class="tags">
                    <li><a href="#">青岛</a></li>
                    <li><a href="#">美食</a></li>
                    <li><a href="#">书店</a></li>
                    <li><a href="#">学习</a></li>
```

```
                    <li><a href="#">报告</a></li>
                    <li><a href="#">Vlog</a></li>
                </ul>
            </div>
        </div>
    </aside>
```

（5）设置页脚区

页脚区的主要内容为“最近评论”和“版权声明”两个模块。页脚区的显示效果如图 3-29 所示。

图 3-29　页脚区显示效果

在页脚区<footer>设置两个<div>，类名分别设为“comment”和“copyright”，对应“最近评论”和“版权声明”两个模块。在类名为“comment”的<div>内，用<h3>设置标题“最近评论”，用<img>插入评论人的头像，用<h4>设置评论人的姓名，用<p>设置访问时间和评论内容，还可以用<a>设置评论的超链接。在类名为“copyright”的<div>内，可直接输入版权声明的文字。

页脚区相关代码如下：

```
<footer>
    <div class=" comment">
          <h3> 最近评论</h3>
              <img src="img/t1.jpg" width="30%" height="30%">
              <h4>Tom</a></h4>
              <p>2021-10-30</p>
              <a href="comment.html" >回复</a>
              <p>很有意义的报告会</p>
    </div>
    <div class=" copyright">
            版权声明 &copy; 2021.All rights reserved by LGD
    </div>
</footer>
```

至此，完成本案例中个人博客主页的 HTML 设计。

习题

1．用于播放 HTML5 音频文件的正确 HTML5 元素是：（　　）

A．<mp3>

B．<audio>

C．<sound>

2．用于播放 HTML5 视频文件的正确 HTML5 元素是：（　　）

A．<movie>

B．<media>

C．<video>

3．哪个 HTML5 内建对象用于在画布上绘制？（　　）

A．getContent

B．getContext

C．getGraphics

D．getCanvas

4．使用 HTML5 的 canvas 元素在网页上进行绘图的步骤是什么？

5．在 HTML5 中，能够直接将 SVG 元素嵌入 HTML 页面中。

A．错误

B．正确

6．在 HTML5 中定义网页导航栏的元素是什么？定义侧边栏的元素是什么？定义内容块的元素是什么？

7．在 HTML5 中，哪个方法用于获得用户的当前位置？（　　）

A．getPosition()

B．getCurrentPosition()

C．getUserPosition()

第 4 章 HTML 综合案例——萌宠之家

本章将结合前面学习的 HTML 知识，完整地介绍如何一步一步构建相对复杂的 Web 页面。这里我们以“萌宠之家”为例来构建结合基本 HTML 元素、页面布局、多媒体等设计的 Web 页面。通过该综合案例的练习，能较好地掌握利用 HTML 进行网页设计的基本方法。

4.1 基本页面布局

在进行 Web 页面设计时，需要先规划 HTML 页面的基本布局。本案例要设计的是一个“萌宠之家”的页面，首先，将页面分为上、中、下三个部分：上部用于显示 logo 和导航，中部用于显示内容，下部显示页面版权信息。对页面基本布局的原型图，可使用绘图工具画图，也可使用专门的页面原型设计工具。本例中的上、中、下三个部分可按图 4-1 所示进行布局。

图 4-1　HTML 综合案例基本页面布局

有些人习惯使用 div 元素划分页面布局，例如：

```
<!doctype html>
<html>
<head>
<meta charset="utf-8">
<title></title>
</head>

<body>
      <div id="header">logo</div>
      <div id="nav">导航</div>
      <div id="content">内容</div>
      <div id="footer">版权说明</div>
</body>
</html>
```

尽管上述代码不存在任何错误，也可以在 HTML5 环境中运行，但浏览器需要通过每个 div 元素的 ID 号来定位元素，如<div id="header"><div id="nav"><div id="content"><div id="footer">。当开发者不同，所标识的 ID 号各异，浏览器也就不能根据标记的 ID 号属性来推断这个标记的真正含义，不利于寻找元素在页面中的位置。

而 HTML5 新增的元素<header>明确告诉浏览器此处是页头，<nav>用于构建页面的导航条，<section>用于构建页面的内容块，<footer>表明页面已到页脚。这些元素可以重复使用，极大地提高了开发效率。像<section>等元素还可以创建一个新的节点，在节点内包含其他 HTML 元素，如<h1>或<p>，这样不仅使内容区域各自分段、便于维护，而且代码简单，局部修改也方便。

在第 3 章 3.3.2 小节中已介绍过 HTML5 新增的页面布局元素的用法，本案例将使用新的页面布局元素设计页面，代码如下。

```
<!doctype html>
<html>
<head>
<meta charset="utf-8">
<title></title>
</head>

<body>
      <header>logo</header>
      <nav>导航</nav>
      <section>内容</section>
      <footer>版权说明</footer>
</body>
</html>
```

4.2 各页面设计

在上一节我们使用 HTML5 新增的页面元素设计了页面的基本布局，下面将使用 HTML 各元素设置各个页面的详细框架。本例共包括主页面、aboutUs 页面、services 页面、team 页面、gallery 页面和 contact 页面共 6 个页面。

由于 HTML 只能构建页面的基本结构，为了使页面显示效果更好，本例添加了 CSS 代码加以美化，本节中的页面显示效果图均为 CSS 美化后的效果。本节在介绍各页面的设计时将仅对 HTML 代码部分进行说明，关于 CSS 部分的设计将在后续章节中进行介绍。

4.2.1 主页面

主页面一般将文件名设为 index.html，本案例的主页面是欢迎页面，其显示效果如图 4-2 所示。

首先按照上节的设计，使用<header>构建页头，<nav>构建导航条，<section>构建内容块，<footer>构建页脚。

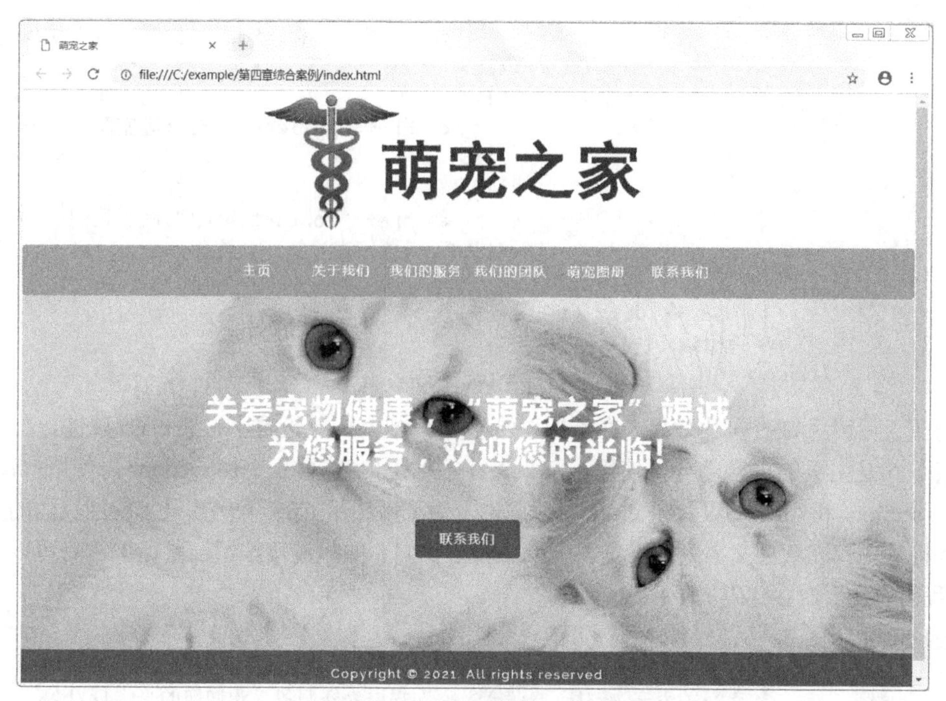

图 4-2　主页面显示效果

页面的头部显示为“萌宠之家”的 logo 标志图片，将其放在<header>标签内部，代码如下：

```
        <header>
            <img class="logo-img center-block" src="images/logo.png" alt=""  height=
"170" width="516"/>
        </header>
```

logo 图标下方设置页面的导航条，在导航条<nav>内设置 6 个导航块：“主页”“关于我们”“我们的服务”“我们的团队”“萌宠图册”和“联系我们”，当单击各个导航块时，需要链接到对应的 HTML 页面。

各个导航块的实现需要用到列表元素<ul>和<li>，在<ul>标签内设置 6 个<li>标签，分别用于设置 6 个导航块，在每个<li>标签内设置一个超链接标签<a>，超链接的路径为需要访问的 HTML 页面的路径。代码如下：

```
    <nav class='navbar navbar-default'>
           <div class='container'>
                  <div class='collapse navbar-collapse'>
                           <ul>
                                  <li>
                                       <a href="index.html">主页</a>
                                  </li>
                                  <li>
                                       <a href="aboutUs.html" >关于我们</a>
                                  </li>
                                  <li>
                                      <a href="services.html">我们的服务</a>
                                  </li>
                                  <li>
```

```
                                <a href="team.html" >我们的团队</a>
                            </li>
                            <li>
                                <a href="gallery.html">萌宠图册</a>
                            </li>
                            <li>
                                <a href="contact.html">联系我们</a>
                            </li>
                        </ul>
                    </div>
                </div>
            </nav>
```

为便于后续用 CSS 美化效果，在<ul>之外使用了<div>，并设置了它的 class 属性。

接下来是主页的内容部分，使用<section>标签标记内容区域，在<section>内使用<div>划分区域，<section>和<div>均设置了 class 属性，也是为了后续用 CSS 美化效果。欢迎页面的文字放在<h2>标签内，在欢迎文字下方设置了一个“联系我们”的超链接按钮，鼠标单击后可以连接到“联系我们”的页面。代码如下：

```
<section class="middle-w3l">
    <div class="container" align="center">
        <h2>关爱宠物健康，“萌宠之家”竭诚为您服务，欢迎您的光临!</h2>
        <div class="button-styles">
            <a href="contact.html">联系我们</a>
        </div>
    </div>
</section>
```

主页的页脚使用<footer>标签来标记版权信息，代码如下：

```
<footer class="w3layouts_copy_right">
        <p>Copyright &copy; 2021. All rights reserved</p>
  </footer>
```

主页面与其他页面相同的部分为<header><nav>和<footer>，区别仅在<section>部分。相同部分的完整代码如下：

```
<!DOCTYPE html>
<html>
<head>
      <title>萌宠之家</title>
      <meta charset="UTF-8" />
</head>

<body>
   <header align="center">
     <img  class="logo-img  center-block"  src="images/logo.png"    height="170"
width="516"/>
   </header>
      <nav class='navbar navbar-default'>
           <div class='container'>
                <div class='collapse navbar-collapse'>
                     <ul>
```

```
                        <li>
                            <a href="index.html">主页</a>
                        </li>
                        <li>
                            <a href="aboutUs.html" >关于我们</a>
                        </li>
                        <li>
                            <a href="services.html">我们的服务</a>
                        </li>
                        <li>
                            <a href="team.html" >我们的团队</a>
                        </li>
                        <li>
                            <a href="gallery.html">萌宠图册</a>
                        </li>
                        <li>
                            <a href="contact.html">联系我们</a>
                        </li>
                    </ul>
                </div>
            </div>
        </nav>
    <section>
    <!—此处代码不同-->
    </section>
    <footer class="w3layouts_copy_right">
        <p>Copyright &copy; 2021. All rights reserved</p>
    </footer>
    </body>
    </html>
```

后面关于各个页面的设计，将只介绍显示内容不同的<section>部分。

4.2.2　aboutUs 页面

aboutUs.html 是导航栏“关于我们”的链接页面文件，其显示效果如图 4-3 所示。

在 aboutUs.html 中的<section>部分设置其显示内容为图文混排，图片部分和文字部分分别放在两个设置了不同 class 属性的<div>标签中。

图片用<img>标签插入页面，代码如下：

```
<img  src="images/ab.jpg"  alt="" >
```

文字部分的标题“我们的特色优势”放在<h5>标签内，代码如下：

```
<h5>我们的特色优势</h5>
```

文字部分的每一条列表项用<ul>和<li>标签将其罗列出来，并使用<i>标签在列表项前加上一个标记符号，例如：

```
<ul>
    <li>
        <i ></i>富有爱心的医护团队
</li>
```

```
    </ul>
```

图 4-3　aboutUs 页面显示效果

在列表项下方用<a>标签添加两个超链接按钮“更多...”和“联系我们”，分别链接到 more.html 页面和 contact.html 页面，代码如下：

```
    <a href="more.html">更多...</a>
    <a href="contact.html" >联系我们</a>
```

aboutUs.html 文件<section>部分的完整代码如下：

```
 <section class="about" id="about" align="justify">
        <div class="container">
          <div class="home">
               <div >
                     <img  src="images/ab.jpg"  alt="" >
               </div>
               <div>
                     <div>
                           <h5>我们的特色优势</h5>
                           <ul >
                                 <li>
                     <i class=" star"></i>富有爱心的医护团队
                      </li>
                                 <li>
                                       <i class=" star"></i>丰富的临床实践经验
               </li>
                                 <li>
                                       <i class=" star"></i>国际先进的诊疗设备
               </li>
                                 <li>
                                       <i class=" star"></i>世界领先的科研成果
```

```
            </li>
                                <li>
                        <i class=" star"></i>与萌宠家长的亲切沟通
             </li>
                        </ul>
                    </div>
                    <div class-"button-styles">
                    <a href="more.html" >更多...</a>
                    <a href="contact.html" >联系我们</a>
            </div>
        </div>
         </div>
    </div>
    </section>
```

4.2.3　services 页面

services.html 是导航栏“我们的服务”的链接页面文件，其主要内容的显示效果如图 4-4 所示。

图 4-4　services 页面显示效果

在 services.html 中的<section>部分，首先用<h3>显示标题“我们的服务”。

```
<h3 >我们的服务</h3>
```

之后的每一项服务内容均用图片、标题、内容的形式组合在一起。插入图片的方式在此不再赘述。

标题和内容用组合表单元素 fieldset 将这两部分组合在一起，在<fieldset>标签内使用<legend>标签定义其标题，在<legend>结束标签后输入服务内容文本，例如：

```
<fieldset>
      <legend>医生问诊</legend>医生通过触诊、听诊、询问病史等步骤对病情进行初步诊断
</fieldset>
```

在 Chrome 浏览器中，使用<fieldset>标签会在组合表单内容外显示浅灰色的外框线，如图 4-5

所示。

为便于后续用 CSS 美化效果，将<section>内部用<div>标签划分区域，并设置了 class 属性。例如将<img>放在一个<div>内，<fieldset>放在另一个<div>内，根据<div>标签的 class 属性进行分类。

services.html 文件<section>部分的完整代码如下：

影像分析

采用高精尖医疗设备，快速、精准输出影像报告，协助医生确定病因

图 4-5　Chrome 浏览器中<fieldset>标签显示效果

```
<section class="services" id="services">
<div class="container">
        <h3 >我们的服务</h3>
        <div>
<div >
        <div>
              <div class="spinner"></div>
              <div class="img">
                    <img src="images/c1.jpg" alt=" " />
              </div>
        </div>
        <fieldset>
              <legend>医生问诊</legend>医生通过触诊、听诊、询问病史等步骤对病情进行初步诊断
        </fieldset>
  </div>
  <div >
        <div>
              <div class="spinner"></div>
              <div class="img">
                    <img src="images/c2.jpg" alt=" " />
              </div>
        </div>
        <fieldset>
              <legend>影像分析</legend>采用高精尖医疗设备，快速、精准地输出影像报告，协助医生确定病因
        </fieldset>
  </div>
  <div>
        <div>
              <div class="spinner"></div>
              <div class="img">
                    <img src="images/c3.jpg" alt=" " />
              </div>
        </div>
        <fieldset>
              <legend>手术治疗</legend>使用稳定、灵敏的手术工具以及生命监测设备，保证手术高质量完成
        </fieldset>
  </div>
  <div class="clearfix"> </div>
  </div>
              <div>
                    <div>
                          <div>
```

```
                    <div class="spinner"></div>
                    <div class="img">
                        <img src="images/c4.jpg" alt=" " />
                    </div>
                </div>
                <fieldset>
                    <legend>爱心救护</legend>本院与流浪动物救助中心长期合
作，为流浪动物救助提供医疗协助
                </fieldset>
            </div>
            <div>
                <div>
                    <div class="spinner"></div>
                    <div class="img">
                        <img src="images/c5.jpg" alt=" "/>
                    </div>
                </div>
                <fieldset>
                    <legend>接种疫苗</legend>提供猫、犬的常见核心疫苗的接
种服务，可为猫、犬办理宠物免疫证
                </fieldset>
            </div>
            <div>
                <div >
                    <div class="spinner"></div>
                    <div class="img">
                        <img src="images/c6.jpg" alt=" " />
                    </div>
                </div>
                <fieldset>
                    <legend>健康养护</legend>提供宠物驱虫、洗护、寄养等服
务，提供宠物食品、宠物用品供选购
                </fieldset>
            </div>
            <div class="clearfix"> </div>
        </div>
    </div>
</section>
```

4.2.4　team 页面

team.html 是导航栏“我们的团队”的链接页面文件，其显示效果如图 4-6 所示。

在 team.html 中的<section>部分，也同样用<h3>显示标题“我们的团队”。

```
<h3 >我们的团队</h3>
```

团队成员的照片用<img>标签插入，用一个<div>标签包含<img>。成员的姓名和简介在此页面中分别用<h4>标签和<p>标签定义，并放在另一个<div>标签中，例如：

```
  <div>
      <img src="images/t1.jpg" alt=" " />
  </div>
<div>
```

```
            <h4>Arran</h4>
            <p>院长，动物疾病学专家，动物医学院教授，宠物标准审定委员会委员，擅长病种：疑难杂症，老年动物内科、外科</p>
        </div>
```

图 4-6　team 页面显示效果

team.html 文件<section>部分的完整代码如下：

```
        <section class="team" id="team">
        <div class="container">
            <h3>我们的团队</h3>
            <div>
                <div>
                    <div>
                        <img src="images/t1.jpg" alt=" " />
                    </div>
                    <div>
                        <h4>Arran</h4>
                        <p>院长，动物疾病学专家，动物医学院教授，宠物标准审定委员会委员，擅长病种：疑难杂症，老年动物内科、外科</p>
                    </div>
                    <div class="clearfix"> </div>
                </div>
                <div>
                    <div >
                        <img src="images/t2.jpg" alt=" "/>
                    </div>
                    <div>
                        <h4>Sarah</h4>
                        <p>副院长，动物疾病学专家，动物医学院教授，兽医学会副理事长，小动物医学分会副秘书长，擅长病种：心脏内科，肝肾疾病</p>
                    </div>
                    <div class="clearfix"> </div>
                </div>
```

```
                <div class="clearfix"> </div>
            </div>
            <div >
                <div>
                    <div>
                        <img src="images/t3.jpg" alt=" "/>
                    </div>
                    <div>
                        <h4>Nina</h4>
                        <p>小动物内科学硕士，擅长病种：消化系统疾病，呼吸系统疾病，影像学诊断，实验室诊断</p>
                    </div>
                    <div class="clearfix"> </div>
                </div>
                <div>
                    <div>
                        <img src="images/t4.jpg" alt=" "/>
                    </div>
                    <div>
                        <h4>Levin</h4>
                        <p>小动物外科学硕士，擅长病种：小动物影像学诊断，软组织外科手术，骨科手术，小动物麻醉学</p>
                    </div>
                    <div class="clearfix"> </div>
                </div>
                <div class="clearfix"> </div>
            </div>
        </div>
    </section>
```

4.2.5　gallery 页面

gallery.html 是导航栏“萌宠图册”的链接页面文件，其显示效果如图 4-7 所示。

图 4-7　gallery 页面显示效果

gallery.html 中的<section>部分首先用<h3>显示标题“萌宠图册”，将<h3>放在一个<div>内。

```
<h3 >我们的团队</h3>
```

萌宠的图片用<img>标签依次插入，将<img>包含在超链接标签<a>中，设置超链接路径为该图片的路径，这样在单击页面中缩小的图片时即可显示原尺寸的图片。将每个超链接标签<a>各放在一个<div>内，每个<a>都具有相同的属性，因此，将这些图片所在<div>标签的 class 属性设为相同即可，例如：

```
<div class="gallery-grids">
     <a href="images/m1.jpg" >
          <img src="images/m1.jpg" alt="" title="Pet Gallery" />
     </a>
</div>
```

gallery.html 文件<section>部分的完整代码如下：

```
    <section id="gallery" class="gallery">
        <div class="container">
              <h3 class="agile-title">萌 宠 图 册</h3>
        </div>
        <div>
              <div class="gallery-grids">
                    <a href="images/m1.jpg" >
                          <img src="images/m1.jpg" alt="" title="Pet Gallery" />
                    </a>
              </div>
              <div class=" -grids">
                    <a href="images/m2.jpg" >
                          <img src="images/m2.jpg" alt="" title="Pet Gallery" />
                    </a>
              </div>
              <div class=" gallery-grids">
                    <a href="images/m3.jpg"">
                          <img src="images/m3.jpg" alt="" title="Pet Gallery" />
                    </a>
              </div>
              <div class=" gallery-grids">
                    <a href="images/m4.jpg">
                          <img src="images/m4.jpg" alt="" title="Pet Gallery" />
                    </a>
              </div>
              <div class=" gallery-grids">
                    <a href="images/m5.jpg">
                          <img src="images/m5.jpg" alt="" title="Pet Gallery" />
                    </a>
              </div>
              <div class="gallery-grids">
                    <a href="images/m6.jpg">
                          <img src="images/m6.jpg" alt="" title="Pet Gallery" />
                    </a>
              </div>
              <div class="gallery-grids">
                    <a href="images/m7.jpg" >
```

```
                    <img src="images/m7.jpg" alt="" title="Pet Gallery" />
                </a>
            </div>
            <div class=" gallery-grids">
                <a href="images/m8.jpg">
                    <img src="images/m8.jpg" alt="" title="Pet Gallery" />
                </a>
            </div>
            <div class="clearfix"> </div>
        </div>
    </section>
```

4.2.6　contact 页面

contact.html 是导航栏“联系我们”的链接页面文件，其显示效果如图 4-8 所示。

contact 页面的<section>部分包括两大模块，一个是表单模块，另一个是联系方式模块。

其中，表单模块用<form>实现，“姓名”和“手机号”用<input>的单行文本输入框工具输入，留言用多行文本输入框<textarea>输入，“提交”用<input>的提交按钮工具设置，代码如下：

```
<form >
        <input type="text" name="name" placeholder="姓名" required>
        <input type="text" name="phone number" placeholder="手机号" required>
        <textarea name="message" placeholder="留言" required></textarea>
        <input type="submit" value="提交" >
</form>
```

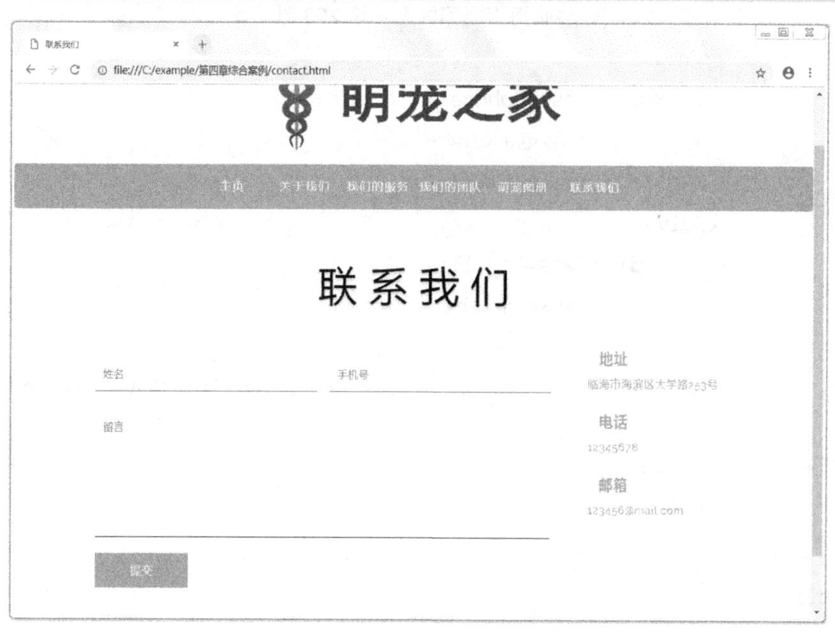

图 4-8　contact 页面显示效果

联系方式模块用<h4>标识“地址”“电话”和“邮箱”，详细信息用<p>标识，每个子模块放在一个<div>内，例如：

```
    <div class="address">
```

```
            <h4>地址</h4>
                <p>临海市海滨区大学路 253 号</p>
    </div>
```

contact.html 文件<section>部分的完整代码如下：

```
    <section class="contact" id="contact">
        <div class="container">
            <h3 class="agile-title">联 系 我 们</h3>
            <div>
                <form>
                    <input type="text" name="name" placeholder="姓名" required>
                    <input type="text" name="phone number" placeholder="手机
号" required>
                    <textarea name="message" placeholder="留言" required>
</textarea>
                    <input type="submit" value="提交" >
                </form>
            </div>
            <div>
                <div class="address">
                    <h4>地址</h4>
                    <p>临海市海滨区大学路 253 号</p>
                </div>
                <div class="phone">
                    <h4>电话</h4>
                    <p>12345678</p>
                </div>
                <div class="email">
                    <h4>邮箱</h4>
                    <p>
                        <a href="email@mail.com">123456@mail.com</a>
                    </p>
                </div>
            </div>
        </div>
    </section>
```

第 5 章 CSS 基础

CSS 是 Cascading Style Sheets 的缩写，译为“层叠样式表”或“级联样式表”，一个 CSS 由一个或多个样式规则组成，一个样式规则又包含一个或多个样式声明，用来描述 HTML 元素的显示样式及布局方式，从而控制 HTML 文档的呈现方式。CSS 可以写在 HTML 文档中，也可以独立于 HTML 存在，单独的 CSS 被称为 CSS 文件。本章将介绍 CSS 的基本概念、编写方法、应用方式、基础语法及样式，介绍 CSS 在 HTML 文档布局中的应用以及 3.0 版本的 CSS 带来的变化。

5.1 CSS 的作用

HTML 标签最初是被设计用来定义 HTML 文档内容的，比如可以使用 <img><p><a>这样的标签表达“这是一副图像”“这是一个段落”“这是一个链接”之类的信息。而 HTML 文档的具体显示样式则交给浏览器来完成，无需使用任何的格式化标签。

但由于两种主要的浏览器（Netscape 和 Internet Explorer）不断地将新的 HTML 标签和属性（比如字体标签和颜色属性）添加到 HTML 规范中，使得创建结构清晰且独立于展示的 HTML 文档变得越来越困难。

为了解决这个问题，W3C 肩负起了 HTML 标准化的使命，并提出利用样式（Style）来定义如何显示 HTML 文档。

由此可见，CSS 最重要的目标是将 HTML 文档内容与及其显示样式分隔开来。在 CSS 出现前，HTML 样式通过标签的属性来指定，不便于修改和共享，例如<h1><h2><h3>标签是用来表示文档中不同层级的标题，浏览器会分别用从大到小的字体来显示对应的标题。有时候希望能将标题设定为红色加以强调，这时就需要借助标签的属性来进行设置了，方法如下例所示。

【例 5-1】 通过 html 标签属性设置颜色。

```
<html>
    <head>
        title>Web 应用开发技术</title>
    </head>
    <body>
        h1><font color="red">一级标题</font></h1>
        h2><font color="red ">二级标题</font></h2>
        <h3><font color="red ">三级标题</font></h3>
    </body>
```

```
</html>
```

在上述代码中，在各级标题元素内添加了<font>标签，并通过指定其 color 属性把标题的颜色设置为了红色，这里的<h1><h2><h3>元素及各自包含的<font>元素属于文档内容，color="red"是显示样式，两者写在一起显得十分复杂，而且当需要把标题颜色改换为蓝色时，需要分别修改三处。

而利用 CSS 进行设置显示样式则十分简便，html 标签只需要指定 HTML 文档内容即可，显示样式统一在 CSS 中指定。下面是利用 CSS 设定元素样式的示例。

【例 5-2】 通过 CSS 设置标题颜色。

```
<html>
    <head>
        <title> Web 应用开发技术</title>
        <style type="text/css">
            h1,h2,h3{color: red}
        </style>
    </head>
    <body>
        <h1>一级标题</h1>
        <h2>二级标题</h2>
        <h3>三级标题</h3>
    </body>
</html>
```

在使用 CSS 时，<h1><h2><h3>标签只需指定文档的内容，显示属性通过包含在<style>标签中的 h1,h2,h3{color: red}这一行代码来实现，文档显得非常整洁，并且当需要修改标题颜色时，也只需要将 color: red 修改为 color: blue 即可，非常方便，这一特点在复杂的 HTML 文档中体现得更加明显。同时，因为 HTML 文档的显示与内容分开了，就可以让多个 HTML 文档共同使用一个 CSS，使得这些页面有统一的显示风格。

总的来讲，使用 CSS 可以得到以下好处。

（1）集中管理样式内容

以往在 HTML 文档中的样式设定分散在各个 HTML 标签内，而 CSS 将网页的“样式”与“内容”的设定分开，也就是将网页的样式设定独立出来，便于对网页外观的统一控制与修改，从而保持网站风格的一致性。

（2）共享样式设定

CSS 的样式设定可以保存在独立的 CSS 文件中，让多个网页文件共同使用，这样就可以不必在每一个网页中做重复的样式设定，也便于今后的统一修改。

（3）将样式分类使用

同一个样式设定可以提供给不同的 HTML 文档使用，多个样式经过分类后也可以提供给一个 HTML 文件使用。

（4）减少图片和动画的使用

CSS 提供许多文字样式的设定，加上浏览器对 HTML5 的支持，取代原本需要图片和动画才能呈现的视觉效果，减少了网页因为大量使用图片和动画导致的下载速度变慢问题。

由于 CSS 的以上优点，W3C 现在正在考虑将 HTML 中许多显示用的指令废弃掉，让 HTML

只表达文档的内容，而 CSS 表达所有的显示样式。

5.2　CSS 的使用方法

在正式学习 CSS 众多样式规则前，需要先了解 CSS 的编写方式、基础的语法以及如何将 CSS 应用到 HTML 文档中，还需要理解 CSS 中“层叠”的含义。

5.2.1　如何编写 CSS

CSS 可以写在 HTML 文档中，也可独立地以文件形式保存，这里介绍如何编写一个独立的 CSS 文件。

一个 CSS 文件其本质就是一个拥有.css 扩展名的文本文件，可利用任何一个文本编辑器编写，最简单的方式是使用系统自带的文本编辑器。有不少专业代码编辑器支持 CSS 的编写，能提供例如语法突出显示及代码提示的功能，这会让编写 CSS 更轻松。目前支持 HTML 编写的编辑器也都支持 CSS 的编写。

利用文本编辑器来创建一个 CSS 文件的方法如下。

1）启动文本编辑器，并输入如下示例代码。

【例 5-3】 创建 CSS 文件 stylesheet.css。

```
h1 {
color: red;
font-size: 15px;
}
p {
background-color: green;
font-size: 10px;
text-align: center;
}
```

输入后的效果应该如图 5-1 所示。

2）将文件另存为“stylesheet.css”文件。

这样就得到了自己编写的第一个 CSS 文件，如图 5-2 所示。

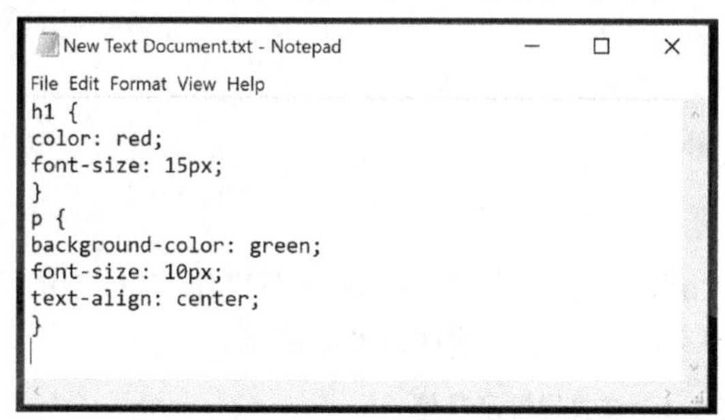

图 5-1　一个简单的 CSS 样式表文件

图 5-2　stylesheet 样式表文件

5.2.2　CSS 的基础语法

CSS 是样式规则的集合，只包含一条样式规则的 CSS 代码如下。

```
selector {
  property: value;
  property: value;
  ...
  property: value;
}
```

上述样式规则包含如下几个部分：

● 选择器（Selector）：由它指定该条规则应用于 HTML 文档的哪些元素。

● 样式声明（Declaration）：样式声明是样式规则中 { } 括起来的部分，用来具体设定元素的样式。一条样式声明包括“属性（Property）”和“值（Value）”两个部分，“属性”是希望设置的样式属性（Style Attribute），“值”是描述该样式的展示方式，属性和值之间用冒号（：）分开，多条样式声明之间用分号（；）隔开。以【例 5-3】中建立的 CSS 文件为例来进行分析。

在 stylesheet.css 文件中定义了两条样式规则，第一条样式规则如下。

```
h1 {
color: red;
font-size: 15px;
}
```

第一条样式规则的选择器是“h1”，它代表该样式规则将应用于 HTML 文档中的一级标题。

该样式规则包含两条样式声明，第一条样式声明为：

```
color: red;
```

其中“color”是属性，表示设定的样式是“字体颜色”，“red”是该属性的值，表示希望将“字体颜色”设置为“红色”。

第二条样式声明为：

```
font-size: 15px;
```

其“属性”是“font-size”，“值”是“15px”，表示将一级标题的字体大小设置为 15px。

总的来说，第一条样式规则是将 HTML 文档中一级标题的字体颜色设置为红色，同时字体大小设置为 15px。

继续分析第二条样式规则：

```
p {
background-color: green;
font-size: 10px;
text-align: center;
}
```

第二条样式规则的“选择器”是“p”，表示该样式规则是为 HTML 文档中的段落设置样式。它包含了 3 条样式声明，其“属性”和“值”的说明如表 5-1 所示。

表 5-1　样式属性及其值

属性值	值	说明
background-color	green	设置段落的“背景色”为“绿色”
font-size	10px	设置段落的“字体大小”为“10px”
text-align	center	设置“文本水平对齐”方式为“居中对齐”

5.2.3　应用 CSS 的方法

要用写好的样式表来控制 HTML 文档的展示，还需将样式表应用到 HTML 文档中，可以通过几种不同的方式在 HTML 文档中应用 CSS，每种方式都有自己的优点和缺点。选择正确的方法非常重要，因为它可以减少工作量，提高页面访问的速度。

由于 CSS 样式表有不同的编写方式（写在 HTML 文档内部或是单独的 CSS 文件），在网页中应用 CSS 样式表的方法也有所不同，可分为以下 4 种。它们是：

- 在 HTML 标签中定义行内样式（In-line）。
- 在 HTML 文档中定义嵌入式样式表（Embedded）。
- 在 HTML 文档中通过链接加载外部的样式表（Linked）。
- 在 HTML 文档中导入外部的样式表（Imported）。

下面对这 4 种方法分别加以介绍。

（1）在 HTML 标签中定义行内样式

若只需要修改 HTML 文档中某个元素的样式，可以不需要独立的 CSS 文件，而是直接在标签的 style 属性中加入所需的样式声明，这种方式又称行内（In-line）设定，方法如下：

```
<h1 style="color:red;font-size: 15px">我是一级标题</h1>
```

上述代码就是直接在<h1>标签的 style 属性中加入了一条样式声明，通过该样式声明将一级标题颜色设置为红色，字体大小设置为 15px。

行内样式的优点是设置方便，缺点是：

1）样式声明与 HTML 内容混在一起，当样式声明较多时会使代码难以阅读。

2）由于这种设定只对当前元素起作用，不影响其他相同类型的元素，当需要为大量元素设置样式时，不得不多次重复进行样式设置。

这种方式没有体现出 CSS 的优势，一般不推荐使用。

（2）在 HTML 文档中定义嵌入式样式表

嵌入式样式表同样没有将样式规则放在单独的 CSS 文件中，而是在 HTML 文档头部，即<head>和</head>标签之间用一组样式标签（<style></style>）来包含所需样式规则，如下例所示。

【例 5-4】 嵌入式样式表示例。

```
<html>
<head>
    <!-- 内部样式 -->
    <style type="text/css">
        h1 {
            color: red;
            font-size: 15px;
        }
        p {
            background-color: green;
            font-size: 10px;
            text-align: center;
        }
    </style>
</head>
<body>
```

```
    <h1>一级标题 1</h1>
    <p>段落 1</p>
    <h1>一级标题 2</h1>
    <p>段落 2</p>
</body>
</html>
```

用此方法定义的样式规则对整个文档中 h1 和 p 元素都起作用。

嵌入式样式表的优点是实现了样式规则与 HTML 内容的分离，使得代码易于阅读，并且可以批量地为相同类型的标签设置样式。不足之处在于共享性不好，因为必须在每个页面中都包含样式规则，而且一旦要修改某个样式时，需要重复进行样式修改。

（3）在 HTML 文档中链接外部的样式表文件

一个独立的样式表文件可以作为一个样式模板应用于多个 Web 文档。因此，当许多网页需要有相同的外观设计时（经常会有这种情况），则可将样式部分独立出来形成一个 CSS 文件，这样，这些网页就可以用外部链接的方式套用这些样式了，链接一个外部样式表文件的方法如下：

1）将所有样式规则组合在一起，保存到扩展名为.css 的 CSS 文件中。

2）在 HTML 网页的<head>和</head>标签之间加上如下格式的链接标签。

```
<link rel="stylesheet" type="text/css" href="样式文件路径"/>
```

这样就可以在 HTML 网页上使用 CSS 文件中定义的样式规则了。

如果有多个样式文件要使用，只要加入多个<link>标签即可。

以链接方式引入外部样式表是目前最受欢迎的 CSS 引入方式，具有结构清晰、复用性好的特点。

（4）在 HTML 文档中导入一个外部的样式表

使用@import 关键词从外部样式表文件中导入样式表，具体的方式是在网页的<head>和</head>标签之间的其他嵌入式样式表之上，加上如下标签。

```
<style type="text/css">@import url("样式文件路径");</style>
```

无论是导入外部样式表还是链接外部样式表，都需要浏览器在展示 HTML 文档前加载外部的样式表，在需要加载多个外部样式表的情况下，链接外部样式表的并行加载能力高于导入外部样式表，具有较快的页面访问速度，因此推荐使用链接外部样式表的方式为 HTML 文档设置样式。

5.2.4 CSS 的层次结构

CSS 之所以叫作层叠（Cascading）样式表，是指可以对一个元素多次设置样式声明，而这些样式声明形成一种层次结构，样式声明不冲突的部分，将共同作用于元素，对于冲突的部分，上层的样式声明将覆盖下层的样式声明，这就像堆叠印有图案的透明塑料片一样，最后看到的图案是上层图案覆盖下层图案后形成的。那么样式声明的层叠顺序是怎样确定的？

样式声明的层叠顺序是根据样式声明在 HTML 文档中所处位置的先后确定的，越靠近 HTML 元素的样式声明，层级越高。

下面举例来说明样式声明的层叠顺序。

【例 5-5】 以 4 种方式应用 CSS。

```
<html>
<head>
    <!-- 导入外部样式表 -->
```

```
    <style type="text/css">
        @import url("import.css");
    </style>
    <!-- 链接样式表 -->
    <link rel="stylesheet" type="text/css" href="link.css" />
    <!-- 嵌入式样式表 -->
    <style type="text/css">
        h1,
        h2 {
            color: red;
        }
    </style>
</head>
<body>
    <!-- 行内样式 -->
    <h1 style="color: yellow">一级标题</h1>
    <h2>二级标题</h2>
    <h3>三级标题</h3>
    <h4>我是四级标题</h4>
</body>
</html>
```

其中，link.css 文件内容如下：

```
h1,h2,h3{color: black;}
```

import.css 文件内容如下：

```
h1,h2,h3,h4{color:purple;}
```

在【例 5-5】所示的 HTML 文档中，为 h1 声明了行内样式，声明其颜色为黄色，同时通过定义的嵌入式样式表声明 h1，h2 的颜色为红色，通过链接的外部样式表声明 h1，h2，h3 的颜色为黑色，通过引入的外部样式表声明 h1，h2，h3，h4 的颜色为紫色。

上述样式声明中，离元素最近的是行内样式中的样式声明，第二近的是嵌入式样式表中的样式声明，第三近的是链接样式表中的样式声明，第四近的是导入外部样式表中的样式声明，因此可分析得出，层次结构是行内样式声明>嵌入式的样式声明>链接的外部样式声明>导入的外部样式声明。相对应的结果就是 h1 为黄色，h2 为红色，h3 为黑色，h4 为紫色。可以浏览 HTML 文档来进行验证。

5.3 CSS 的选择器

CSS 通过选择器（Selector）来指定应用样式的 HTML 元素，CSS 的灵活性很大程度上来自于选择器的灵活性，熟练且正确地使用合适的选择器是学好 CSS 的关键。本节将介绍几种常用的选择器。

5.3.1 类型选择器

类型选择器（Type Selectors）是最基本的选择器，它将匹配 HTML 文档中某一类型的全部元素，并应用相关的样式规则。其定义语法为：

```
元素类型名称 {样式声明 1; 样式声明 2; …}
```

例如：

```
h1 {color: red;font-size: 15px;}
```

或：

```
p {background-color: green;font-size: 10px;text-align: center;}
```

h1 和 p 就是类型选择器，当使用此选择器时，样式声明将应用于该 HTML 文档中全部 h1 元素和 p 元素。

5.3.2 类选择器

类选择器（Class Selectors）能匹配 HTML 文档中具有指定类名的全部元素，并应用相关的样式规则。其定义语法为：

```
.类名称 {样式声明 1; 样式声明 2; …}
```

例如：

```
.text1 {font-size: 12px; color: blue;}
```

使用此选择器，样式声明将应用于 HTML 文档中所有类名为“text1”的元素。

注意，在类选择器前包含一个点（.）。

在 HTML 中，可以为元素添加一个 class 的属性，其语法为：

```
<标签名称 class="类名称">
```

例如：

```
<table border="0" class="text1">
```

5.3.3 ID 选择器

ID 选择器（ID Selectors）能匹配 HTML 文档中具有指定 ID 的元素，并应用相关样式规则。其定义语法为：

```
#ID 标识符 {样式声明 1; 样式声明 2; …}
```

例如：

```
#NewsTitle{font-size: 12px; color: blue;}
```

📖 注意，ID 选择器前包含一个井号（#）。由于 ID 在 HTML 文档中必须是唯一的，因此 ID 选择器一次只能选中一个标签。

在 HTML 中，可以为元素添加一个 ID 属性，其语法为：

```
<标签名称 id="ID 标识符">
```

例如：

```
<h1 id=" NewsTitle">
```

5.3.4 结合类型选择器

类选择器可以和类型选择器搭配使用，其语法为：

```
元素类型名称.类名称{样式声明 1;样式声明 2; …}
```

下面举例说明。

【例 5-6】 结合类型选择器示例。

```
<html>
<head>
    <meta charset="utf-8">
    <style>
        /*结合元素选择器*/
        p.c1{font-style: italic}
    </style>
</head>
<body>
    <div class="c1">在 div 中</div>
    <p class="c1">在 p 中</p>
</body>
</html>
```

上段代码中，内嵌一个样式规则：

```
p.c1{font-style: italic}
```

这段样式规则将匹配 class 属性值为 c1 的所有段落元素，将其字体设置为斜体，而其他任何类型的元素哪怕其 class 属性也为 c1 都不受影响。在浏览器中可以访问该 HTML 文档，结果如图 5-3 所示。

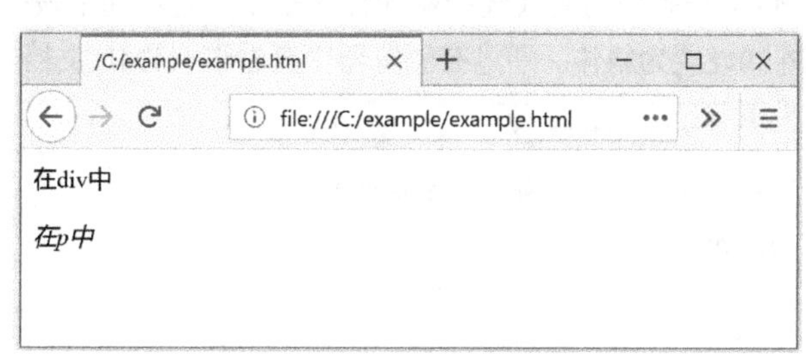

图 5-3　结合类型选择器示例

由上图可见，只有 class 属性值为 c1 的段落中字体变成了斜体，而 div 中的不受影响。

5.3.5　后代选择器

后代选择器（Descendant Selector）又称包含选择器，其能够进行嵌套匹配。我们可以同时设定多个选择器，选择器之间用空格分割，在元素选择时，将在匹配前一个选择器的基础上再次匹配后一个选择器。前一个选择器称为父选择器（parentSelector），后一个选择器称为子选择器（childSelector）其定义语法为：

```
parentSelector childSelector{样式声明 1; 样式声明 2; …}
```

例如：

```
p b{color: green;}
```

该条样式规则的作用是将 p 元素内的 b 元素字体设置为绿色。

父选择器和子选择器可以是标签名、ID 或类。

后代选择器支持多重嵌套匹配，比如：

```
p b b b{color: green;}
```

该条样式规则的作用是先查找到 p 元素，然后在 p 元素内找到 b 元素，然后在找到的 b 元素内部找到第二个 b 元素，再继续在其匹配结果中查找第三个 b 元素，然后将其字体设置为绿色。

需要注意的是后代选择器只对最终匹配到的元素起作用。可通过以下示例来说明。

【例 5-7】 后代选择器示例。

```
<html>
    <head>
        <!-- 嵌入式样式表 -->
        <style type="text/css" >
            p b b{font-style: italic;}
        </style>
    </head>
    <body>
       <p><b>1<b>2<b>3</b>4</b>5</b></p>
    </body>
</html>
```

在上述 HTML 文档中定义了一个段落（<p>），在段落中输入了“12345”五个数字，用第一个加粗元素（<b>）包含了“12345”这几个数字，在第一个<b>元素内部，再次嵌套了一个<b>元素，加粗了“234”，继续在第二个<b>元素内部嵌套了第三个<b>元素，加粗了“3”。文档中设定了一个嵌入式样式表，包含一条使用后代选择器的样式规则，它将匹配段落<p>中的<b>元素内部的<b>元素，将其字体样式设置为斜体。通过在浏览器中查看该 HTML 文档，效果如图 5-4 所示。

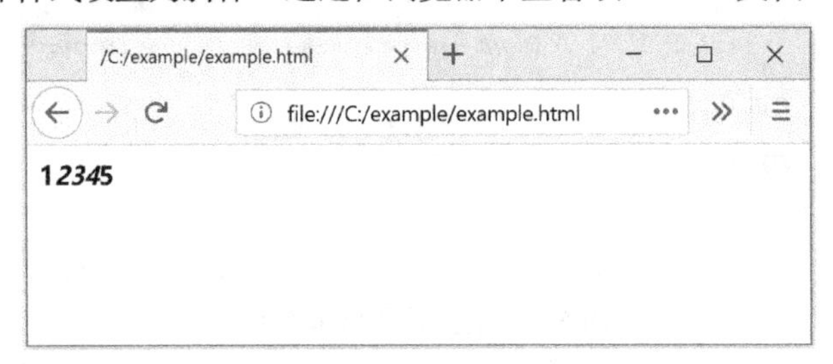

图 5-4　后代选择器示例

可以发现，<p>中的“12345”这五个数字当中只有“234”显示为斜体，虽然在选择器中出现了<p>和两个<b>标签，但实际匹配的只有被两个<b>元素及<p>元素所包含文字，其余<b>元素的样式并不受影响。

5.3.6　多重选择器

有时需要为多个不同的选择器重复相同的样式声明。为了简化工作，可以指定这些样式声明应用于多个选择器，选择器之间用逗号分隔。其定义语法为：

```
selector1, selector2, selector3, … {样式声明 1; 样式声明 2; …}
```

例如：

```
h1,h2,h3{color: red}
```

该条样式规则的作用是将 h1，h2，h3 元素内的字体设置为红色。

📖 需要注意的是在多重选择器中，选择器之间用逗号分隔，样式声明将作用于每个选择器所匹配的元素。在后代选择器中，选择器之间用空格分隔，样式声明将作用于匹配全部选择器。（从左往右依次匹配）的元素。

5.4　CSS 的基础样式

在上一节中已经介绍了如何通过选择器（Selector）来指定样式所要套用的 HTML 元素，在本节中将介绍如何为这些选中的 HTML 元素设置样式规则。

样式规则是由样式属性和值组成的，下面将介绍常用的样式属性及其对应的值。

5.4.1　背景（background）

与背景（background）相关的常用样式属性有以下 3 个。

1．背景色（background-color）

可以使用“background-color”样式属性为元素设置背景色，其样式声明如下：

```
h1 {background-color: red;}
```

该规则把 h1 元素的背景设置为红色。

该属性对应的值为 CSS 颜色值，在 CSS 中常用的颜色值有如下 4 种：

- 十六进制颜色。
- RGB 颜色。
- RGBA 颜色。
- 预定义/跨浏览器颜色名。

（1）十六进制颜色

十六进制颜色以#RRGGBB 的方式设定颜色，井号（#）代表采用十六进制颜色，RR（红色）、GG（绿色）、BB（蓝色）代表两位十六进制整数（取值范围：0～FF），规定了对应颜色的成分。比如：

#ff0000 值显示为红色，这是因为红色（RR）成分被设置为最高值（ff），而其他成分被设置为 0。而#00ff00 值显示为绿色，因为绿色（GG）成分被设置为最高值（ff），而其他成分被设置为 0，同样，蓝色为：#0000ff，黑色为：#000000，白色为：#ffffff。

（2）RGB 颜色

RGB 颜色以 rgb(red, green, blue)的方式设定颜色，rgb{}代表采用 RGB 颜色，red（红色）、green（绿色）、blue（蓝色）代表定义颜色的强度，其取值可以是 0～255 的数值也可以是 0%～100%的百分比值。比如：

```
rgb(255,0,0) 或 rgb(100%,0%,0%)为红色。
rgb(0,255,0) 或 rgb(0%,100%,0%)为绿色。
rgb(0,0,255) 或 rgb(0%,0%,100%)为蓝色。
```

（3）RGBA 颜色

相比 RGB 颜色，RGBA 颜色主要是多了一个 alpha 通道值，它规定了对象的不透明度。RGBA 颜色值是这样规定的：rgba(red, green, blue, alpha)。alpha 值是介于 0.0（完全透明）与

1.0（完全不透明）的数字。比如，rgba(255,0,0,0.5);表示半透明的红色。

（4）预定义/跨浏览器颜色名

CSS 颜色规范中定义了 147 种颜色名，包括 17 种标准颜色和 130 种其他颜色，17 种标准颜色为 aqua, black, blue, fuchsia, gray, green, lime, maroon, navy, olive, orange, purple, red, silver, teal, white, yellow。比如：

```
p {color: orange;}
```

就是将段落元素中的字体设置为橙色。

2．背景图像（background-image）

可以使用 background-image 样式属性来设置元素的背景图像，该属性有三个值。

第一种取值是“url('URL')”，其中'URL'为图像路径，其样式声明如下：

```
body {background-image:url('img.jpg');}
```

该样式规则将 img.jpg 图像作为 body 元素的背景，其中，图像的地址可以是绝对路径也可以是相对路径，当为相对路径时是参考的样式规则所在目录。

第二种取值是“none”，代表不显示背景图像，其样式声明如下：

```
body {background-image:none;}
```

第三种取值是“inherit”，设定从父元素继承 background-image 属性的设置，其样式声明如下：

```
body {background-image: inherit;}
```

3．背景图像平铺方式（background-repeat）

当设置 background-image 样式属性时，默认情况下背景图像将进行平铺重复显示，以覆盖整个元素实体，也可以通过设置 background-repeat 样式属性来更改平铺的样式，该属性的值及其含义如表 5-2 所示。

表 5-2　background-repeat 属性值说明

属性值	说明
repeat	默认值，背景图像将向垂直和水平方向重复
repeat-x	只沿水平位置重复背景图像
repeat-y	只沿垂直位置重复背景图像
no-repeat	不会重复图像
inherit	属性设置应该从父元素继承

5.4.2　文本格式（text）

常用的与文本格式相关的样式属性主要包括：文本颜色（color）、文本排列方式（text-align）、文本修饰（text-decoration）、文本缩进（text-indent）。

1．文本颜色（color）

可以通过 color 属性设置相关元素内部文本的颜色，其样式声明如下：

```
h3 {color:#ff0000;}
```

该条样式规则设定 h3 元素内的文字颜色为红色。color 属性的取值为 CSS 颜色值。

2．文本排列方式（text-align）

可以通过 text-align 属性设置文本的水平对齐方式，其样式声明如下：

```
h1 {text-align:right;}
```

该条样式规则设定 h1 元素内的文字采取右对齐。text-align 属性的取值见表 5-3。

表 5-3　text-align 属性值说明

属性值	说明
left	文本左对齐
right	文本右对齐
center	把文本居中对齐
justify	文本两端对齐
inherit	从父元素继承 text-align 属性的值

3．文本修饰（text-decoration）

可以通过 text-decoration 属性为文本添加一些修饰效果，比如下画线、删除线等，其样式声明如下：

```
h1 {text-decoration:underline;}
```

该条样式规则为 h1 元素内的文字添加了一条下画线。text-decoration 属性的取值见表 5-4。

表 5-4　text-decoration 属性取值说明

值	描述
none	无修饰效果，为默认值
underline	为文本添加一条下画线
overline	为文本添加一条上画线
line-through	为文本添加一条删除线
blink	为文本添加闪烁效果
inherit	从父元素继承 text-decoration 属性的值

4．文本缩进（text-indent）

可以通过 text-indent 属性设定文本第一行的缩进，其样式声明如下：

```
p {text-indent:20px;}
```

该条样式规则设定 p 元素内的文本第一行缩进 20px。text-indent 属性的取值见表 5-5。

表 5-5　text-indent 属性取值说明

值	描述
length	定义固定的缩进。默认值：0
%	定义基于父元素宽度的百分比的缩进
inherit	规定应该从父元素继承 text-indent 属性的值

5.4.3 字体属性（fonts）

在 CSS 中，可以通过字体属性为 HTML 文档中的文字设置特定的显示效果。常用的包括：字体族（font-family）、字体大小（font-size）、字体粗细（font-weight）。

1. 字体族（font-family）

平时所说的字体，其实是由多个字体变形组成的一个集合，比如“黑体”，其实就包含了“黑体细体”“黑体中等”两种字体变形，常用的英文字体“Times New Roman”包含了“Times New Roman-Regular”“Times New Roman-Italic”“Times New Roman-Bold”“Times New Roman-BoldItalic”四种字体变形，因此，在 CSS 中，把字体称为“字体族”（font-family）。

CSS 的字体族分为“特定字体族”“通用字体族”两类，特定字体族指的是某个具体的字体族，比如“宋体”“仿宋”“Times New Roman”，通用字体族是具有某一类特点的字体族集合，CSS 定义了 5 种通用字体族，如表 5-6 所示。

表 5-6 通用字体族

系列名称	主要特点	示例
衬线字体族 Serif	字体成比例，在字的笔画开始、结束的地方有额外的装饰，而且笔画的粗细会有所不同	Times New Roman、宋体
无衬线字体族 sans serif	字体成比例，在字的笔画开始、结束的地方没有额外的装饰，而且笔画的粗细差不多	Arial、黑体
等宽字体族 Monospace	字体并不成比例。它们通常用于模拟打字机打出的文本、老式点阵打印机的输出，甚至更老式的视频显示终端	Courier New 中文字体
手写字体族族 Cursive	模仿人的手写体	Caflisch Script 华文行草
梦幻字体族 Fantasy	类似艺术字体	WingDings、WingDings 2

通常，“特定字体族”中的字体族都能划分到某一“通用字体族”中。设置字体族的方法如下：

```
p {font-family: ‘Courier New’, Courier, monospace}
```

font-family 属性的值为需要的字体族名称，一般会设置多个字体族作为一种“后备”机制，如果浏览器不支持第一种字体族，将依次尝试下一种字体族，推荐将通用字体族作为最后一个字体族。

注意：如果字体族的名称超过一个字，它必须用引号，如 Font Family: 'Courier New'。多个字体族之间用逗号（，）分隔。

2. 字体大小（font-size）

可以通过 font-size 属性设置相关元素内部字体的尺寸，其样式声明如下：

```
p {font-size: 15}
```

上述样式规则中，设定段落元素中的字体尺寸为 15px，font-size 属性的取值见表 5-7。

表 5-7 font-size 属性

值	描述
xx-small x-small small medium large x-large xx-large	把字体的尺寸设置为不同的尺寸，默认值为 medium

（续）

值	描述
smaller	把 font-size 设置为比父元素更小的尺寸
larger	把 font-size 设置为比父元素更大的尺寸
length	把 font-size 设置为一个固定的值，比如 25px 或 16em
%	把 font-size 设置为基于父元素的一个百分比值，比如 110%
inherit	规定应该从父元素继承字体

3．字体粗细（font-weight）

可以通过 font-weight 属性设置相关元素内部文本的粗细，其样式声明如下：

```
p {font-weight: bold}
```

上述样式规则中，设定段落元素中的字体为粗体，font-weight 属性的取值见表 5-8。

表 5-8　font-weight 属性的取值

值	描述
normal	默认值。定义标准的文本
bold	定义粗体文本
bolder	定义更粗的文本
lighter	定义更细的文本
100 200 300 400 500 600 700 800 900	定义了由细到粗的 9 个级别。数字越小，字体越纤细，数字越大，字体越粗壮。其中 400 等同于 normal，而 700 等同于 bold
inherit	规定应该从父元素继承字体的粗细

需要注意的是，实际的显示效果还要看字体内是否有这些粗细级别的变体。有对应级别时这些设置才会生效，下面举例来分析。

【例 5-8】 font-weight 属性设置。

```
<html>
    <head>
        <!-- 嵌入式样式表 -->
        <style type="text/css" >
        .Avenir{ font-family:Avenir;font-size: larger;}
           #fw_100{font-weight:lighter;}
           #fw_400{font-weight:normal;}
           #fw_700{font-weight:bold;}
        </style>
    </head>
    <body>
       <p id="fw_100" class="Avenir">font-weight:lighter</p>
       <p id="fw_400" class="Avenir">font-weight:normal</p>
       <p id="fw_700" class="Avenir">font-weight:bold</p>
    </body>
```

```
</html>
```

在上例中为 HTML 文档中定义了 3 个段落，内部文字为“font-weight:lighter”“font-weight:normal”“font-weight:bold”，将字体统一设定为“Avenir”，并分别设置其粗细为“lighter”“normal”及“bold”，在浏览器中显示的效果如图 5-5 所示。

在图 5-5 中能看出其字体粗细的差别，下面将字体改为“Arial”，其他设置保持不变，在浏览器中显示的效果如图 5-6 所示。

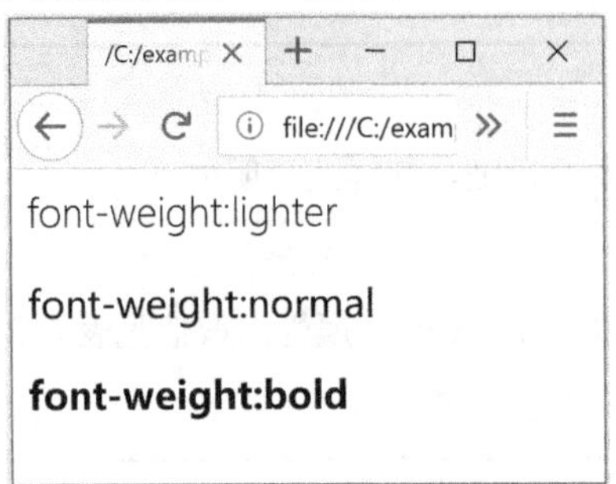
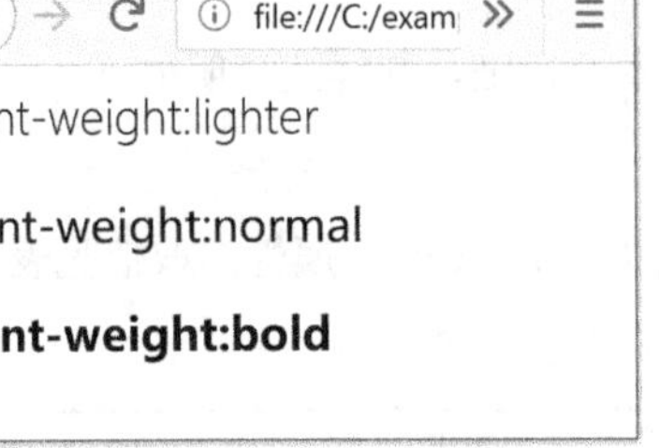

图 5-5　Avenir 字体族

图 5-6　Arial 字体族

由图 5-6 可见该字体的 lighter 和 normal 没有差异，说明该字体没有纤细变体，对应的 font-weight 属性设置没有生效。

5.4.4　链接（link）

链接的样式属性有很多种，比如前面提到的 background、color、font-family 等，但链接的特殊性在于可以根据链接所处的状态（未被访问、已访问、鼠标悬浮、单击）来设置对应的样式。设置语法为：

```
a:link {样式声明 1; 样式声明 2; …} /* 未被访问的链接 */
a:visited {样式声明 1; 样式声明 2; …} /* 已访问的链接 */
a:hover {样式声明 1; 样式声明 2; …} /* 鼠标悬浮链接 */
a:active {样式声明 1; 样式声明 2; …} /* 单击的链接 */
```

例如：

```
a:hover{font-style: italic;}
```

应用该样式规则后，鼠标悬浮在链接上时，链接的字体将变为斜体，显示效果如图 5-7、图 5-8 所示。

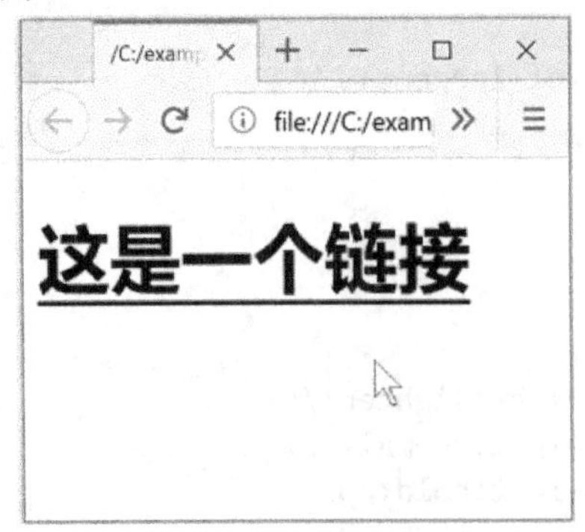

图 5-7　鼠标悬浮前

图 5-8　鼠标悬浮后

5.4.5　列表（list）

HTML 中的列表分为有序列表（ol）和无序列表（ul），利用 list-style-type 属性可以设置列表的列表项标志，该属性的取值见表 5-9。

表 5-9　list-style-type 属性值说明

值	适用	描述
none	ul	无标记
disc	ul	默认。标记是实心圆
circle	ul	标记是空心圆
square	ul	标记是实心方块
decimal	ol	阿拉伯数字
decimal-leading-zero	ol	0 开头的数字标记(01, 02, 03, 等)
lower-roman	ol	小写罗马数字(i, ii, iii, iv, v, 等)
upper-roman	ol	大写罗马数字(I, II, III, IV, V, 等)
lower-alpha	ol	小写英文字母(a, b, c, d, e, 等)
upper-alpha	ol	大写英文字母(A, B, C, D, E, 等)

适用无序列表的列表标记示例如下。

【例 5-9】 无序列表标记示例。

```
<html>
<head>
    <style type="text/css">
    ul.none {list-style-type: none}
    ul.disc {list-style-type: disc}
    ul.circle {list-style-type: circle}
    ul.square {list-style-type: square}
    </style>
</head>
<body>
    <ul class="none">
        <li>苹果</li>
        <li>香蕉</li>
        <li>梨子</li>
    </ul>
    <ul class="disc">
        <li>苹果</li>
        <li>香蕉</li>
        <li>梨子</li>
    </ul>
    <ul class="circle">
        <li>苹果</li>
        <li>香蕉</li>
        <li>梨子</li>
    </ul>
    <ul class="square">
        <li>苹果</li>
        <li>香蕉</li>
```

```
        <li>梨子</li>
    </ul>
</body>
</html>
```

上述 HTML 文档显示效果如图 5-9 所示。

适用有序列表的列表标记示例如下。

【例 5-10】 有序列表标记示例。

```
<html>
<head>
    <style type="text/css">
    ul.decimal {list-style-type: decimal}
    ul.decimal-leading-zero {list-style-type: decimal-leading-zero}
    ul.lower-roman {list-style-type: lower-roman}
    ul.upper-roman {list-style-type: upper-roman}
    ul.lower-alpha {list-style-type: lower-alpha}
    ul.upper-alpha {list-style-type: upper-alpha}
    </style>
</head>
<body>
    <ul class="decimal">
        <li>苹果</li>
        <li>香蕉</li>
        <li>梨子</li>
    </ul>
    <ul class="decimal-leading-zero">
        <li>苹果</li>
        <li>香蕉</li>
        <li>梨子</li>
    </ul>
    <ul class="lower-roman">
        <li>苹果</li>
        <li>香蕉</li>
        <li>梨子</li>
    </ul>
    <ul class="upper-roman">
        <li>苹果</li>
        <li>香蕉</li>
        <li>梨子</li>
    </ul>
    <ul class="lower-alpha">
        <li>苹果</li>
        <li>香蕉</li>
        <li>梨子</li>
    </ul>
    <ul class="upper-alpha">
        <li>苹果</li>
        <li>香蕉</li>
        <li>梨子</li>
    </ul>
</body>
</html>
```

上述 HTML 文档显示效果如图 5-10 所示。

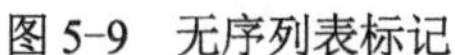
图 5-9 无序列表标记

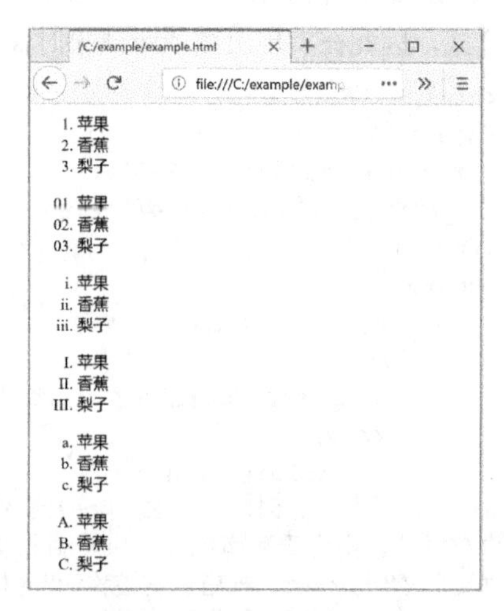

图 5-10 有序列表标记

5.5 案例——人物信息卡片

本节利用前面介绍的 CSS 语法知识来实现一个人物信息卡片的案例，该案例使用标题、图片、段落、超链接等 HTML 元素，并通过 CSS 进行了布局，以便向读者介绍诗人杜甫的人物信息及主要作品，最终的效果如图 5-11 所示。

图 5-11 人物信息卡片效果

我们已经介绍过 HTML 标签是用来定义 HTML 文档的内容，而 CSS 是用于定义 HTML 文档的样式，因此在实现上图所示效果时需要先编写基础的 HTML 文档，相关代码如下。

```
<html>
<head>
    <meta charset="UTF-8">
    <title>人物信息卡片</title>
</head>
<body>
    <h2>作者介绍</h2>
    <div>
        <img src="dufu.png" alt="杜甫">
        <div>
            <h1>杜甫</h1>
            <p >杜甫（712 年～770 年），字子美，自号少陵野老，唐代伟大的现实主义诗人，与李白合称"李杜"。出生于河南巩县，原籍湖北襄阳。为了与另两位诗人李商隐与杜牧即"小李杜"区别，杜甫与李白又合称"大李杜"，杜甫也常被称为"老杜"。 </p>
            <p>主要作品</p>
            <div>
                <a href="#">《绝句》</a>
                <a href="#">《望岳》</a>
                <a href="#">《江畔独步寻花》</a>
                <a href="#">《登高》</a>
            </div>
        </div>
    </div>
</body>
</html>
```

通过阅读代码可以了解该案例用到了图片<img>、标题<h2>、段落<p>、超链接<a>及<div>等 HTML 元素。将该代码保存为 HTML 文件后可以通过浏览器进行预览，预览的效果和图 5-11 相比较，由于缺乏样式表，目前的页面中图片大小没有设置，文本没有居中，缺少背景色，并且超链接为蓝色并含有下画线，看起来一点都不美观。下面就通过本章介绍的样式表来为页面做美化工作。

首先，我们通过行内样式来将标题“作者介绍”设置为居中，将

```
<h2>作者介绍</h2>
```

修改为：

```
<h2 style="text-align:center">作者介绍</h2>
```

这里我们为<h2>标签加入了的 style 属性，并加入了一条样式声明，利用 text-align 属性来设置文本的水平对齐方式。

用同样的方法，我们来设置图片的大小，让其宽度等于包含它的 div 宽度，将

```
<img src="dufu.png" alt="杜甫">
```

修改为：

```
<img src="dufu.png" alt="杜甫" style="width:100%">
```

接下来通过嵌入式样式表为整个 HTML 文档设置一个背景色，我们在<head>元素内部、title

元素的后面，加入一个嵌入式样式表，代码如下。

```
<head>
    <meta charset="UTF-8">
    <title>人物信息卡片</title>
    <style>
        body {
            background-color: whitesmoke;
        }
    </style>
</head>
```

<style>元素内就是本次添加的内嵌样式表，该样式表目前包含一个样式规则，它使用类型选择器 body 来为整个文档的主体部分设置了背景色。用同样的方法，我们可以为超链接设置样式，设置其字体族、字体大小、字体颜色，并去掉超链接的下画线。相关样式规则如下。

```
a {
            font-family: 楷体;
            font-size: 18px;
            color: black;
            text-decoration: none;
        }
```

上面使用的是类型选择器，它适用于对 HTML 中相同类型元素设置统一的样式。下面，我们需要为不同的<div>元素设置不同的样式，这时就需要用到类选择器。首先为不同的 div 设置不同的类名，代码如下。

```
<div class="card">
        <img src="dufu.png" alt="John" style="width:100%">
        <div class="info">
            <h1>杜甫</h1>
            <p class="title">杜甫（712 年～770 年），字子美，自号少陵野老，唐代伟大的现实
主义诗人，与李白合称“李杜”。出生于河南巩县，原籍湖北襄阳。 为了与另两位诗人李商隐与杜牧即“小
李杜”区别，杜甫与李白又合称“大李杜”，杜甫也常被称为“老杜”。 </p>
            <p>主要作品</p>
            <div class="works">
                <a href="#">《绝句》</a>
                <a href="#">《望岳》</a>
                <a href="#">《江畔独步寻花》</a>
                <a href="#">《登高》</a>
            </div>
        </div>
    </div>
```

与原始的 HTML 文档相比，我们为三个<div>元素设置了类，分别是“card”类、“info”类及“works”类。类名为“card”的<div>包含了人物信息卡片的主要元素，该类<div>的样式规则如下。

```
.card {
            width: 500px;
            margin: auto;
            text-align: left;
            font-family: arial;
            background-color: white;
        }
```

该样式规则设置了卡片的整体宽度、外边距、文字对齐方法、字体族及背景色。

类名为“info”的 div 包含了人物的简介，该类 div 的样式规则如下。

```
.info {
        padding: 5px 16px;
    }
```

该样式规则设置了简介信息的内边距。

类名为“works”的 div 包含了人物的作品集信息，该类 div 的样式规则如下。

```
.works {
        text-align: center;
        margin: 24px 0;
    }
```

该样式规则设置了文本对齐方式和外边距。

📖 Margin 及 padding 属性将在下一章介绍，在这里引入是为了让大家先体验这两个属性在页面布局时的作用，并有一个直观的了解。

至此，我们完成了页面的美化工作，完整的 HTML 代码如下。

```
<html>
<head>
    <meta charset="UTF-8">
    <title>人物信息卡片</title>
    <style>
        body {
            background-color: whitesmoke;
        }

        a {
            font-family: 楷体;
            font-size: 18px;
            color: black;
            text-decoration: none;
        }
        .card {
            width: 500px;
            margin: auto;
            text-align: left;
            font-family: arial;
            background-color: white;
        }

        .info {
            padding: 5px 16px;
        }

        .works {
            text-align: center;
            margin: 24px 0;
        }
    </style>
```

```
</head>

<body>
    <h2 style="text-align:center">作者介绍</h2>
    <div class="card">
        <img src="dufu.png" alt="杜甫" style="width:100%">
        <div class="info">
            <h1>杜甫</h1>
            <p>杜甫（712 年～770 年），字子美，自号少陵野老，唐代伟大的现实主义诗人，与李
白合称"李杜"。出生于河南巩县，原籍湖北襄阳。为了与另两位诗人李商隐与杜牧即"小李杜"区别，杜甫
与李白又合称"大李杜"，杜甫也常被称为"老杜"。 </p>
            <p>主要作品</p>
            <div class="works">
                <a href="#">《绝句》</a>
                <a href="#">《望岳》</a>
                <a href="#">《江畔独步寻花》</a>
                <a href="#">《登高》</a>
            </div>
        </div>
    </div>
</body>
</html>
```

习题

1．CSS 指的是（　　）。

A．Computer Style Sheets　　B．Cascading Style Sheets

C．Creative Style Sheets　　D．Colorful Style Sheets

2．正确引用外部样式表的方法是（　　）。

A．<style src="mystyle.css">

B．<div style="mystyle.css" ></div>

C．<stylesheet>mystyle.css</stylesheet>

D．<link rel="stylesheet" type="text/css" href="mystyle.css">

3．在 HTML 文档中，引用外部样式表的正确位置是（　　）。

A．文档的顶部　　B．文档的末尾

C．<body> 部分　　D．<head> 部分

4．下列哪个选项的 CSS 语法是正确的？（　　）

A．body {color=black}　　B．{body:color=black}

C．body {color: black}　　D．{body;color:black}

5．在下面的 CSS 定义中，逗号用法不正确的是（　　）。

A．div {line-height:5px，font-size:10pt}

B．body，div{color:red}

C．div{margin:15pt，10pt，20pt}

D．p{font-family: "楷体"，"Arial"，"sans-serif"}

6．哪个属性可用于改变字体颜色？（　　）

A．text-color　　B．font-color

C．color　　D．font-style

7．为所有的 <div> 元素添加背景颜色的样式声明是（　　）。

A．div.all {background-color:#FFFFFF}

B．div{background-color:#FFFFFF}

C．.div{background-color:#FFFFFF}

D．#div{background-color:#FFFFFF}

8．以下的 CSS 中，可使用所有<p>元素变为粗体的正确语法是（　　）。

A．<p style= "font-size:bold" >　　B．<p style= "text-size:bold" >

C．p{ font-weight:bold}　　D．p{text-size:bold}

9．如何将列表项标志设置为实心圆？（　　）

A．ul {list-style-type : decimal }　　B．ul {list-style-type : disc }

C．ul {list-style-type : circle }　　D．ul {list-style-type : square}

10．如何为设置 div 的内边距为上 10px、下 15px、左 20px、右 5px？（　　）

A．div{border-width:10px 15px 20px 5px}

B．div{border-width:10px 20px 15px 5px}

C．div{border-width:10px 20px 5px 15px}

D．div{border-width:10px 5px 15px 20px}

第 6 章 CSS 进阶

在了解了层叠样式表的基础用法之后，本章讲介绍层叠样式表的一些进阶知识，包括 CSS 的高阶选择器、伪类及伪元素、CSS 的布局基础知识及如何进行响应式的网页设计，最后介绍 CSS3 带来的新特性。

6.1　CSS 高阶选择器

除了上一章介绍的常用选择器之外，CSS 还有一些高阶选择器可更加灵活地用于匹配 HTML 文档中的元素。在本节我们将介绍一些与元素位置及属性相关的选择器。

6.1.1　子选择器

在上一章介绍了后代选择器，它能在指定的元素内查找并匹配符合条件的全部子元素，当我们只希望匹配该元素符合条件的直接后代时，可以使用子选择器，其定义语法为：

```
元素 1 > 元素 2 {样式声明 }
```

例如：

```
div > h1 {color:red;}
```

该样式规则将在 div 元素中匹配作为它直接子元素的 h1，所以子选择器也称为直接子元素选择器。

【例 6-1】 子选择器示例。

```
<!DOCTYPE HTML>
<html>
<head>
  <style type="text/css">
    div>h1 {
      text-decoration:underline
    }
  </style>
</head>
<body>
  <div>
    <h1>标题 1</h1>
    <h1>标题 2</h1>
```

```
    <strong>
      <h1>标题 3</h1>
    </strong>
  </div>
</body>
</html>
```

在上例中，“标题 1”及“标题 2”作为<div>元素的直接子元素加上了下画线样式，而“标题 3”因为不是<div>的直接子元素（<strong>标签是其直接子元素），其样式没有发生改变，结果如图 6-1 所示。

6.1.2 相邻兄弟选择器

相邻兄弟选择器匹配所有作为指定元素的相邻同级的元素，其定义如下。

```
元素 1 + 元素 2 {样式声明 }
```

其中元素 1 和元素 2 必须有相同的父元素，且第二个元素紧邻第一个，下面举例说明。

【例 6-2】 相邻兄弟选择器示例。

```
<!DOCTYPE HTML>
<html>
<head>
  <style type="text/css">
    h1+p {
      text-decoration:underline;
      font-style: italic;
    }
  </style>
</head>
<body>
  <h1>标题 1</h1>
  <p>段落 1</p>
  <p>段落 2</p>
  <p>段落 3</p>
  <p>段落 4</p>
  <p>段落 5</p>
</body>
</html>
```

显示结果如图 6-2 所示。

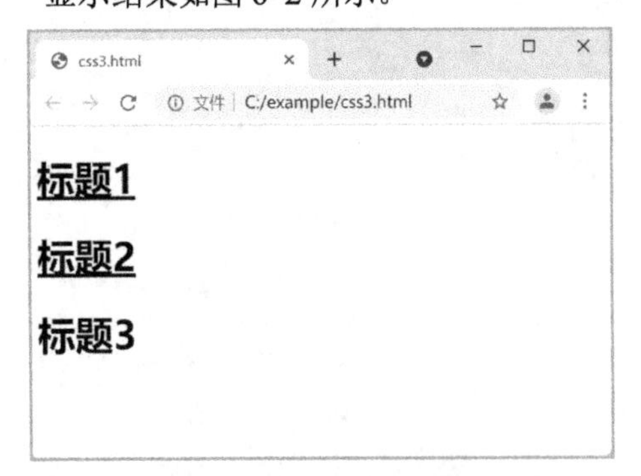

图 6-1 子选择器示例

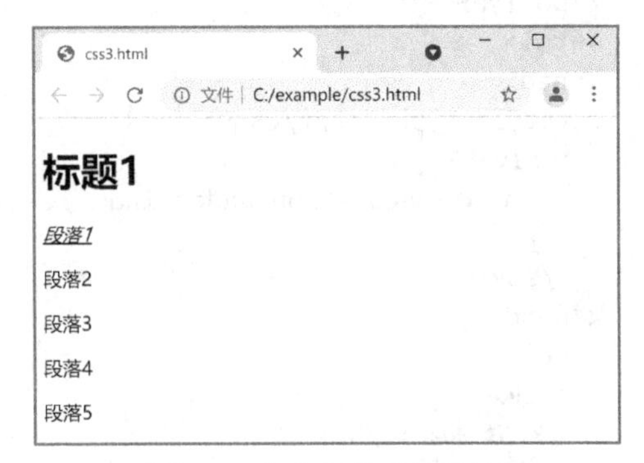

图 6-2 相邻兄弟选择器示例

在上述例子中，<h1>和 5 个<p>都有相同的父元素<body>，但是当应用“h1+p”选择器时，只会匹配与<h1> 紧邻的一个<p> 元素 “段落 1”，其他段落<p>由于不是紧邻<h1>，因此样式没有改变。

6.1.3　属性选择器

前面介绍的选择器分别根据类型（类型选择器）、类（类选择器）、“ID”（ID 选择器）、相互关系（后代选择器、子选择器）、位置（相邻兄弟选择器）来匹配元素，除了上述的方法外，还可以通过元素的属性来匹配元素。

（1）直接基于元素属性选择

我们可以直接为拥有特定属性的元素指定样式，方法如下。

```
[title]{
      font-style: italic;
      text-decoration:underline;
    }
```

中括号中就是我们指定的属性名称，在该 HTML 文档中，所有具有“title”属性的 HTML 元素都将被匹配，下面举例说明。

```
<!DOCTYPE HTML>
<html>
<head>
    <meta charset="UTF-8">
    <style type="text/css">
        [title]{
      font-style: italic;
      text-decoration:underline;
    }
    </style>
</head>
<body>
    <h1 title="我是标题 1">标题 1</h1>
    <p title="我是段落 1">段落 1</p>
    <p>段落 2</p>
    <p>段落 3</p>
    <p title="我是段路 4">段落 4</p>
    <p>段落 5</p>
</body>
</html>
```

我们设置了 1 个<h1>和 4 个<p>元素，其中<h1>及第 1 个和第 4 个段落指定了“title”属性，因此它们将被属性选择器[title]匹配，被赋予斜体及下画线样式。

我们也可以针对具体元素的属性去匹配，例如将上面的属性选择器做一点修改。

```
p[title] {color:blue;}
```

该选择器匹配所有拥有 title 属性的<p>元素，<h1>不再被匹配了。

还可以查找同时拥有多个属性的元素，方法如下：

```
a[href][title] {color:blue;}
```

（2）基于元素属性及其值选择

前面介绍的方法是根据元素是否拥有某一属性来进行匹配，还可以进一步根据元素的属性及其值来进行更加精确的匹配，例如：

```
a[href ="http://www.mod.gov.cn"] {color:brown;}
```

该选择器匹配的是拥有 href 属性，且值等于“http://www.mod.gov.cn”的 a 元素。需要注意的是，使用“=”连接元素属性和值时进行的是精确查找，也就是说只有当元素的“href”属性值和“http://www.mod.gov.cn”完全一致才能匹配，这相当于在 SQL 语句中用的“=”运算符。下面 3 种情况，都不会被匹配。

```
<a href="http://www.mode.gov.cn/info">销售部</a>
<a href="http://www.mode.gov.cn-info">销售部</a>
<a href="http://www.mode.gov.cn.info">销售部</a>
```

有的时候我们并不一定都是需要精确的匹配，而是需要匹配在值中包含某个字符串即可，我们可以使用表 6-1 的选择器实现这个需求。

表 6-1　选择器说明

选择器	说明
[attribute~=value]	用于选取属性值与指定值全字匹配的元素（属性可以包含空格）
[attribute|=value]	用于选取属性值以指定值或指定值后跟“-”开头且全字匹配的元素（属性值不支持空格）
[attribute^=value]	匹配属性值以指定值开头的每个元素（属性值可以包含空格）
[attribute$=value]	匹配属性值以指定值结尾的每个元素（属性值可以包含空格）
[attribute*=value]	匹配属性值中包含指定值的每个元素（属性值可以包含空格）

我们用一个例子来说明以上选择器的区别。

【例 6-3】 属性选择器示例。

```
<!DOCTYPE HTML>
<html>
<head>
  <meta charset="UTF-8">
  <style type="text/css">
    div[class *="销售部"]{
      background-color: coral;
    }
  </style>
</head>
<body>
  <h1>属性选择器</h1>
 <div class="销售部">销售部</div>
 <div class="A 公司销售部">A 公司销售部</div>
 <div class="A 公司-销售部">A 公司-销售部</div>
 <div class="A 公司_销售部">A 公司_销售部</div>
 <div class="A 公司 销售部">A 公司 销售部</div>
 <div class="销售部主页">销售部主页</div>
 <div class="销售部-主页">销售部-主页</div>
 <div class="销售部_主页">销售部_主页</div>
 <div class="销售部 主页">销售部 主页</div>
```

```
</body>
</html>
```

使用[class~="销售部"]时，类名为“销售部”“A 公司 销售部”“销售部 主页”的<div>被选中，因为它们类名是和“销售部” 全字匹配（接受被空格分割开的类名）的。

使用[class|="销售部"]时，类名为“销售部”及“销售部-主页”的<div>被匹配，因为它们的类名是和“销售部”及“销售部-”全字匹配的（在这里不接受空格）。

使用[class^="销售部"]时，类名为“销售部”“销售部主页”“销售部-主页”“销售部_主页”“销售部 主页”的 div 都被匹配上了，因为它们的类名都是以“销售部”开头的，且支持空格。

使用[class$="销售部"]时，类名为“销售部”“A 公司销售部”“A 公司-销售部”“A 公司_销售部”“A 公司 销售部”的 div 都被匹配上了，理由同上，它们的类名都是以“销售部”结尾，且支持空格。

使用[class *="销售部"]时，全部的 div 都被选中了，因为它们的类名都包含了“销售部”。

6.2 CSS 伪类及伪元素

CSS 除了可根据 id、class、属性来选取元素以外，还可以根据元素的特殊状态来选取元素，它们就是伪类和伪元素。id 选择器、类选择器、属性选择器匹配的 HTML 文档层次结构中获取确实存在的元素，而伪类是匹配的元素所处的某个状态，伪元素是匹配的元素中的指定内容。

6.2.1 CSS 伪类

有的时候，我们需要根据同一个标签的不同的状态，设置不同的样式，比如当鼠标滑过按钮时，让按钮改变颜色，这时就需要用到伪类（也被称为伪类选择器），请看下面的代码。

【例 6-4】 按钮变色示例

```
<!DOCTYPE HTML>
<html>
<head>
  <meta charset="UTF-8">
  <style type="text/css">
    button:hover{
      background-color:red;
    }
  </style>
</head>
<body>
  <h1>伪类</h1>
 <button>我是按钮</button>
</body>
</html>
```

“hover”就是一个伪类，代表鼠标的悬停状态。“button:hover”表示当鼠标悬停在按钮上时，匹配该选择器。伪类除了为元素指定动态属性之外，还可以指定一些静态的属性，比如“first-child”表示该元素是其父元素的第一个子元素，请看下面的示例。

【例 6-5】“first-child”伪类示例。

```
<!DOCTYPE HTML>
```

```
<html>
<head>
  <meta charset="UTF-8">
  <style type="text/css">

   div:last-child{
     background-color:yellow;
     }
  div:first-child{
     background-color:red;
     }
  </style>
</head>
<body>
  <h1>伪类</h1>
 <div>D1</div>
 <div>D2</div>
 <div>D3</div>
</body>
</html>
```

浏览上述 HTML 文档，会发现第三个 div 的颜色为黄色，但第一个 div 的背景却没有变成红色。这是因为“div:last-child”选择器匹配到了第三个 div，因此赋予了其样式，但是“div:first-child”选择器却没有匹配的元素，因为作为第一个 div 并不是其父元素 body 的第一个子元素（第一个元素是<h1>）。如果需要将第一个 div 匹配到，需要做如下修改。

```
div:first-of-type{
      background-color:red;
   }
```

“first-of-type”表示该元素是其父元素下的首个同类元素，因此“div:first-of-type”选择器会匹配父元素的第一个<div>元素。

常用的伪元素如表 6-2 所示。

表 6-2 伪元素说明

伪类	例子	说明
:active	a:active	:active 选择器用于选择活动链接
:checked	input:checked	选择每个被选中的 <input> 元素
:enabled	button:enabled	选择每个已启用的 <button> 元素
:first-child	div:first-child	选择作为其父的首个子元素的每个 <div> 元素
:first-of-type	div:first-of-type	选择作为其父的首个 <div> 元素的每个 <div> 元素
:focus	input:focus	选择获得焦点的 <input> 元素
:hover	button:hover	选择鼠标悬停其上的 button
:last-child	div:last-child	选择作为其父的最后一个子元素的每个 <div> 元素
:last-of-type	button:last-of-type	选择作为其父的最后一个 <button> 元素的每个 <button> 元素
:link	a:link	选择所有未被访问的链接
:only-child	h1:only-child	选择作为其父的唯一子元素的 <h1> 元素
:visited	a:visited	选择所有已访问的链接

6.2.2 CSS 伪元素

CSS 利用伪类来实现根据元素的不同状态设置属性，同样，CSS 还能使用伪元素（也称为伪元素选择器）来为设置元素指定部分的样式，比如元素的首行、首字母，元素的前、后以及元素被选中的部分，全部的 CSS 伪元素如表 6-3 所示。

表 6-3 伪元素说明

伪元素	例子	说明
::after	div::after	可用于在元素内容之后插入一些内容
::before	div::before	可用于在元素内容之前插入一些内容
::first-letter	div::first-letter	用于向文本的首字母添加特殊样式，只能应用于块级元素
::first-line	div::first-line	用于向文本的首行添加特殊样式，只能应用于块级元素
::selection	div::selection	匹配用户选择的元素部分

需要注意的是，CSS3 中，使用冒号（:）表示伪类，使用双冒号（::）表示伪元素。下面举例说明各伪元素的作用。

1. ::After 及::Before 伪元素

使用方法如下：

```
元素::after{
content:"添加的内容";
样式规则
}
```

【例 6-6】 ::After 及::Before 伪元素使用示例。

```
<!DOCTYPE html>
<html>
<head>
  <meta charset="utf-8">
  <style>
    div:after {
      content: "天安门";
      background-color:yellow;
    }
  </style>
</head>
<body>
  <div>我爱北京</div>
</body>
</html>
```

“div:after”表示在 div 元素后面添加由“content:”指定的内容，并设置其样式，在上例中，div 后面添加了“天安门”三个字并且背景色设置为黄色。Before 用法同上，不再赘述。

2. ::first-line 与::first-letter 伪元素

使用方法如下：

```
元素::first-line {
 样式规则
```

```
}
```

【例 6-7】 ::first-line 与::first-letter 伪元素的使用示例。

```
<!DOCTYPE html>
<html>
<head>
  <meta charset="utf-8">
  <style>
    p::first-line {
      color: red;

    }
  </style>
</head>
<body>
  <p>我是第一行<br />
    我是第二行</p>
</body>
</html>
```

“p::first-line”表示适配 P 元素中文本的第一行，然后为其设置指定的样式规则。在上例中，“我是第一行”的字体颜色被设置为了红色。first-letter 的使用方法和 first-line 一致，只是仅匹配元素中的第一个字母。

以下属性适用于 ::first-line 伪元素：

- 字体属性。
- 颜色属性。
- 背景属性。
- word-spacing。
- letter-spacing。
- text-decoration。
- vertical-align。
- text-transform。
- line-height。
- clear。

下面的属性适用于 ::first-letter 伪元素：

- 字体属性。
- 颜色属性。
- 背景属性。
- 外边距属性。
- 内边距属性。
- 边框属性。
- text-decoration。
- vertical-align（仅当“float”为“none”）。
- text-transform。

- line-height。
- float。
- clear。

3. ::selection 伪元素

为用户选择的文本匹配样式，使用方法如下。

```
::selection {
  样式规则
}
```

【例 6-8】 :selection 伪元素示例。

```
<!DOCTYPE html>
<html>
<head>
  <meta charset="utf-8">
  <style>
    ::selection {
      color: red;
      background: yellow;
    }
  </style>
</head>
<body>
  <div>这是 div1 元素中的文本。</div>
  <div>这是 div2 元素中的文本。</div>
  <div>这是 div3 元素中的文本。</div>
</body>
</html>
```

“::selection”表示用户当前选中的文本。在上例中，用户选中的文字变为黄底红字。

以下 CSS 属性可以应用于 ::selection：

- color。
- background。
- cursor。
- outline。

6.3 CSS 布局基础

在上一节介绍了 CSS 的一些基础样式，比如背景色和字体颜色，在这一节中将介绍 CSS 的一个重要用途：页面布局。布局（Layout）是指对事物的全面规划和安排，而页面布局就是对 HTML 文档中的文字、图像或表格进行格式化版式排列，要掌握 CSS 布局方法，首先要理解 CSS 框模型、元素的定位及浮动方式。

6.3.1 CSS 框模型

CSS 框模型（Box Model，有时也被称为盒子模型），它影响一个元素在页面布局中的定位，框模型描述了一个元素框如何处理元素内容、内边距、边框和外边距的方式，一个标准的 CSS 框模型如图 6-3 所示。

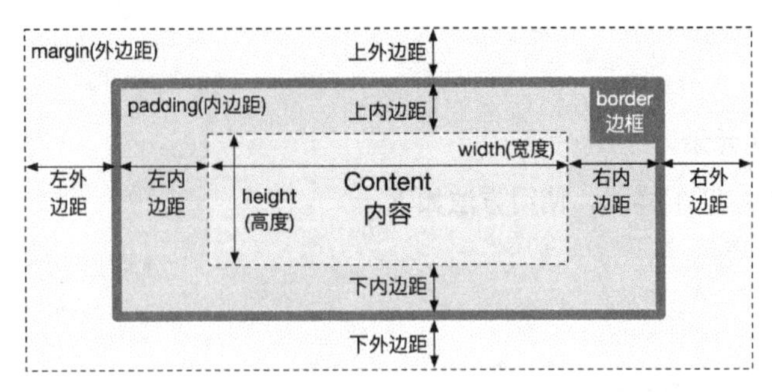

图 6-3 CSS 框模型

上图中显示的就是一个元素框，在 HTML 文档中，元素是以元素框的形式参与布局的，元素框内部虚线包裹的区域是元素的内容区域，中间的灰色实线是边框（border），边框到元素之间的区域是内边距（padding），最外部虚线到边框的区域是外边距（margin）。

内边距、边框和外边距可由用户自行设定，也可以针对上、下、左、右统一或单独设置，默认值是零。

一个元素的大小，可细分为元素内容区域大小、元素显示区域大小及元素框区域大小。为元素设定 width 和 height 时，受影响的是内容区域，为元素设置背景色时，受影响的是元素显示区域，而一个元素在页面布局中所占据的实际大小是元素框区域大小，它们之间的关系如下：

元素显示区域=元素内容区域+内边距+边框

元素框=元素显示区域+外边距

下面以一个示例来进行分析。

【例 6-9】 CSS 框模型示例。

```
<html>
<head>
    <meta charset="utf-8">
    <style>
        .l1 {
            background-color: antiquewhite;
            width: 140px;
            border-style: dashed;
            border-width: 5px;
            margin: 20px;
            padding: 40px;
            text-align: center;
        }
    </style>
</head>
<body>
    <div class="l1" >我的宽度是 140px</div>
</body>
</html>
```

上述 HTML 文档中包含一个 div 元素，通过嵌入式样式表，设定其宽度为 140px，边框宽度为 5px，内边距为 40px，外边距为 20px，在浏览器中显示如图 6-4 所示。

可以借助浏览器提供的工具分析 div 元素的大小，这里以 Firefox 浏览器的“查看器”（菜单—Web 开发者—查看器）为例，当鼠标选中 div 元素时，会显示如图 6-5 所示界面。

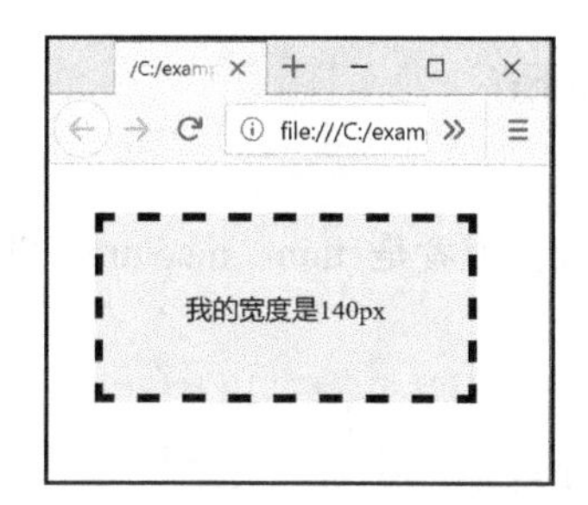

图 6-4　div 元素

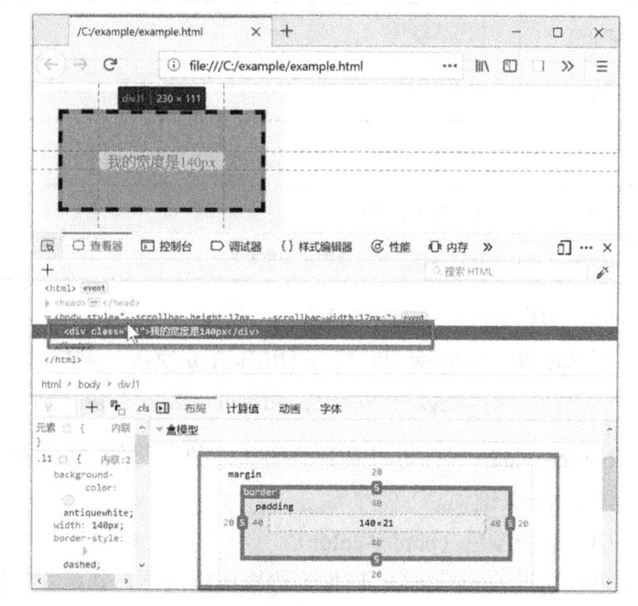

图 6-5　通过 Firefox 进行框模型分析

界面右下角为该元素的框模型，在界面的上部可看见一个提示，显示 div 元素的显示区域宽度为 230px，正好为元素内容区域宽度 140px 加上左右内边距 80px（40px*2）以及左右边框宽度 10px（5px×2）之和。

1．border 属性

CSS 的 border 属性可为元素的边框设置样式、宽度和颜色。

（1）边框样式（border-style）

样式是边框最重要的一个属性，必须先为边框设定样式，才能显示边框并指定其他属性。

为 div 元素指定边框样式的方法如下：

```
div{border-style:solid;}
```

上述样式规则为 div 指定了一个实线边框。border-style 取值见表 6-4。

表 6-4　border-style 属性值说明

值	描述	示例
none	定义无边框	none样式
hidden	与“none”相同。可用于解决表的边框冲突	hidden样式
dotted	边框为一系列点	dotted样式
dashed	边框为一系列短线段	dashed样式
solid	边框为单线段	solid样式
double	边框为双线段。注：两条线的宽度再加上这两条线之间的空间等于 border-width 值	double样式

（续）

值	描述	示例
groove	槽线式边框	groove样式
ridge	脊线式边框	ridge样式
inset	内嵌效果边框	inset样式
outset	突起效果的边框	outset样式
inherit	规定应该从父元素继承边框样式	同父元素边框样式

（2）边框宽度（border-style）

可以通过 border-width 属性为边框指定宽度，其样式声明如下：

```
div {border-style: inset; border-width: 10px;}
```

border-width 属性可以是具体的长度值，比如 2px 或 0.1em；或者是 thin、medium（默认值）和 thick 关键词。

（3）边框颜色（border-color）

可以通过 border-color 属性为边框指定颜色，其样式声明如下：

```
div {border-style: inset; border-color: blue;}
```

可以利用 border-top-color、border-right-color、border-bottom-color、border-left-color 属性为边框指定不同的颜色。

2．padding 属性

CSS 的 padding 属性定义元素内边距的宽度，内边距是边框与元素内容之间的空白区域。padding 属性接受长度值或百分比值，但不允许使用负值。

为 div 元素各边设置 15 像素的内边距的样式声明如下：

```
div {padding: 15px;}
```

也可以为四边设置不同宽度的内边距，其样式声明如下：

```
div {padding: 15px 0.5em 1ex 15%;}
```

设置的顺序为上、右、下、左，各边均可以使用不同的单位或百分比值。还可以只设置单个内边距，其样式声明如下：

```
div { padding-top: 15px;} /*设置上内边距*/
div { padding-right: 0.5em;} /*设置右内边距*/
div { padding-bottom: 1ex;} /*设置下内边距*/
div { padding-left: 15%;}/*设置左内边距*/
```

📖 百分数值是相对于其父元素的 width 计算的。

3．margin 属性

CSS 的 margin 属性定义元素外边距的宽度，外边距是围绕在元素边框四周的空白区域。margin 属性接受任何长度单位、百分数值甚至负值。

为 div 元素各边设置 15 像素的外边距的样式声明如下：

```
div {padding: 15px;}
```

也可以为四边设置不同宽度的外边距，方法和 padding 设置一致，可参考上一节。

6.3.2　定位机制（Position）

CSS 有四种基本的定位机制，分别为标准文档流、相对定位、绝对定位和浮动定位，有时也把相对定位作为标准文档流的一部分，因为元素框始终占据它在标准文档流中的位置。

默认情况下，所有元素框按照标准文档流定位。块级元素框从上到下一个接一个地排列，元素之间的垂直距离是由元素的垂直外边距决定。

行内元素框在一行中水平布置。可以使用水平内边距、边框和外边距调整它们的间距。

标准文档流不能满足布局要求时，可以利用绝对定位和浮动定位。在后面的章节，将详细介绍相对定位、绝对定位和浮动定位。

1．CSS 标准文档流

CSS 标准文档流指的是在不使用其他的与布局相关的 CSS 规则时，各种元素的布局规则是 CSS 中默认的元素布局方式，在该布局方式下，一个 HTML 中的元素会自动地从左往右、从上往下地进行流式排列。

需要注意的是，在 CSS 中元素被分为了块级元素（block level element）及行内元素（inline element），其中块级元素以块（block）的形式表现出来，并且跟同级的块元素依次垂直排列，在水平方向不能并排，可以设置高度和宽度，若不设置宽度则左右自动伸展，直到包含它的元素的边界；行内元素不占据单独的空间，依附于块级元素可以和其他行内元素并排，不能设置宽、高，默认的宽度就是文字的宽度。CSS 中的块级元素常用的有<h1>, <p>, <ul>, <table>等，行内元素常用的有<b>, <td>, <a>, <img>等。下面举几个例子来说明。

（1）块级元素的标准文档流布局示例

【例 6-10】 块级元素的标准文档流布局示例。

```
<html>
<head>
    <meta charset="utf-8">
   <style>
   .p1{background-color: antiquewhite;}
   .p2{background-color:azure;}
   .p3{background-color:chartreuse;}
   .p4{background-color:darkkhaki;}
   </style>
</head>
<body>
    <p class="p1">元素 1:段落</p>
    <p class="p2">元素 2:段落</p>
    <p class="p3">元素 3:段落</p>
    <p class="p4">元素 4:段落</p>
</body>
</html>
```

上述 HTML 文档在浏览器中显示如图 6-6 所示。

可见，块级元素将独占页面的一行，多个块级元素从上至下依次排列。

（2）行内元素的标准文档流布局示例

【例 6-11】 行内元素的标准文档流布局示例。

```
<html>
<head>
    <meta charset="utf-8">
   <style>
   .l1{background-color: antiquewhite;}
   .l2{background-color:azure;}
   .l3{background-color:chartreuse;}
   .l4{background-color:darkkhaki;}
   .l5{background-color:orange;}
   .l6{background-color:whitesmoke;}
   </style>
</head>
<body>
    <label class="l1">元素 1:标签</label>
    <label class="l2">元素 2:标签</label>
    <label class="l3">元素 3:标签</label>
    <label class="l4">元素 4:标签</label>
    <label class="l5">元素 5:标签</label>
    <label class="l6">元素 6:标签</label>
</body>
</html>
```

上述 HTMl 文档在浏览器中显示如图 6-7 所示。

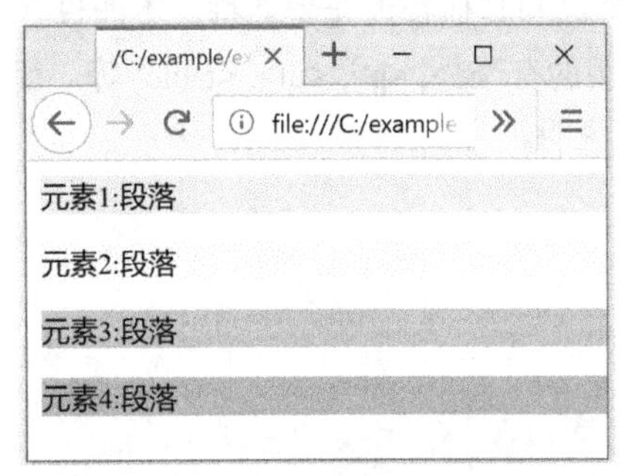

图 6-6　块级元素的标准文档流布局

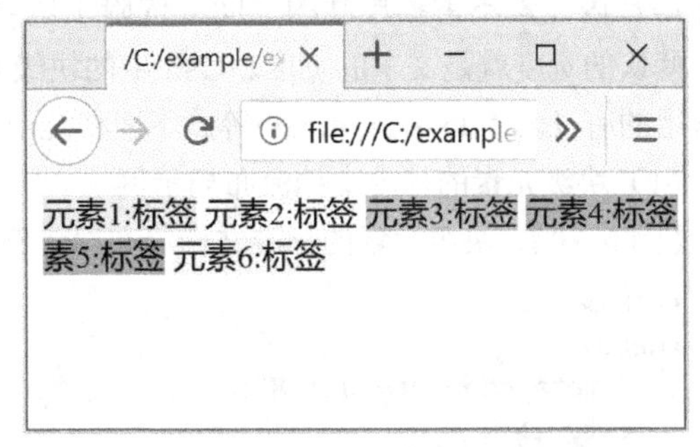

图 6-7　行内元素的标准文档流布局示例

可见，多个行内元素可以从左至右依次排列在页面同一行，当一行排列不下时，自动排列到下一行。

（3）块级元素和行内元素混合排列示例

【例 6-12】 块级元素和行内元素混合排列示例。

```
<html>
<head>
    <meta charset="utf-8">
   <style>
   .p1{background-color: antiquewhite;}
   .p2{background-color:gray;}
   .p3{background-color:chartreuse;}
```

```
    </style>
</head>
<body>
    <p class="p1">元素 1:段落</p >
    <label>元素 2:标签</label>
    <label>元素 3:标签</label>
    <p class="p2">元素 4:段落</p >
    <p class="p3">元素 5:段落</p >
    <label>元素 6:标签</label>
</body>
</html>
```

在上述 HTML 文档中定义了 6 个元素，在浏览器中显示如图 6-8 所示。

分析这样排列的原因：按照默认的文档流规则，先排元素 1，占第一行最左位置，由于元素 1 是块元素，因此独占 1 行。然后排元素 2，元素 2 应该排在元素 1 后面，因为元素 1 占了一行，因此元素 2 排在了第二行最左位置。这时排列元素 3，元素 3 应该排在元素 2 后面，因为元素 2 和 3 都是行内元素，因此可以排在一行。这时排列元素 4，元素 4 应该排在元素 3 的右边，由于 4 是块元素需要独立占据一行，于是元素 4 排在了第三行，同理，元素 5 排在了第四行；元素 6 应该排在元素 5 后面，由于 5 独占了一行，因此元素 6 占据了下一行的最左位置。

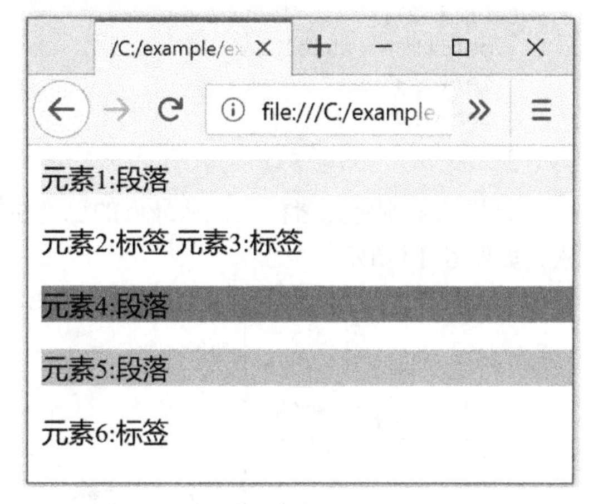

图 6-8 块级元素和行内元素混合排列

2. 相对定位（relative）

对一个元素进行相对定位时，元素首先按照标准文档流进行定位，然后通过设置一个垂直或水平位置，让这个元素“相对于”它的原始位置进行移动。属性包括：left、right、top 及 bottom，说明见表 6-5。

表 6-5 相对定位属性说明

属性	描述
left	新位置相对原始位置的左边界，向右（值为正时）移动
right	新位置相对原始位置的右边界，向左（值为正时）移动
top	新位置相对原始位置的上边界，向下（值为正时）移动
bottom	新位置相对原始位置的下边界，向上（值为正时）移动

比如，设置如下样式规则：

```
#元素框 2 {
  position: relative;
  left: 35px;
  top: 30px;
}
```

该样式规则将元素框 2，从原来的位置向右移动 35 像素，向下移动 30 像素，如图 6-9 所示。

需要注意的是，在相对定位中，位移的参考点是该元素框在标准文档流中的位置，虽然该元素框移动了，但其原始位置将继续保留，因此元素框 3 还是保持其在标准文档流中的位置，并没有因为元素框 2 移走了而向左边移动。

3．绝对定位（absolute）

在绝对定位中，位移的参考点是最近的已定位祖先元素，如果元素没有已定位的祖先元素，那么它的位置相对于最初的包含块，根据浏览器的不同，最初的包含块可能是画布或 HTML 元素。移动后，元素框在标准文档流中的位置不再保留。绝对定位相关的属性包括：left、right、top 及 bottom，和相对定位一致，不再复述，以下面这个样式规则来说明其与相对定位的不同点。

```
#元素框 2 {
  position: absolute;
  left: 35px;
  top: 30px;
}
```

该样式规则将元素框 2，从最近的已定位祖先元素位置向右移动 35 像素，向下移动 30 像素，如图 6-10 所示。

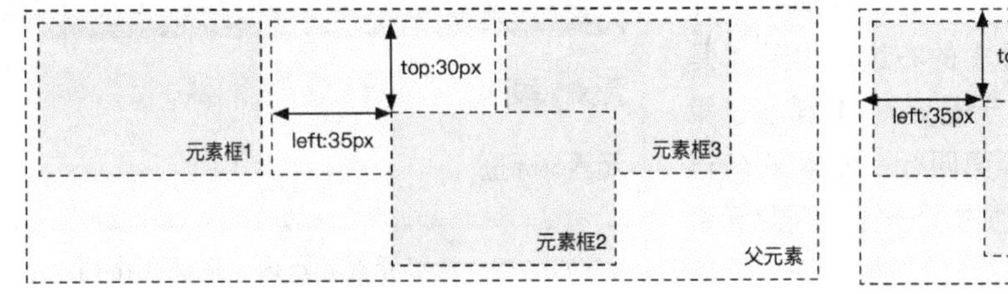

图 6-9　相对定位

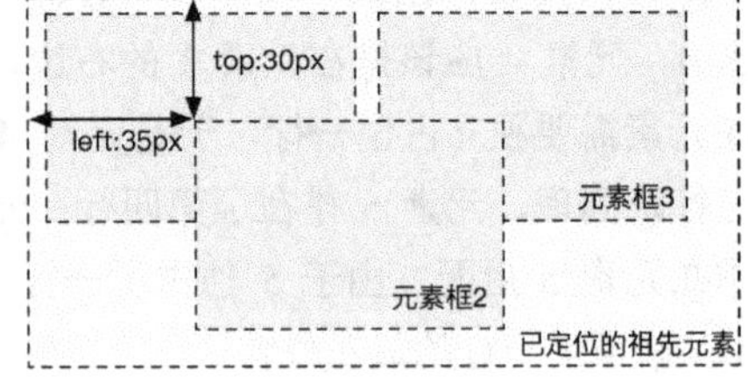

图 6-10　绝对定位

和图 6-9 相比，可以看出两点不同：

1）在绝对定位中，新位置的参考点不再是该元素在标准文档流中的位置，而是已定位祖先元素。

2）元素框 2 移动后，原始位置被元素框 3 占用。

需要注意的是，所谓已定位的祖先元素指的是具有定位属性的最近父元素。

6.3.3　浮动属性（Float）

元素在标准文档流中，遵循从左至右，从上往下的排列顺序，而通过设置元素的浮动样式属性，可以设定让元素脱离标准文档流的管理，向左或向右浮动，直到它的外边缘碰到包含框或另一个浮动框的边框为止。下面举例说明。

【例 6-13】 浮动属性示例。

```
<html>
<head>
    <meta charset="utf-8">
    <style>
        .l1 {
            background-color: antiquewhite;
```

```
            width: 200px;
            height: 100px;
            text-align: center;
        }
        .l2 {

            background-color:darkorange;
            width: 200px;
            height: 100px;
            text-align: center;
        }
        .l3 {
            background-color: cornflowerblue;
            width: 200px;
            height: 100px;
            text-align: center;
        }
    </style>
</head>
<body>
    <div class="l1">元素 1</div>
    <div class="l2">元素 2</div>
    <div class="l3">元素 3</div>
</body>
</html>
```

上述 HTML 文档中一共有 3 个 div 元素，按照默认的标准文档流排列，显示效果如图 6-11 所示。

当为元素 1 添加一条样式声明“float:right;”时，它将脱离标准文档流并且向右移动，直到它的右边缘碰到包含框的右边缘。如图 6-12 所示。

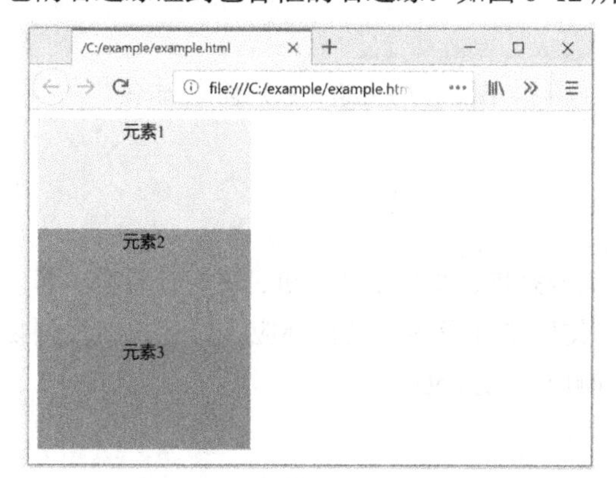

图 6-11　浮动属性示例-元素 1 浮动前

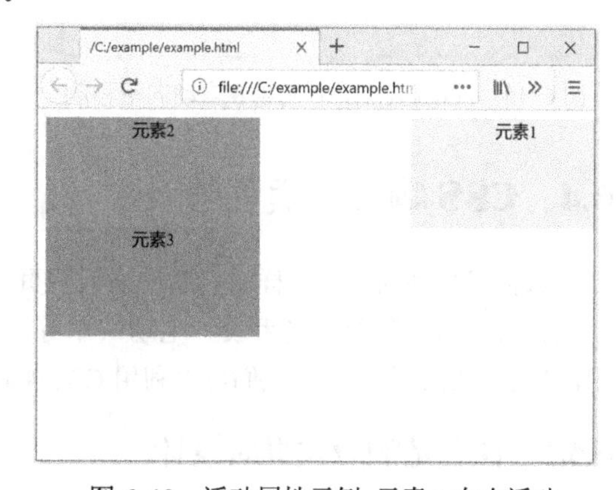

图 6-12　浮动属性示例-元素 1 向右浮动

当为元素框 1 添加一条样式声明“float:left;”时，元素框 1 脱离文档流并且向左移动，直到它的左边缘碰到包含框的左边缘。因为它不再处于文档流中，所以它不占据空间，从而覆盖住了元素框 2，使元素框 2 从视图中消失，如图 6-13 所示。

如果设置 3 个元素都向左浮动，那么元素 1 向左浮动直到碰到包含框，元素 2 向左浮动直到碰到元素 1，元素 3 向左浮动直到碰到元素 2，显示如图 6-14 所示。

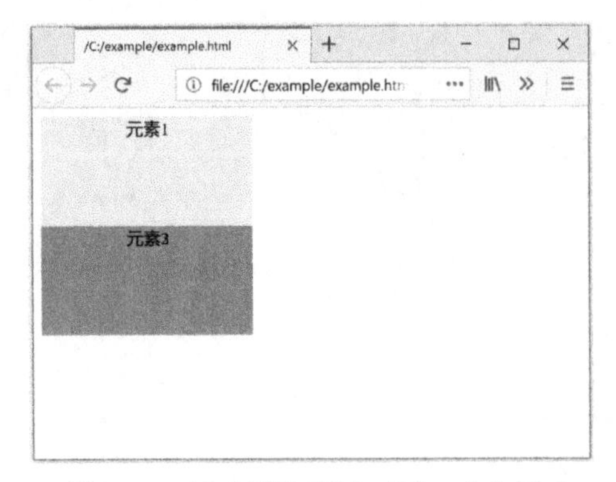

图 6-13　浮动属性示例-元素 1 向左浮动

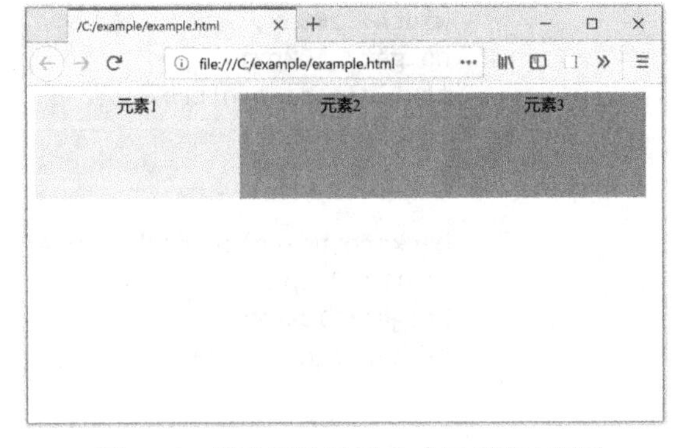

图 6-14　浮动属性示例-3 个元素向左浮动

如果包含框太窄，无法容纳水平排列的 3 个浮动元素，那么其他浮动块向下移动，直到有足够的空间，如图 6-15 所示。

如果浮动元素的高度不同，那么当它们向下移动时可能被其他浮动元素“卡住”，如图 6-16 所示。

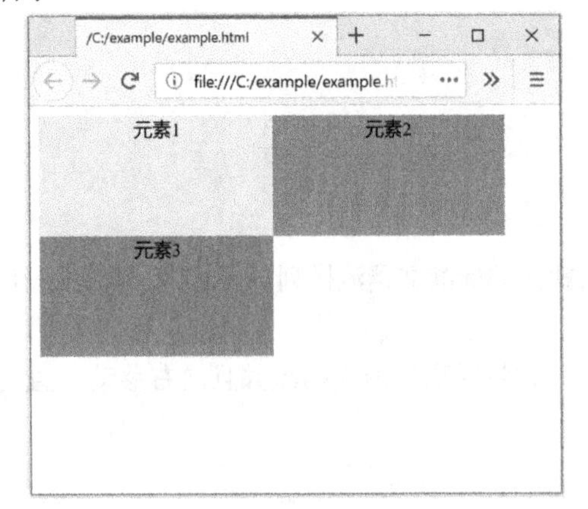

图 6-15　浮动属性示例-元素 3 自动向下移动

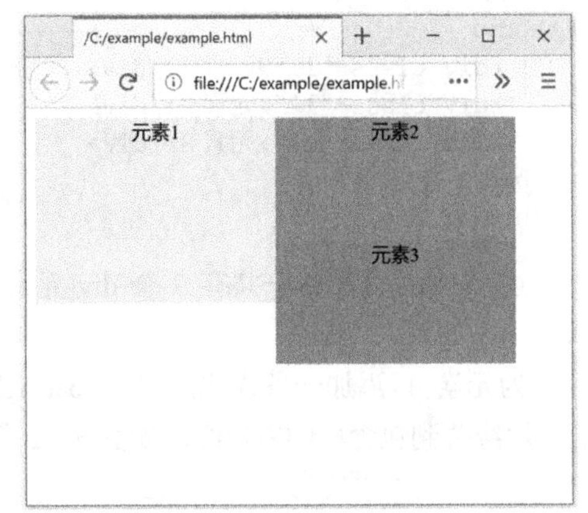

图 6-16　元素 3 被元素 1“卡住”

6.4　CSS 响应式页面设计

人们可以使用多种多样的设备来访问网页，例如台式机、笔记本计算机、平板计算机、智能手机、智能电视甚至智能手表、电动汽车等。无论使用哪种设备，网页都应该看起来美观且易用，为了实现这个目标，我们可以利用 CSS 来进行响应式网页设计。

6.4.1　什么是响应式页面设计

响应式网页设计（Responsive Web design，RWD），是指网页的布局可以“响应”不同尺寸屏幕的设计方法，同一个 Web 页面能随着屏幕尺寸的改变，自适应地改变页面布局，如图 6-17 所示。

此概念于 2010 年 5 月由国外著名网页设计师 Ethan Marcotte 所提出，它的基本理念是页面的设计与开发应当根据用户行为以及设备环境（系统平台、屏幕尺寸、屏幕方向等）进行相应的响应和调整。它提出的背景是当越来越多的人选择使用移动设备而不是传统的桌面设备（台式机、笔记本）来浏览网页时，原先为桌面版浏览器设计的网页在移动端浏览器上无法被正确地显示，人们不得不专门为移动端设备单独设计网页。而 Ethan Marcotte 认为只需要设计一套网页，无论用户正在使用笔记本式计算机还是平板计算机，页面都应该能够自动地调整布局及图片和视频的尺寸，以适应不同设备。

响应式网页设计仅使用 HTML 和 CSS 即可实现，下面就简要介绍相关技术。

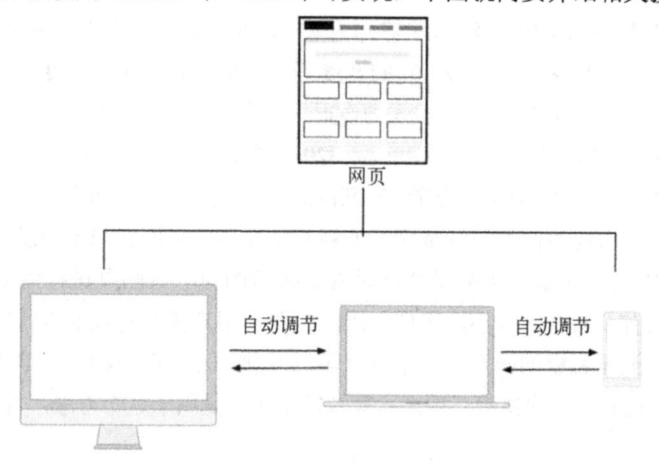

图 6-17 响应式网页设计

6.4.2 响应式网页设计-视口

（1）物理像素和 CSS 像素

像素（pixel，缩写为 px）是图像显示的基本单元，在设备屏幕上显示的每个图像都是由若干个像素组成的，一个尺寸标注为 300×400 像素的图像表明这幅图像的横向有 300 个像素，竖向有 400 个像素。像素可分为物理像素和逻辑像素两类，物理像素是指设备屏幕实际拥有的像素点，主要和硬件相关，在设备出厂后就固定了，不可更改。比如第一代 iPhone 的屏幕在横向有 320 个像素点，竖向有 480 个像素点，合计 320×480 个物理像素（这也称为屏幕的物理分辨率）。

逻辑像素（也可称为显示像素）是软件层面使用的像素，它在最终显示在屏幕上时由相关软件对应为物理像素。例如一台笔记本式计算机的屏幕分辨率为 1920×1080，但是在操作系统层面，我们可以将屏幕设置为 1280×768（这也称为显示分辨率），即屏幕横向显示 1280 个逻辑像素，竖向显示 768 个逻辑像素，大家可以发现，逻辑像素和物理像素不是一一对应的关系。

我们在 CSS 中使用的就是逻辑像素，前面提到的 300×400 像素的图像也是描述的逻辑像素。一般而言，在同一显示设备的不同的显示分辨率下，每个 CSS 像素所代表的物理像素点个数是不同的。在不同的显示设备之间，由于物理分辨率的不同，即使在相同显示分辨率下，每个 CSS 像素所代表的物理像素个数也是不同的。

在屏幕大小相同的情况下，物理分辨率越高，其物理像素点越小，相同分辨率的图像也越小，所以即便是通过 CSS 设置了一个图片的大小，其具体显示出来的尺寸需要结合其显示设备的物理分辨率才能确定。

（2）视口的概念

早期，浏览网页的主要设备还是台式机和笔记本式计算机等常规的桌面设备，网页也是针对桌面设备的大尺寸屏幕设计的，在智能手机诞生之初，手机屏幕普遍较小、处理能力不强，手机上的网页浏览器甚至没法支持完整的 HTML 功能，只能浏览专门为手机设计的 wap 网页。这一切的改变发生在 2007 年，苹果公司推出第一代 iPhone 手机，基于其强大的处理能力，苹果公司准备让 iPhone 提供和桌面设备一样的网页浏览效果，为了解决手机的显示屏幕小于页面设计尺寸的问题，苹果公司首次提出了“Viewport（视口）”的概念，在 iPhone 的内置浏览器 Safari 中定义了 viewport meta 标签，它的作用就是创建出视口来显示网页。

彼得-保罗·科赫（Peter-Paul Koch）在《移动 Web 手册》中提出，视口可以认为有三类，第一类是 Visual Viewport（视觉视口），它的宽度等于设备屏幕的实际宽度。另外一个视口被称为 Layout Viewport（布局视口），它的宽度被人为设置为某个固定尺寸（iPhone 是 980px，这个尺寸接近于当年的主流桌面显示器，但是远大于 iPhone 320px 的实际屏幕宽度），它的作用是完整地加载网页。两者之间的关系如图 6-18 所示。这样当 iPhone 访问网页时，网页首先是加载在布局视口中，因为布局视口宽度接近普通页面的设计宽度，能被正常显示，页面布局不会发生变化，但是没法在 iPhone 的视觉视口中全部显示，浏览器会针对视觉视口的尺寸对网页进行缩放，以显示网页的全貌，但这时网页上的各要素都被缩小，不便于用户浏览，用户需要对页面进行局部放大，并频繁地拉动左右滚动条才能浏览完整的网页。这个方法虽然麻烦一点，但是相比其他手机只能访问简化的手机网页而言，大大提高了用户体验，后续各家智能手机都是用了这个方法，规定了各自的视口。

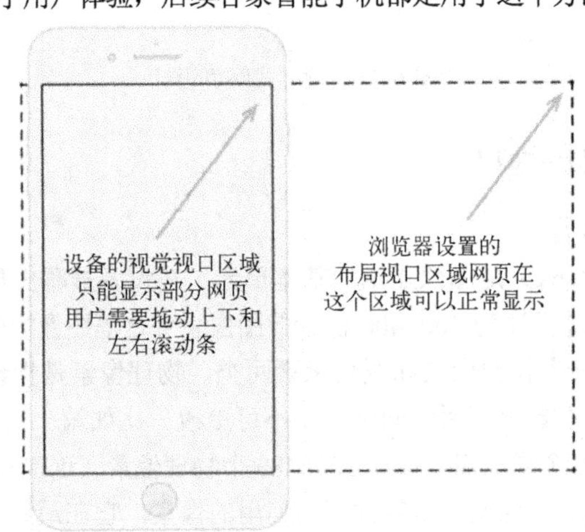

图 6-18　视口的概念

在不同种类的设备上布局视口的宽度是不同的，主要的几个尺寸如表 6-6 所示。

表 6-6　常见设备的布局视口宽度

iPhone	iPad	Android 三星	Opera	Chrome	IE
980	980	800	850	980	974

📖 随着移动智能终端的发展，默认的视口大小也会发生变化，在进行 Web 前端开发时要时刻关注当前主流设备的尺寸，有针对性地做好优化。

（3）问题的解决

为了解决网页缩放问题用到了第三类视口：Ideal Viewport（理想视口），它的宽度被定义为最适合本设备浏览和阅读的宽度的大小，例如 iPhone 就把自己设备的理想视口统一设置为 390px 宽，我们可以通过<meta> 视口元素来将设备的布局视口设置为理想视口。

```
<meta name="viewport" content="width=device-width, initial-scale=1.0">
```

其中，“name='viewport'”指明设置的是设备的布局视口，“width=device-width”指明设置设备的布局视口宽度等于设备的理想视口宽度，这样页面就会以最合适阅读的大小进行显示了。

“initial-scale=1.0”设置当前的布局视口相对设备的理想视口进行的缩放比例，1.0 表示不缩放，即设置的布局视口等于设备的理想视口。

既然功能一样，为什么要同时设置“name="viewport"”和“initial-scale=1.0”呢？这是因为不同浏览器对以上两种方式的支持程度不同，同时使用两种方法可以确保最大的浏览器兼容性。

📖 目前的情况是 iPhone 和 iPad 不支持“width=device-width”，而 IE 不支持“initial-scale=1.0”，Web 前端开发工程师经常做的事情就是针对不同的设备做测试，以便尽可能地发现这种不兼容性。

我们通过实际的例子来理解视口的作用，有如下 Web 页面代码：

```
<!DOCTYPE html>
<html>
<head>
    <meta charset="utf-8">
  <!-- <meta name="viewport" content="width=device-width, initial-scale=1.0"> -->
    <title>Web 前端开发教程</title>
</head>
<body>
    <img src="hyd.jpeg" width="374px">
    <h1>重庆</h1>
    <p>重庆位于中国内陆西南部、长江上游地区。面积 8.24 万平方公里，辖 38 个区县（26 区、8 县、4 自治县）。常住人口 3205.4 万人、城镇化率 69.46%。人口以…（由于篇幅原因略掉部分简介）
    </p>
    </div>
</body>
</html>
```

我们通过手机去访问该页面时，由于没有添加对视口宽度的设置，手机先将网页加载到布局视口（默认宽度为 980px），然后缩放到视觉视口的大小去显示（目前最新的手机屏幕的宽度已经大于 980px，不需要再缩小了），效果如图 6-19 所示，由于手机屏幕尺寸远小于桌面设备，同样的分辨率下图片字体看起来非常小，不便于阅读。我们去掉上面代码中第二个<meta>的注解后再次用手机去访问，这时手机的布局视口宽度被设置为了 390px（手机默认的理想视口宽度），效果如图 6-20 所示，这时图片和字体显示就适合用户阅读了。

6.4.3　响应式网页设计-网格视图

通过设置视口，只是解决了响应式网页设计的第一步问题：确定一个合适的显示宽度，但是如何让网页根据设置的宽度进行响应，动态改变布局，还需要用到网格视图的帮助。网格视图并不是一种新的 CSS 属性，而是一种编程的技巧或者说是一种开发方法，它是把网页人为地平均划分为 12 个列，在进行页面元素布局时，不是设置元素具体的宽度，而是指明该元素宽度占几个列，这样的好处有两个，一个是当页面元素较多时，不必每次都去计算各元素具体的占比，而只需要制定占 12 列中的几列即可，相对比较方便和直观，第二个是页面元素宽度是按占比算的，当页面大小发生改变时，各元素也会自动地调整。以图 6-21 为例，网页的标题区域占了 12 列，边栏区域占了 4 列，主区域占了 8 列。我们要实现图 6-21 的效果，我们先定义 12 个类选择器，分别指定每个类所占据的列数，代码如下。

图 6-19　布局视口显示

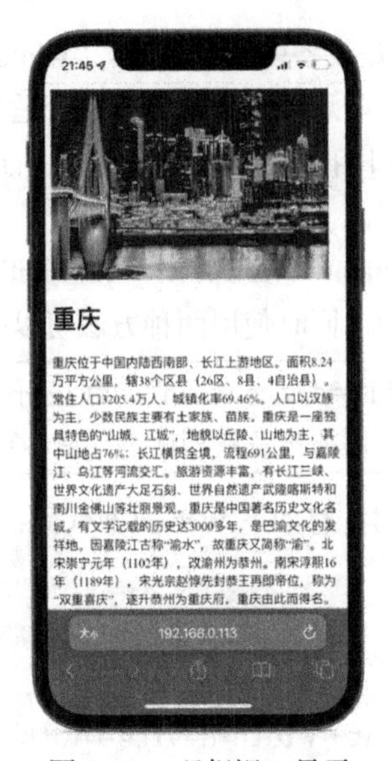

图 6-20　理想视口显示

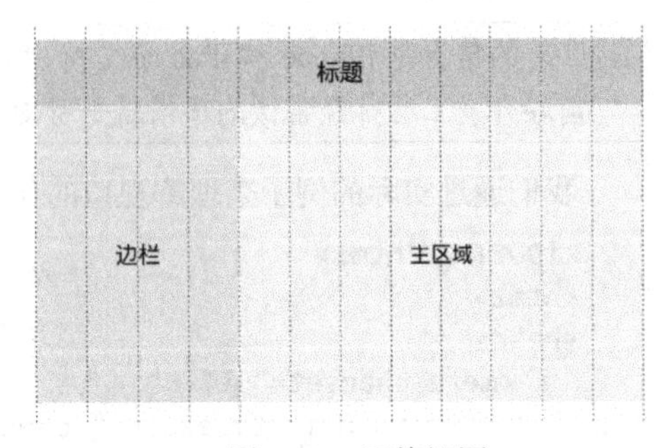

图 6-21　网格视图

```
.col-1 {width: 8.33%;}
.col-2 {width: 16.66%;}
.col-3 {width: 25%;}
.col-4 {width: 33.33%;}
.col-5 {width: 41.66%;}
.col-6 {width: 50%;}
.col-7 {width: 58.33%;}
.col-8 {width: 66.66%;}
.col-9 {width: 75%;}
.col-10 {width: 83.33%;}
.col-11 {width: 91.66%;}
.col-12 {width: 100%;}
```

然后设置所有这些列应向左浮动，并带有 15px 的内边距：

```
[class*="col-"] {
  float: left;
  padding: 15px;
  border: 1px solid red;
}
```

最后定义三个<div>分别代表标题区域、边栏区域和主区域，核心代码如下：

```
<body>
    <div class="Header col-12">
      标题
    </div>
    <div class="row">
        <div class="col-4 Aside">
          边栏
        </div>
        <div class="col-8 Main">
          主区域
        </div>
```

```
    </div>
</body>
```

其中，<div class="Header col-12">指定该<div>作为标题区域，占据 12 列，也就是与页面等宽；<div class="col-4 Aside">指定该<div>作为边栏区域，占据 4 列；<div class="col-8 Main">指定该<div>作为主区域，占据 8 列。

该例的完整代码如下。

【例 6-14】 网格视图示例。

```
<!DOCTYPE html>
<html>
<head>
    <meta name="viewport" content="width=device-width, initial-scale=1.0">
    <meta charset="utf-8">
    <title>Web 前端开发教程</title>
    <style>
        * {
            box-sizing: border-box;
        }
        [class*="col-"] {
            float: left;
            padding: 15px;
        }
        .col-1 { width: 8.33%;}
        .col-2 {width: 16.66%;}
        .col-3 {width: 25%;}
        .col-4 { width: 33.33%;}
        .col-5 { width: 41.66%;}
        .col-6 {width: 50%;}
        .col-7 {width: 58.33%;}
        .col-8 {width: 66.66%;}
        .col-9 {width: 75%;}
        .col-10 {width: 83.33%;}
        .col-11 {width: 91.66%;}
        .col-12 {width: 100%;}
        html {
            font-family: "Lucida Sans", sans-serif;
            font-size: 25px;
        }
        .Header {
            background-color: #9eafc3;
            color:black;
            padding: 15px;
          text-align: center;
        }

        .Aside {
            padding: 8px;
            margin-bottom: 7px;
            background-color: #d2dce7;
            color:black;
            height: 400px;
```

```
            line-height:400px ;
            text-align: center;
        }
        .Main  {
            padding: 8px;
            margin-bottom: 7px;
            background-color: #e8eefc;
            color:black;
            height: 400px;
            line-height:400px ;
            text-align: center;
        }
    </style>
</head>
<body>
    <div class="Header col-12">
      标题
    </div>
    <div class="row">
        <div class="col-4 Aside">
          边栏
        </div>
        <div class="col-8 Main">
          主区域
        </div>
    </div>
</body>
</html>
```

在浏览器中显示该页面，效果如图 6-22 所示，可以调整下浏览器宽度，看看页面布局有什么变化。

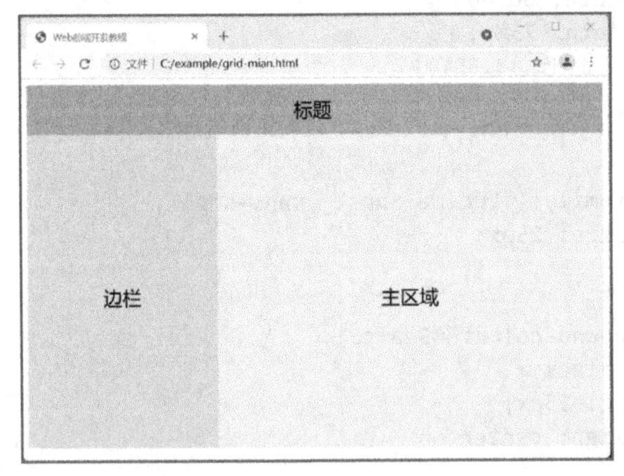

图 6-22　网格布局案例

6.4.4　响应式网页设计-媒体查询

应用了网格视图还不能完全实现响应式网页设计，因为应用了网格视图编写的页面，当页面宽度变化时，网页各要素也等比例改变。但是当网页变窄到一定程度时，页面内的元素布局就会发生变化，看起来没有那么美观了，如图 6-23 和图 6-24 所示，页面宽度变小后，边栏中的文字出现了换行。为了实现页面布局的自动调整，我们还需要另外一种 CSS 技术——媒体查询。

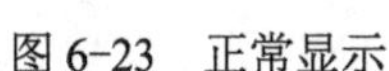
图 6-23 正常显示

图 6-24 缩放显示

什么是媒体查询？媒体查询是 CSS3 中引入的一种 CSS 技术，能为不同的媒体类型/设备应用不同的样式。媒体查询由媒体类型和一个或多个检测媒体特性的条件表达式组成。具体的语法如下：

```
@media only|not mediatype and (mediafeature and|or|not mediafeature) {
  CSS-Code;
}
```

其中，关键字 mediatype 是媒体类型，媒体查询支持的媒体见表 6-7。

表 6-7 支持的媒体

值	描述
all	用于所有媒体类型设备
print	用于打印机
screen	用于计算机屏幕、平板计算机、智能手机等
speech	用于大声“读出”页面的屏幕阅读器

关键字 Mediafeature 为媒体特性，常用的媒体特性见表 6-8。

表 6-8 媒体特性

值	描述
height	视口（Viewport）的高度
max-width	显示区域的最大宽度，例如浏览器窗口
min-height	显示区域的最小高度，例如浏览器窗口
width	视口（Viewport）的宽度

关键字 and 为逻辑操作符，用于合并体类型和媒体属性，以及多个媒体属性，例如：

```
@media screen and (max-width: 500px) {
  div.example {
    display: none;
```

```
    }
```

上面的示例会应用于浏览器的宽度不大于 500px 的屏幕设备，样式是隐藏 div 元素。

关键字 not 用于表示否定条件，必须加在媒体声明前面，例如：

```
@media not screen and (monochrome)
```

上面的示例会应用于除单色屏幕外的所有设备。

关键字 only 用于向早期浏览器隐藏媒体查询，避免出现兼容性问题。类似于 not，该关键字必须位于声明的开头。

利用媒体查询，就能解决本节开始时提到的问题，方法是当屏幕宽度小于特定值时，改变页面元素的样式。我们可以向页面添加如下代码：

```
@media only screen and (max-width: 768px) {
  /* 针对手机： */
  [class*="col-"] {
    width: 100%;
    padding: 0px;
  }
}
```

上面的示例会在屏幕宽度小于 768px 时，使各 div 的宽度变为 100%。完整的代码我们将在本章的章节案例中详细讲解，最终实现的效果如图 6-25 所示。

由上图可见，当屏幕变小时，导航栏的样式发生了改变，不会再出现图 6-24 所示字体换行的问题了。

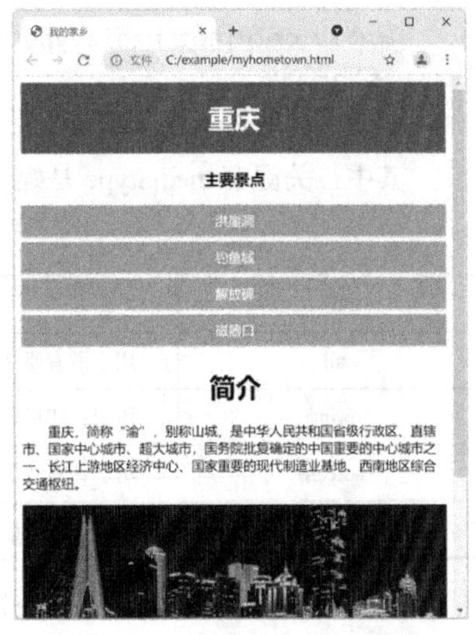

图 6-25　利用媒体查询的页面

6.5　CSS3 新特性

CSS3（Cascading Style Sheets Level 3）是 CSS2 的升级版本，3 是版本号，于 1999 年开始制定，2001 年 5 月 23 日完成了工作草案，目前仍然处于开发阶段，不过，目前最新的浏览器已经实现了相当多的 CSS3 属性。

CSS3 在 CSS2 的基础上增加了很多强大的新功能，下面就常用的一些样式属性做一个简要介绍。

6.5.1　CSS3 新的边框属性

CSS3 带来了三种新的边框属性，分别是圆角边框、边框阴影及图片边框。

1. 圆角边框

可通过 CSS3 的 border-radius 属性为边框设置圆角样式，其样式声明如下：

```
div{border-style: solid;border-width: 2px;border-radius: 15px;}
```

显示效果如图 6-26 所示。

2. 边框阴影

可通过 CSS3 的 box-shadow 属性为边框设置阴影，其样式声明如下：

```
div {border-style: solid;border-swidth: 2px;box-shadow: 10px 10px 5px 4px #888888;}
```

box-shadow 可选的属性值见表 6-9：

表 6-9　box-shadow 属性

值	描述
h-shadow	必需值，用于设置水平阴影的位置。允许负值
v-shadow	必需值，用于设置垂直阴影的位置。允许负值
blur	可选值，用于设置模糊距离
spread	可选值，用于设置阴影的尺寸
color	可选值，用于设置阴影的颜色。具体赋值请参阅 CSS 颜色值
inset	可选值，将外部阴影（outset）改为内部阴影

显示效果如图 6-27 所示。

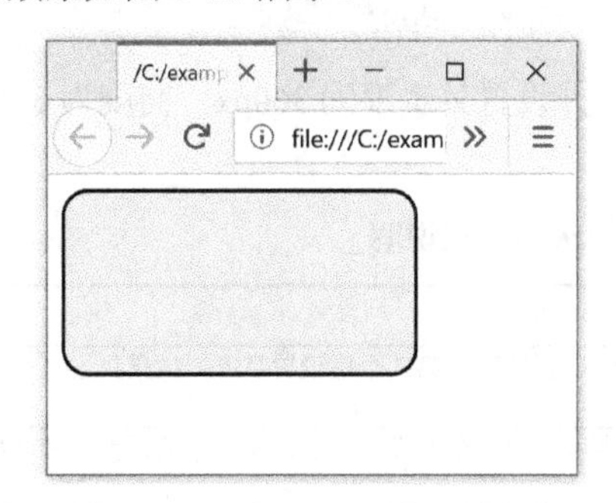

图 6-26　为 div 创建圆角边框

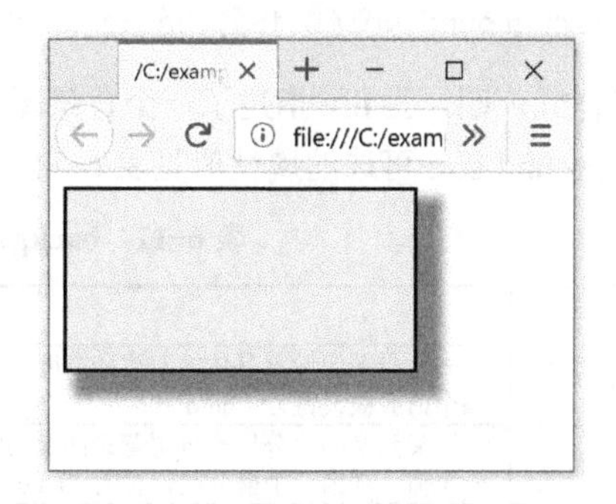

图 6-27　为 div 创建边框阴影

3. 图片边框

通过 CSS3 的 border-image 属性，可以使用图片来创建边框，样式声明如下：

```
div {
width: 150px;
height: 200px;
border-style: solid;
border-width: 15px;
border-image: url(border.png) 30 30 round;
}
```

属性值的含义见表 6-10。

表 6-10　border-image 属性值说明

值	描述
border-image-source	图片边框的路径
border-image-slice	图片边框向内偏移
border-image-width	图片边框的宽度
border-image-outset	边框图像区域超出边框的量
border-image-repeat	边框图像是否应平铺（repeated）、铺满（rounded）或拉伸（stretched）

显示效果如图 6-28 所示。

图 6-28　为 div 创建图片边框

6.5.2　CSS3 新的背景属性

CSS3 带来了多个新的背景属性，支持对背景进行更复杂的设置，具体包括：background-size、background-origin、background-clip 以及多重背景图片。

1. background-size

在 CSS3 之前，背景图片的尺寸是由图片的实际尺寸决定的。在 CSS3 中，可以设定背景图片的尺寸，能够以像素或百分比设定尺寸。如果以百分比设定尺寸，那么尺寸相对于父元素的宽度和高度。

样式声明如下：

```
div{background:url(t.jpg);background-size:360px 300px;}
```

上述样式声明，为 div 指定了一个背景图 t.jpg，并设置其宽度为 360px，高度为 300px。Background-size 可选的属性值见表 6-11。

表 6-11　background-size 属性值说明

值	描述
length	为背景图像设置具体的宽度和高度。第一个值设置宽度，第二个值设置高度，如果只设置一个值，则第二个值会被设置为“auto”
percentage	以父元素的百分比来设置背景图像的宽度和高度。第一个值设置宽度，第二个值设置高度。如果只设置一个值，则第二个值会被设置为“auto”
cover	填充模式，保持像素的长宽比的前提下，调整图片大小以填满元素。背景图像的某些部分也许无法完全显示
contain	包含模式，在保持像素的长宽比的条件下调整图片大小，以便在元素中完整显示（比例不变）

下面给出一个综合应用的例子。

【例 6-15】 背景属性综合展示。

```
<html>
<head>
    <meta charset=”utf-8”>
    <style>
        div {
            background: url(strawberry.jpg);
            width: 300px;
            height: 200px;
            background-repeat: no-repeat;
            font-size: large;
            float: left;
            border-style: solid;
            border-width: 1px;
            border-color: black;
            margin: 1px;
        }
        .length {
            background-size: 300px 200px;
```

```
        }
        .percentage {
            background-size: 50%;
        }
        .cover {
            background-size: cover;
        }
        .contain {
            background-size: contain;
        }
    </style>
</head>
<body>
    <div class="length">length</div>
    <div class="percentage">percentage</div>
    <div class="cover">cover</div>
    <div class="contain">contain</div>
</body>
</html>
```

在上述示例中，定义了 4 个 div，每个 div 都将 strawberry.jpg 作为背景图像，在第一个 div 中设置图像为 300px 高 200px 宽，在第二个 div 中设置图像宽度为 50%，宽度自适应，在第三个 div 中设置背景图像为填充，在第四个 div 中设置背景图像为包含模式。实际显示效果如图 6-29 所示。

2．background-origin

在 CSS3 中，可以通过 background-origin 属性设定背景图片的显示区域，显示区域分为 content-box、padding-box 及 border-box 三块，如图 6-30 所示。

图 6-29 背景属性展示

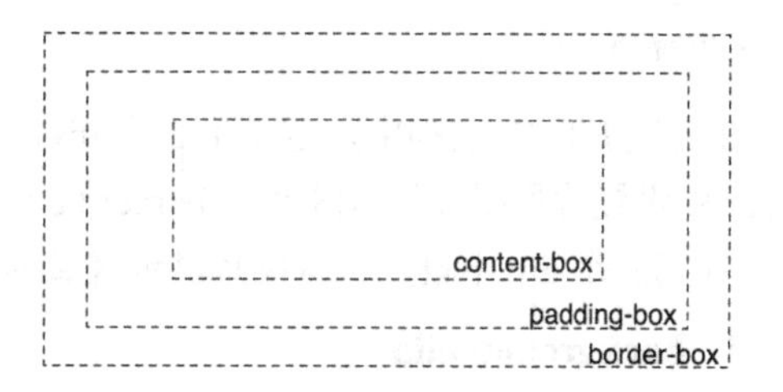

图 6-30 background-origin 显示区域

将背景图片的显示区域与元素框相对比可以看出，content-box 相当于元素框中的内容区域，padding-box 相当于内容区域加上内边距，border-box 相当于元素框中元素的显示区域。

下面给出一个综合应用的例子。

【例 6-16】 background-origin 应用示例。

```
<html>
<head>
    <meta charset="utf-8">
```

```
    <style>
        div {
            background: url(strawberry.jpg);
            width: 100px;
            height: 100px;
            background-repeat: no-repeat;
            font-size: large;
            float: left;
            border-style:double;
            border-width: 15px;
            border-color: black;
            margin: 10px;
            padding: 10px;
        }
        .border-box {
            background-size: cover;
            background-origin:border-box;
        }
        .content-box {
            background-size: cover;
            background-origin:content-box;
        }
        .padding-box {
            background-origin:padding-box;
            background-size: cover;
        }
    </style>
</head>
<body>
    <div class="border-box">内容内容内容内容内容内容内容内容内容内容</div>
    <div class="content-box">内容内容内容内容内容内容内容内容内容内容</div>
    <div class="padding-box">内容内容内容内容内容内容内容内容内容内容</div>
</body>
</html>
```

在上述 HTML 文档中，定义了 3 个 div，每个 div 都将 strawberry.jpg 作为背景图像，在第一个 div 中设置背景图片显示区域为 border-box，在第二个 div 中设置背景图片显示区域为 content-box，在第三个 div 中设置背景图片显示区域为 padding-box，实际显示效果如图 6-31 所示。

3．background-clip

与 background-origin 一样，可以通过 background-clip 属性设定背景色的绘制区域为 content-box、padding-box 或 border-box，而在 CSS2 中，背景色默认绘制在 border-box 区域。

4．多重背景图片

在 CSS3 中，允许为元素使用多个背景图像，其样式声明如下：

```
background-image:url(border.png),url(strawberry.jpg);
```

显示效果如图 6-32 所示。

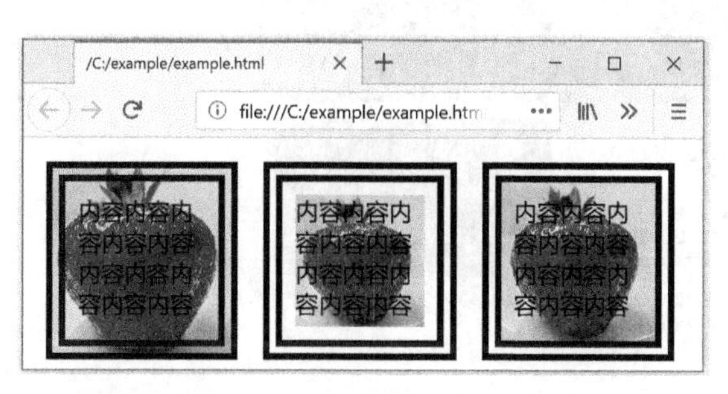

图 6-31　background-origin 不同属性的区别

图 6-32　多重背景图

6.5.3　CSS3 文本阴影

在 CSS3 中可为文本添加阴影，方法如下：

```
label{text-shadow: 5px 5px 1px #0094ff;}
```

显示效果如图 6-33 所示。

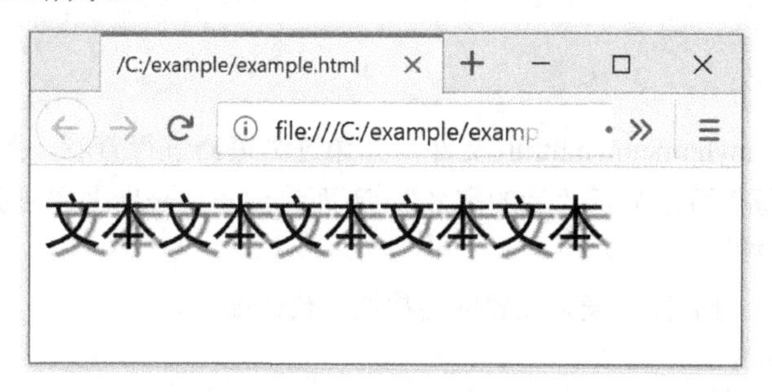

图 6-33　文本阴影示例

text-shadow 可选的属性值如表 6-12 所示。

表 6-12　text-shadow 属性说明

值	描述
h-shadow	必需值，用于设置水平阴影的位置。允许负值
v-shadow	必需值，用于设置垂直阴影的位置。允许负值
blur	可选值，用于设置模糊距离
color	可选值，用于设置阴影的颜色。具体赋值请参阅 CSS 颜色值

6.6　案例——响应式布局

本节将利用所学 CSS 知识实现一个具有响应式布局的 Web 页面，基本布局包含标题区、边栏、主区域及图片区，布局能根据浏览器的宽度进行响应，案例最终效果如图 6-34 所示。

首先，需要使用 HTML 代码来构建登录框的基本结构，然后使用 CSS 来设置显示效果。

我们先构建一个基础的 HTML 页面框架，代码如下。

图 6-34　页面效果

```
<html>
<head>
    <meta charset="UTF-8">
    <title>我的家乡</title>
</head>
<body>
</body>
</html>
```

将该代码保存为 myhometown.html 文件，并通过浏览器进行查看，此时页面上没有任何显示，只会在浏览器的标签页上显示“我的家乡”，下面我们一步一步来完成页面的编写。

（1）设置网格视图

我们通过添加一个内嵌样式表来设置网格视图，代码如下。

```
<head>
    <meta charset="UTF-8">
    <title>我的家乡
    </title>
    <style>
        .col-1 {width: 8.33%;}
        .col-2 {width: 16.66%;}
        .col-3 {width: 25%;}
        .col-4 {width: 33.33%;}
        .col-5 {width: 41.66%;}
        .col-6 {width: 50%;}
        .col-7 {width: 58.33%;}
        .col-8 {width: 66.66%;}
        .col-9 {width: 75%;}
        .col-10 {width: 83.33%;}
        .col-11 {width: 91.66%;}
        .col-12 {width: 100%;}
        [class*="col-"] {
            float: left;
            padding: 15px;
        }
    </style>
```

```
</head>
```

（2）设置页面整体框架

我们在<body>元素中添加 5 个<div>，其中，第一个<div>设置其类名为“header”及“col-12”，作为页面的标题区，并让其占据整个页面的宽度。第二个<div>设置其类名为“row”，作用是容纳后面的 3 个<div>，让其能排列在一行，它的宽度也是 100%宽；在第二个<div>中添加第三个<div>，并设置其类名为“menu”及“col-2”，作为页面的边栏区，并设置其宽度占整个页面的 2/12；在后面添加第四个<div>，并设置其类名为“Main”及“col-5”，作为页面的主区域，并设置其宽度为整个页面的 5/12；再继续添加第五个<div>，设置其类名为“col-5”及“image”，作为页面的图片区，并设置其宽度占整个页面宽度的 5/12。相关代码如下。

```
<body>
<div class="header col-12" >
<h1>重庆</h1>
</div>
<div class="row">
<div class="col-2 menu">
    <h3>主要景点</h3>
<ul>
<li>洪崖洞</li>
<li>钓鱼城</li>
<li>解放碑</li>
<li>磁器口</li>
</ul>
</div>
<div class="col-5 Main">
<h1>简介</h1>
<p>重庆，简称“渝”，别称山城，是中华人民共和国省级行政区、直辖市、国家中心城市、超大城市，国务院批复确定的中国重要的中心城市之一、长江上游地区经济中心、国家重要的现代制造业基地、西南地区综合交通枢纽。</p>
</div>
<div class="col-5 image">
   <img src="hyd.jpeg"  width="100%">
    </div>
</div>
</body>
```

在前面介绍 HTML 时，提到可以为元素添加 class 的属性，我们之前的例子都是一个类名，而实际上我们可以为同一个元素添加多个类名，多个类名之间用空格分隔即可，这样写的目的是便于 CSS 的模块化设计，可以减少 CSS 的重复代码，提高类的复用性。

这里还需要加入一个重要的样式：

```
* {
        box-sizing: border-box;
    }
```

*表示选择所有元素，值得注意的是 box-sizing 属性，box-sizing 属性定义了浏览器应该如何计算一个元素的总宽度和总高度，我们这里为属性指定值为“border-box”，这表明设置的边框和内边距的值是包含在 width 内的。也就是说，如果将一个元素的 width 设为 100px，那么这 100px 会包含它的边框和内边距，内容区的实际宽度是 width 减去 border 和 padding 的值。大多数情况

下，这使得我们更容易地设定一个元素的宽和高。

截至目前，我们完成了页面框架的布局，通过浏览器访问效果如图 6-35 所示，下面我们为各元素添加样式。

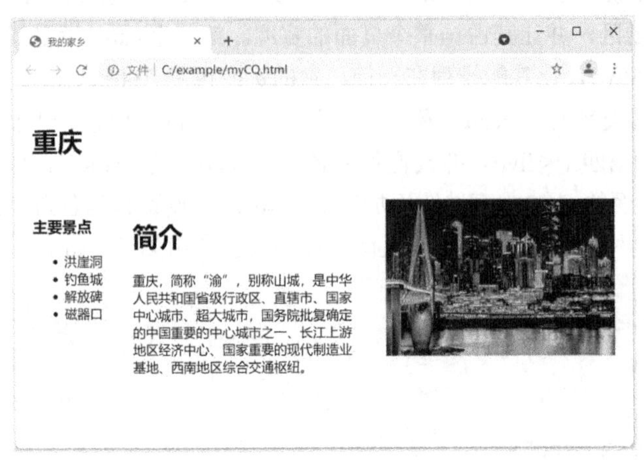

图 6-35　页面显示效果

为全体<div>中的内容设置居中。

```
div{
    text-align: center;
}
```

为标题区设置样式，主要包括设置背景色、文本色及内边距。

```
.header {
    background-color: #2b5cac;
    color: #ffffff;
    padding: 15px;
}
```

为边栏中的导航区设置样式。

```
.menu ul {
    list-style-type: none;
    margin: 0;
    padding: 0;
}
.menu li {
    padding: 8px;
    margin-bottom: 7px;
    background-color :#ef8b33;
    color: #ffffff;
    box-shadow: 0 1px 3px rgba(0,0,0,0.12), 0 1px 2px rgba(0,0,0,0.24);
}
.menu li:hover {
    background-color: #95bef9;
}
```

为主区域设置左对齐和首行缩进。

```
p {
```

```
        text-align: left;
        text-indent:2em;
    }
```

加入媒体查询：

```
@media only screen and (max-width: 768px) {

        /* 针对手机等小屏幕设备*/
        [class*="col-"] {
            width: 100%;
            padding: 0px;
        }
    }
```

加入视口的设置：

```
<meta name="viewport" content="width=device-width, initial-scale=1.0">
```

至此，我们完成了页面的美化工作，完整的页面代码如下。

```
<html>
<head>
    <meta charset="UTF-8">
    <meta name="viewport" content="width=device-width, initial-scale=1.0">
    <title>我的家乡
    </title>
    <style>
        * { box-sizing: border-box;}
        .col-1 {width: 8.33%;}
        .col-2 {width: 16.66%;}
        .col-3 {width: 25%;}
        .col-4 {width: 33.33%;}
        .col-5 {width: 41.66%;}
        .col-6 {width: 50%;}
        .col-7 {width: 58.33%;}
        .col-8 {width: 66.66%;}
        .col-9 {width: 75%;}
        .col-10 {width: 83.33%;}
        .col-11 {width: 91.66%;}
        .col-12 {width: 100%;}
        [class*="col-"] {
            float: left;
            padding: 15px;
        }
        div {
            text-align: center;
        }
        .header {
            background-color: #2b5cac;
            color: #ffffff;
            padding: 15px;
        }
        .menu ul {
            list-style-type: none;
```

```
            margin: 0;
            padding: 0;
        }
        .menu li {
            padding: 8px;
            margin-bottom: 7px;
            background-color: #ef8b33;
            color: #ffffff;
            box-shadow: 0 1px 3px rgba(0, 0, 0, 0.12), 0 1px 2px rgba(0, 0, 0, 0.24);
        }
        .menu li:hover {
            background-color: #95bef9;
        }
        p {
            text-align: left;
            text-indent: 2em;
        }
        @media only screen and (max-width: 768px) {

            /* 针对手机 */
            [class*="col-"] {
                width: 100%;
                padding: 0px;
            }
        }
    </style>
</head>
<body>
    <div class="header col-12">
        <h1>重庆</h1>
    </div>
    <div class="row">
        <div class="col-2 menu">
            <h3>主要景点</h3>
            <ul>
                <li>洪崖洞</li>
                <li>钓鱼城</li>
                <li>解放碑</li>
                <li>磁器口</li>
            </ul>
        </div>
        <div class="col-5 Main">
            <h1>简介</h1>
            <p>重庆，简称“渝”，别称山城，是中华人民共和国省级行政区、直辖市、国家中心城市、超大城市，国务院批复确定的中国重要的中心城市之一、长江上游地区经济中心、国家重要的现代制造业基地、西南地区综合交通枢纽。</p>
        </div>
        <div class="col-5">
            <img src="city.jpg" width="100%">
        </div>
    </div>
</body>
</html>
```

通过桌面浏览器打开该页面，显示效果应如图 6-34 所示，在手机上浏览该页面，显示效果应该如图 6-36 所示，可见，同一页面，根据不同的设备自适应地改变页面布局，从而实现了响应式的布局效果。

图 6-36　在手机上显示的效果

习题

1．下列哪个属性能够设置盒模型的左侧外边距？（　　）

A．margin:　　B．indent:

C．margin-left:　　D．text-indent:

2．CSS 中，盒模型的属性包括（　　）（多选）。

A．font　　B．margin

C．padding　　D．visible

E．border

3．CSS 样式表不可能实现（　　）功能。

A．将格式和结构分离　　B．一个 CSS 文件控制多个网页

C．控制图片的精确位置　　D．兼容所有的浏览器

第 7 章 CSS 综合案例——计算器

本章将结合前面学习的 HTML 及 CSS 知识，完整地介绍如何一步一步构建一个具有复杂样式的 Web 页面。这里我们参考某品牌手机内置的计算器应用界面来构建一个基于 Web 的计算器，看看能否利用 HTML 和 CSS 尽可能地实现相同的界面显示效果。通过该综合案例的练习，能较好地掌握利用 CSS 进行样式设置的基本方法。

7.1 计算器的设计

在使用 CSS 设置样式之前，需要利用 HTML 绘制出计算器的基本结构。我们要实现的目标如图 7-1 所示。

从图 7-1 可以看出该计算器由主要由标题、显示框、按钮等界面要素组成，我们可以先使用 HTML 的<lable>元素、<input>元素、<button>元素来实现基本布局，然后利用 CSS 为其设置样式。

7.1.1 页面原型设计

在进行 Web 前端开发时，一个比较好的习惯是先绘制一个原型图，通过原型图来分析 HTML 页面的组成元素及其布局方式。绘制原型图的工具很多，可以使用任意的绘图工具来画图，也可以使用专门的原型设计工具。通过原型图可以让我们在不编写代码的情况下快速地绘制 Web 页面的最终呈现效果，以便验证页面设计理念，快速地进行修改。本案例的页面原型设计图如图 7-2 所示。

图 7-1 计算器参考界面

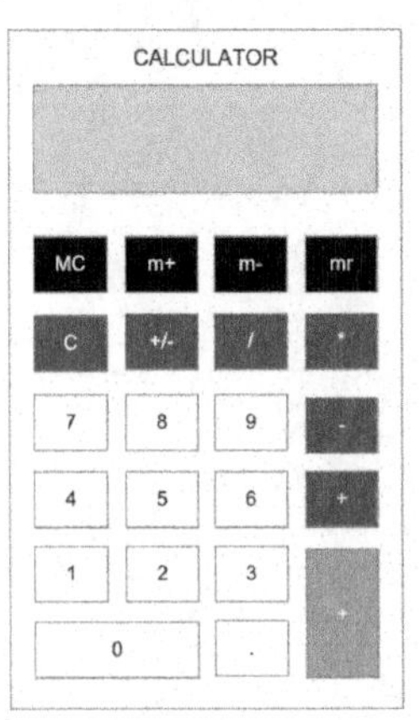

图 7-2 页面原型设计图

由上图可以看出，在绘制原型图时我们可以直接输入文字来代表<lable>元素，用矩形框来代表<input>元素及<button>元素，并通过简单的填充色来赋予原型图简单的样式，这相比真正编写 HTML 代码而言要方便许多，在以后编写更为复杂的页面时，这种优势将更加明显。利用绘图工具实际上可以将原型图绘制得与最终 Web 页面呈现效果一模一样，但是在本例中，我们只是希望通过原型图来辅助 HTML 页面的编写，因此，简单的框图和颜色填充已经可以满足要求，我们可以进行到下一步，着手编写 HTML 代码。

📖 有的软件公司，页面的原型设计工作是交给专门的美工去做的，他们只需要考虑如何布局能使得页面更加美观而不用考虑具体如何用 HTML 代码去实现，而由程序员进行原型系统设计也有其优势，那就是在设计时就会考虑后期如何实现，不会出现“绘制两条相交的平行线”的问题。

7.1.2　计算器页面布局

借助原型图可以分析得出，为了绘制出计算器，我们可以添加一个<div>元素来作为计算器的主体，然后在<div>元素中放置一个<lable>元素来显示标题，用一个<input>元素来显示数字，最后放置 22 个<button>元素来作为计算器的按钮。

<lable>与<input>元素的布局相对简单，它们只是上下排列即可，22 个<button>元素的布局就相对复杂，这里介绍一种在 Web 前端开发中常用的一种布局技巧：当有多个元素需要进行复制排列时，我们通常利用 HTML 的<table>元素的行和列来辅助布局，例如为了实现计算器的布局，我们可以绘制一个 7 行 4 列的表格，如图 7-3 所示。然后分别合并第 1 行的 1～4 列，第 7 行的 1、2 列，以及第 6、7 行的 4 列，最终效果如图 7-4 所示。

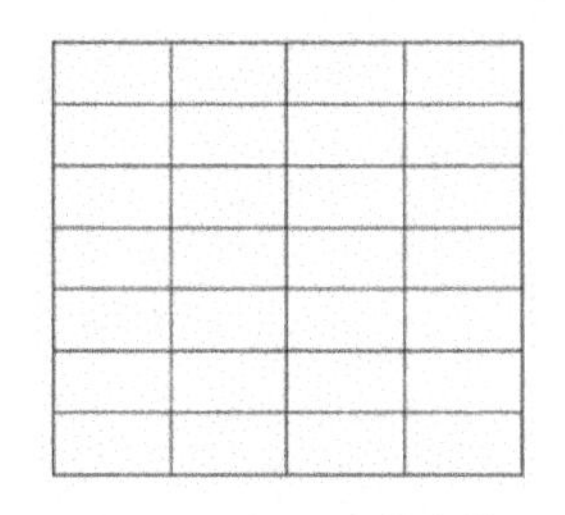

图 7-3　布局用的表格

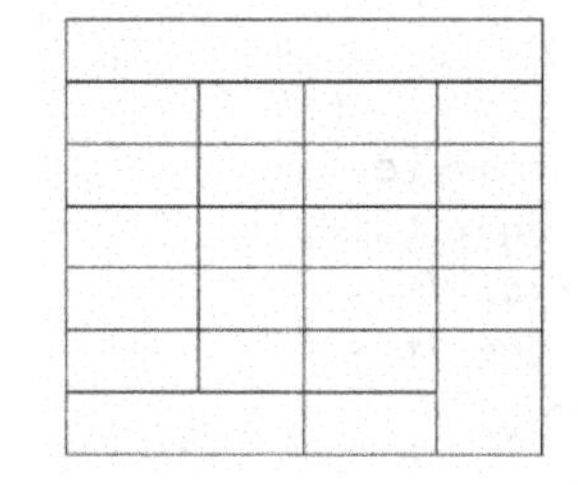

图 7-4　合并后的表格

这样在第 1 行中放入<lable>与<input>元素，在剩余的每个方框中放入一个<button>元素，后续只需要设置表格整体、表格的各行、表格的各列、表格的各单元格大小，即可实现所需的界面布局。

📖 利用 HTML 的 Table 来进行定位是 Web 前端开发者普遍采用的小技巧，其产生的时间早于 CSS 诞生的时间，在 CSS 广泛应用之后，利用<div>元素来进行定位逐渐代替了 Table，但对于初学者而言，先利用 Table 实现界面的大致布局，再使用 CSS 去调整细节也许是更加高效的方式。在完成了整个案例后，希望读者能考虑，不用 Table，只用<div>元素该如何去实现这个界面呢？

下面就开始编写代码来验证我们的设计。首先编写一个基本的 HTML 页面框架。

```
<html>
<head>
```

```
        <meta charset="UTF-8">
        <title>CSS 综合案例—计算器</title>
    </head>
    <body></body>
    </html>
```

始终为 HTML 页面添加 meta 标签以指定页面编码格式，也是 Web 前端开发的一个良好习惯，这样可以避免页面出现乱码。

在 body 内添加一个<div>元素作为整个计算器的主体框架，并在<div>元素中添加<table>元素完成单元格的合并，代码如下：

```
    <html>
    <head>
        <meta charset="UTF-8">
        <title>CSS 综合案例—计算器</title>
    </head>
    <body>
    <div>
        <table border="1">
            <tr>
                <td colspan="4" >
                </td>
            </tr>
            <tr>
                <td></td>
                <td></td>
                <td></td>
                <td></td>
            </tr>
            <tr>
                <td></td>
                <td></td>
                <td></td>
                <td></td>
            </tr>
            <tr>
                <td></td>
                <td></td>
                <td></td>
                <td></td>
            </tr>
            <tr>
                <td></td>
                <td></td>
                <td></td>
                <td></td>
            </tr>
            <tr>
                <td></td>
                <td></td>
                <td></td>
                <td rowspan="2"></td>
```

```
        </tr>
        <tr>
            <td colspan="2"></td>
            <td></td>
        </tr>
    </table>
</div>
</body>
</html>
```

需要注意的是，在这里我们使用了<table>标签的 border 属性，该属性规定了表格单元周围是否显示边框，当值为空时不显示边框，值为“1”时显示。这样做的主要目的是便于我们进行布局调整，在布局结束后，应删除该属性。

下面将<input>、<button>标签放入对应单元格中，代码如下。

```
<html>
<head>
    <meta charset="UTF-8">
    <title>CSS 综合案例—计算器</title>
</head>
<body>
    <div>
        <table border="1">
            <tr>
                <td colspan="4">
                    <lable>CALCULATOR</lable>
                    <input type="text">
                </td>
            </tr>
            <tr>
                <td><button type="button">MC</button>
                </td>
                <td><button type="button">M+ </button>
                </td>
                <td><button type="button">M-</button>
                </td>
                <td><button type="button">MR</button>
                </td>
            </tr>
            <tr>
                <td><button type="button">c</button>
                </td>
                <td><button type="button">+/&minus;</button>
                </td>
                <td><button type="button">&divide;</button>
                </td>
                <td><button type="button">&times;</button>
                </td>
            </tr>
            <tr>
                <td><button type="button">7</button>
                </td>
```

```
                <td><button type="button">8</button>
                </td>
                <td><button type="button">9</button>
                </td>
                <td><button type="button">&minus;</button>
                </td>
            </tr>
            <tr>
                <td><button type="button">4</button>
                </td>
                <td><button type="button">5</button>
                </td>
                <td><button type="button">6</button>
                </td>
                <td><button type="button">+</button>
                </td>
            </tr>
            <tr>
                <td><button type="button">1</button>
                </td>
                <td><button type="button">2</button>
                </td>
                <td><button type="button">3</button>
                </td>
                <td rowspan="2"><button type="button">=</button>
                </td>
            </tr>
            <tr>
                <td colspan="2"><button type="button">0</button>
                </td>
                <td><button type="button">.</button>
                </td>
            </tr>
        </table>
    </div>
</body>
</html>
```

由代码可知，我们在第一行第一列放入一个<lable>和<input>元素，在其余的单元格中放入了<button>元素，并为每个<button>标签设置了需要显示的字符，以表示计算机上的按键符号。上述代码中出现的“−”及“×”大家可能比较陌生，它们是 HTML 字符实体（Character Entities），因为某些字符比如小于号（<）和大于号（>）不能在 HTML 中直接使用，浏览器会误认为它们是标签的一部分，所以在输入一些特殊的符号时需要使用字符实体来代替，一些常用的字符实体如表 7-1 所示。

表 7-1　常用的字符实体

显示结果	描述	实体名称	实体编号
	空格		
<	小于号	<	<
>	大于号	>	>

（续）

显示结果	描述	实体名称	实体编号
&	和号	&	&
"	引号	"	"
'	撇号	'（IE 不支持）	'
©	版权（Copyright）	©	©
×	乘号	×	×
÷	除号	÷	÷

编写好上述代码后，将其保存为 calculator.html，通过浏览器预览的显示效果如图 7-5 所示。

由上图可见，计算器的基本元素都已经具备了，但是离我们的目标还相距甚远，主要是因为没有设置任何的样式，计算器看起来一点都不美观，下一步就要利用 CSS 对页面进行美化了。

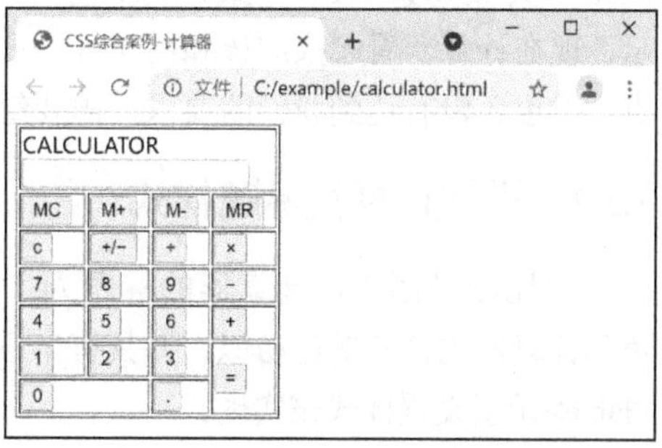

图 7-5　计算器页面布局

7.2　计算器基本样式设置

在上一节我们利用 HTML 标签绘制了计算器的基本框架，下面使用 CSS 为 HTML 各元素设置所需的样式。本节统一使用嵌入式样式表的方式来应用 CSS。

7.2.1　设置计算器主体样式

对照图 7-1，我们首先需要为计算器设置一个背景，以便将计算器的主体和网页背景区分开，由于我们已经通过一个<div>元素来设置计算器主体部分，因此我们只需要为该<div>元素设置背景即可，首先为<div>元素设置一个类，名为“div_all”，代码如下。

```
<div class="div_all">
```

然后使用类选择器为其指定样式。由于是嵌入式样式表，我们需要在<head>元素内添加<style>元素来加入样式表，代码如下。

```
<style>
      .div_all{
         background-color: rgb(211, 211, 209);
         width: 380px;
         height: 600px;
         margin: 100px auto;
         border-radius: 8px;
      }
</style>
```

在上述样式规则中，我们为计算器的主体结构设置了浅灰的背景色，指定了其宽度为 380px，高度为 600px，指定计算器主体离浏览器顶端的边距为 100px，并且居中显示，最后为了美观，设置计算器主体框架的四个角为圆角。

经过上述设置，作为计算器主框架的<div>元素已经具备了样式，下面对<table>元素进行设置。由于 HTML 文档中只有一个<table>元素，因此我们可以通过类型选择器为其设置样式，代码如下。

```
table {
        width: 100%;
        height: 100%;
        text-align: center;
    }
```

在上述样式规则中，我们设置<table>元素的宽度和高度保持与其父元素<div>一致，并设置<table>内的元素居中显示，现在计算器看起来应该和图 7-6 一样，相比之前好看了一点，但也还没有达到我们的要求，需要继续美化。

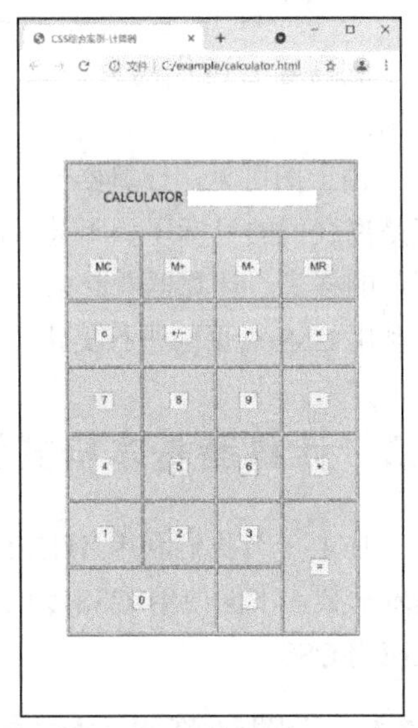

图 7-6　设置了主体样式的计算器

7.2.2　设置计算机标题样式

对比参考图片，计算器的标题为“CALCULATOR”，颜色和计算器主体的颜色相似，并具有半透明效果，这里通过为<lable>元素设置样式来实现。

```
lable {
    margin: 10px auto;
    font-weight: bold;
    opacity:0.2;
}
```

7.2.3　设置显示屏样式

参考图片中，计算器显示屏外观如图 7-7 所示。

可以看出大致其可以分为 3 个部分，一个内嵌效果边框、一个灰色圆角边框以及背景色。由于具有两个边框，我们需要在<input>元素外部再添加一个<div>元素，将<div>元素的边框设置为内嵌效果，然后为<input>元素设置一个圆角边框，并指定其背景色，具体的 HTML 代码如下。

首先添加一个类名为“div_txt”的<div>元素。

```
<tr>
   <td colspan="4">
       <lable>CALCULATOR</lable>
        <div class="div_txt"><input type="text"></div>
    </td>
</tr>
```

对应的 CSS 样式规则如下。

```
.div_txt {
            width: 340px;
            height: 77px;
            border-style: inset;
            border-width: 5px;
            border-radius: 10px;
            margin: 15px auto;
```

```
        }
```

然后为<input>元素的边框设置一个具有内嵌效果的样式规则。

```
input {
        width: 340px;
        height: 77px;
        background-color: rgba(180, 186, 148);
        border-style: solid;
        border-width: 5px;
        border-radius: 5px;
        font-family: fz;
        text-align: right;
        font-size: 50px;
        text-align: right;
        line-height: 60px;
        text-indent: 10px;
        border-color:dimgray;
    }
```

设置完成后，显示框如图 7-8 所示。

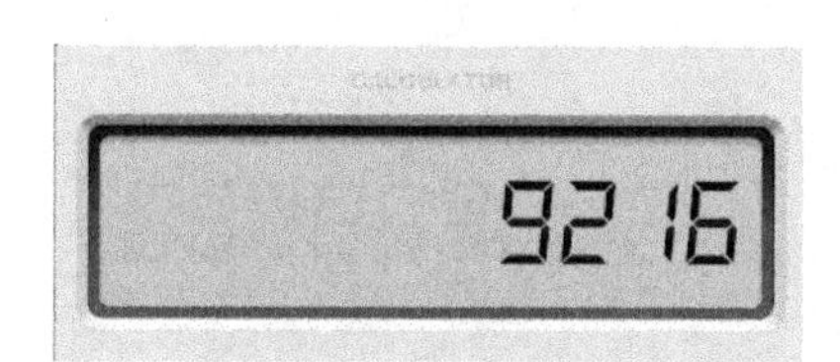

图 7-7　计算器应用程序的显示框效果

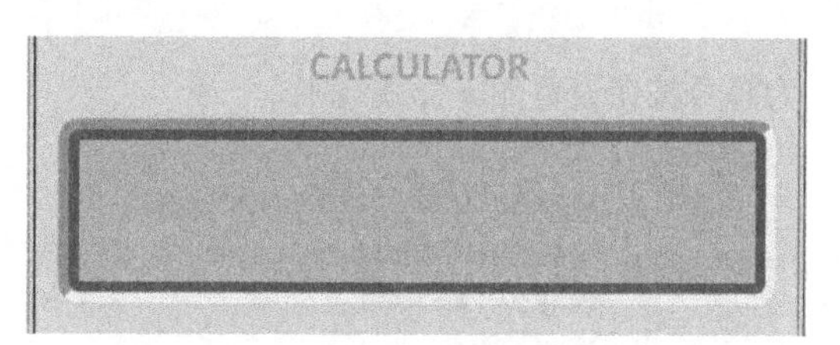

图 7-8　Web 版本计算器的显示框效果

将图 7-8 与图 7-7 对比，可以看见已经非常接近参考图片中显示框的外观了，还有一些细节我们留到后面再仔细调整。

7.2.4　设置按钮的样式

观察参考图片，计算器的按钮从颜色上可以分为 4 类，第一类是黑色的与存储操作相关的按钮，第二类是灰色的与运算符相关的按钮，第三类是与数字和小数点相关的白色按钮，最后一类是橘红色的等号按钮。从大小上可以分为 3 类，等号按钮为一类，数字 0 为一类，其余按钮为一类。为了准确地设置样式，我们分别为不同种类的<button>元素设置不同的类，其中存储操作相关的按钮类名为“btn_memory”，运算符相关的按钮类名为“btn_operator”，数字和小数点相关的按钮类名为“btn_num”，等号按钮的类名为“btn_equal”，数字 0 按钮的类名为“btn_zero”及“btn_num”，相关 HTML 示例代码如下。

```
<button type="button" class="btn_memory">M+ </button>
<button type="button" class="btn_operator">c</button>
<button type="button" class="btn_num">7</button>
<button type="button" class="btn_num btn_zero" >0</button>
<button type="button" class="btn_equal">=</button>
```

首先利用类型选择器，为所有的<button>设置按钮的通用样式规则。

```
button {
```

```
            width: 80px;
            height: 60px;
            border-radius: 8px;
            font-size: 20px;
            border-style:none;
        }
```

然后以同样的方法为存储操作按钮设置如下样式规则。

```
.btn_memory {
        font-size: 15px;
        color: white;
        background-color: black;
    }
```

为运算符相关按钮设置如下样式规则。

```
.btn_operator {
            font-size: 25px;
            color: white;
            background-color: grey;
        }
```

为等号按钮设置如下样式规则。

```
.btn_equal {
            background-color: orange;
            color: white;
            height:143px;
        }
```

为数字和小数点相关按钮设置如下样式规则。

```
.btn_num {
        background-color: white;
            color:black;
        }
```

为数字 0 按钮设置如下样式规则。

```
.btn_zero {
            width:165px;
        }
```

需要注意的是，在设置样式表时，利用了 CSS 中选择器优先级特性。首先通过类型选择器所有的<button>元素设置通用样式，然后根据不同外观的按钮用类选择器进行个性化设置。浏览器在显示 HTML 文档时，会先加载类型选择器指定的样式，然后加载类选择器指定的样式，两者冲突的内容，则后者覆盖前者。不同选择器的优先级见表 7-2。

表 7-2　选择器的优先级

级别	选择器类型
1	id 选择器
2	类选择器
3	类型选择器

id 选择器优先级最高，类型选择器优先级最低，优先级高的选择器指定的样式规则将覆盖优先级低的。如果相同优先级的选择器指定的样式声明有冲突，则按照样式规则在样式表中的位置，越靠后的优先级越高。

这时的页面显示效果如图 7-9 所示。

由图可见，我们的计算器已经具备了初步的样式，但相比参考图还有不小差距，在下一节将使用一些进阶的 CSS 样式来进一步美化计算器。

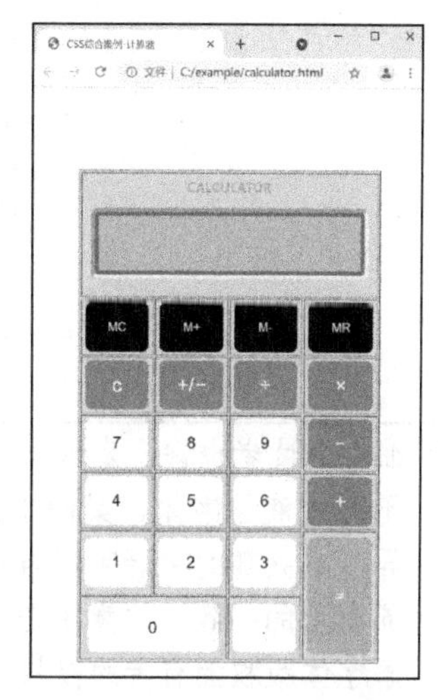

图 7-9　设置了按钮样式的计算器

7.3　计算器进阶样式设置

本节将对显示框的显示效果进一步设置，为按钮添加渐变效果，设置阴影，使其看起来更加立体，同时设置鼠标滑过特效，使得按钮能根据用户的操作做出动态响应。

7.3.1　设置显示框字体

浏览我们完成的计算器并在输入框中尝试输入几个数字，可以看到这时显示的字体并不是示例图中的液晶字体，要想实现示例图中的字体效果，需要为 HTML 页面指定特殊的字体。可以使用一个叫作@font-face 的 CSS 规则达到这个目的。@font-face 使用方法如下。

```
@font-face
        {
        font-family: myfont;
        src: url('font.ttf');
        }
```

其中，font-family 定义字体的名称，src 定义该字体下载的地址。在本案例中，首先添加如下样式规则。

```
@font-face {
          font-family: CALCULATOR;
          src: url('UnidreamLED.ttf');
        }
```

其中“CALCULATOR”是我们为液晶字体指定的名称，这个名称可以任意命名。

url('UnidreamLED.ttf')是字体所在位置，它可以是一个网络位置，也可以是字体在本地服务器上的位置。

定义好了字体，就可以在 input 的样式规则中引用了，方法如下。

```
input {
          …略…
          font-family: calculator;
          …略…
        }
```

编写完毕后，通过浏览器再次输入几个数字，可以看到显示效果如图 7-10 所示，字体和参考界面一致了。至此，我们完成了显示框的字体设置，下一步继续完善按钮的样式。

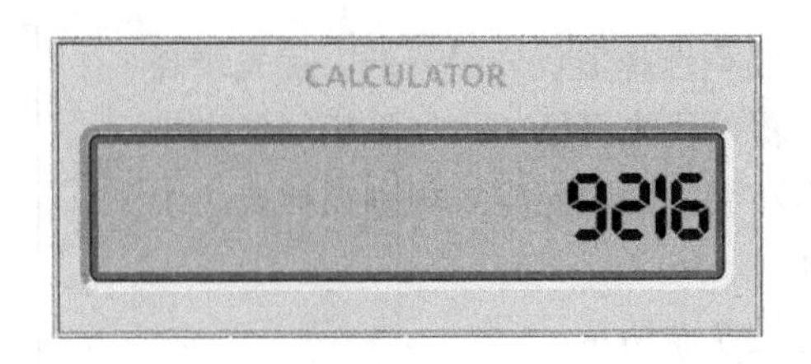

图 7-10　液晶字体

📖 细心的读者也许会发现案例中的字体和参考界面并不是完全一致的，这是因为目前有几十种不同的液晶字体，案例中使用的字体名称是 UnidreamLED.ttf，和参考界面上的字体存在差异，感兴趣的读者可以自行在网络上查找不同的液晶字体进行测试，看看哪一款字体和参考界面上的一致。注意不是所有字体都是免费使用的，如果你想将字体用于商业场合，最好了解字体版权拥有者的授权方式。

7.3.2　设置按钮渐变及阴影

虽然我们已经为计算器按钮指定了样式，但是看起来远没有参考界面上的美观，仔细观察会发现这是因为参考界面上的按钮并不是简单的填充色，而是具有渐变的效果，同时按钮下方还有阴影效果，看起来更加立体。下面继续美化按钮。

（1）设置按钮的渐变

我们以操作符按钮为例来进行讲解，前面通过“background-color”属性设置了按钮颜色，直接将属性值设置为了“grey”，这是一种纯色填充，无法实现渐变效果，我们需要使用“linear-gradient()”函数来创建一个表示两种或多种颜色线性渐变的图片，然后通过“background-image”属性将该图片设置按钮的背景，具体方法是将

```
.btn_operator {
            font-size: 25px;
            color: white;
            background-color: grey;
        }
```

修改为

```
.btn_operator {
          font-size: 25px;
          color: white;
          background-image: linear-gradient(to bottom, rgb(119, 117, 117) 0%, rgb(87, 
84, 84) 100%);
      }
```

其中，linear-gradient()函数的参数及其具体含义如下。

```
background-image: linear-gradient(direction, color-stop1, color-stop2, ...);
```

direction：用于指定颜色渐变的方向。

color-stop1, color-stop2,…：用于指定渐变的起止颜色。

在本例中，“direction”的值为“to bottom”指定颜色渐变方向为从顶部往底部渐变。

“color-stop1”值为 rgb(119, 117, 117) 0%，含义为指定最初的颜色及其透明度。

“color-stop2”值为“rgb(87, 84, 84) 100%”：含义为指定最后的颜色及其透明度。

使用同样的方法，修改其他各类<button>的颜色，代码如下。

```
.btn_memory {
            font-size: 15px;
            color: white;
            background: linear-gradient(to bottom, rgb(69, 71, 71), rgb(32, 35, 31));
        }

.btn_equal {
            background: linear-gradient(to bottom, rgb(245, 108, 84) 0%, rgb(175,
53, 33) 100%);
            color: rgb(247, 240, 240);
            height:143px;
        }

.btn_num {
            background: linear-gradient(to bottom, rgb(255, 255, 254), rgb(233, 231,
230));
            color: rgb(12, 12, 12);
        }
```

（2）设置按钮阴影

我们可以使用“box-shadow”属性为<button>添加阴影效果，使用方法和前面介绍过的文本阴影“text-shadow”类似，代码如下。

```
{ box-shadow: 1px 5px 5px  #888888;}
```

“box-shadow”可选的主要属性值如表 7-3 所示。

表 7-3　box-shadow 主要属性说明

值	描述
h-shadow	必需值，用于设置水平阴影的位置。允许负值
v-shadow	必需值，用于设置垂直阴影的位置。允许负值
blur	可选值，用于设置模糊距离
color	可选值，用于设置阴影的颜色。具体赋值请参阅 CSS 颜色值

7.3.3　设置鼠标单击特效

使用 CSS 伪类可以让鼠标单击按钮时发生特效，增加页面的交互性，具体实现方法如下。

```
button:active{
            opacity: 0.5;
        }
```

上面的“:active”就是伪类，使用伪类可以针对同一个标签的不同状态，设置不同的样式。具体语法如下。

```
selector:pseudo-class {
  property: value;
}
```

其中“selector”是 CSS 选择器，“pseudo-class”是伪类的名称，“property: value;”是需要添加的样式声明。

可用于按钮的伪类见表 7-4。

表 7-4 可用于 button 的伪类

伪类	描述
:activie	将样式添加到被激活的元素，效果为用鼠标单击时，元素增加特效，鼠标松开时，特效消失
:focus	将样式添加到被选中的元素，效果为鼠标单击时，元素增加特效，单击其他元素时，特效消失
:hover	当鼠标悬浮在元素上方时，向元泰添加样式，效果为鼠标悬浮时，元素增加特效，鼠标离开后，特效消失

7.3.4 效果展示及后续工作

至此，我们已经完成了 Web 版本计算器的全部样式设置，在最终展示前，不要忘记去掉为<table>元素设置的 border 属性，当初设置它的目的是方便我们进行元素的排版。本案例的完整代码如下。

```
<html>
<head>
    <meta charset="UTF-8">
    <title>CSS 综合案例—计算器</title>
    <style>
        .div_all {
            background-color: rgb(211, 211, 209);
            width: 380px;
            height: 600px;
            margin: 100px auto;
            border-radius: 8px;
        }

        table {
            width: 100%;
            height: 100%;
            text-align: center;
        }

        lable {
            margin: 10px auto;
            font-weight: bold;
            opacity: 0.2;
        }
        .div_txt {
            width: 340px;
            height: 77px;
            border-style: inset;
            border-width: 5px;
            border-radius: 10px;
            margin: 15px auto;
        }
        input {
            width: 340px;
```

```
            height: 77px;
            background-color: rgba(180, 186, 148);
            border-style: solid;
            border-width: 5px;
            border-radius: 5px;
            font-family: fz;
            text-align: right;
            font-size: 50px;
            text-align: right;
            line-height: 60px;
            text-indent: 10px;
            border-color:dimgray;
            font-family: calculator;
        }
        button {
            width: 80px;
            height: 60px;
            border-radius: 8px;
            font-size: 20px;
            border-style:none;
            box-shadow: 1px 5px 5px  #888888;
        }
        button:active{
            opacity: 0.5;
        }

        .btn_memory {
            font-size: 15px;
            color: white;
            background: linear-gradient(to bottom, rgb(69, 71, 71), rgb(32, 35, 31));
        }

        .btn_operator {
            font-size: 25px;
            color: white;
            background-image: linear-gradient(to bottom, rgb(119, 117, 117) 0%,
rgb(87, 84, 84) 100%);
        }

        .btn_equal {
            background: linear-gradient(to bottom, rgb(245, 108, 84) 0%, rgb(175,
53, 33) 100%);
            color: rgb(247, 240, 240);
            height:143px;
        }

        .btn_num {
            background: linear-gradient(to bottom, rgb(255, 255, 254), rgb(233,
231, 230));
            color: rgb(12, 12, 12);
        }

        .btn_zero {
```

```
            width:165px;
        }
        @font-face {
            font-family: CALCULATOR;
            src: url('UnidreamLED.ttf');
        }
    </style>

</head>
<body>
    <div class="div_all">
        <table >
            <tr>
                <td colspan="4">
                    <lable>CALCULATOR</lable>
                    <div class="div_txt"><input type="text"></div>
                </td>
            </tr>
            <tr>
                <td><button type="button" class="btn_memory">MC</button>
                </td>
                <td><button type="button" class="btn_memory">M+ </button>
                </td>
                <td><button type="button" class="btn_memory">M-</button>
                </td>
                <td><button type="button" class="btn_memory">MR</button>
                </td>
            </tr>
            <tr>
                <td><button type="button" class="btn_operator">c</button>
                </td>
                <td><button type="button" class="btn_operator">+/&minus;</button>
                </td>
                <td><button type="button" class="btn_operator">&divide;</button>
                </td>
                <td><button type="button" class="btn_operator">&times;</button>
                </td>
            </tr>
            <tr>
                <td><button type="button" class="btn_num">7</button>
                </td>
                <td><button type="button" class="btn_num">8</button>
                </td>
                <td><button type="button" class="btn_num">9</button>
                </td>
                <td><button type="button" class="btn_operator">&minus;</button>
                </td>
            </tr>
            <tr>
                <td><button type="button" class="btn_num">4</button>
                </td>
                <td><button type="button" class="btn_num">5</button>
                </td>
```

```
                <td><button type="button" class="btn_num">6</button>
                </td>
                <td><button type="button" class="btn_operator">+</button>
                </td>
            </tr>
            <tr>
                <td><button type="button" class="btn_num">1</button>
                </td>
                <td><button type="button" class="btn_num">2</button>
                </td>
                <td><button type="button" class="btn_num">3</button>
                </td>
                <td rowspan="2"><button type="button" class="btn_equal">=</button>
                </td>
            </tr>
            <tr>
                <td colspan="2"><button type="button"  class="btn_num  btn_zero">
0</button>
                </td>
                <td><button type="button" class="btn_num">.</button>
                </td>
            </tr>
        </table>
    </div>
</body>
</html>
```

在浏览器中打开我们编写的 HTML 文档，显示效果如图 7-11 所示。

我们编写的 Web 版本计算器和参考图片中的计算器应用在外观上已经非常一致了，实际上，只要善于使用 CSS，几乎可以实现任意的界面效果。CSS 样式规则内容繁多功能强大，通过本案例只能掌握一些常用样式规则及其使用方法，更多的内容还需要多参考网络上的示例，在实践中学习。

利用 HTML 及 CSS 完成了 Web 版本计算器的编写，只是实现了静态的页面，如果能让用户单击按钮输入数字并且真正实现计算功能？这就需要 JavaScript 的帮助了，保留好本案例的代码，在我们完成了 JavaScript 部分的学习后，还将基于它继续开发，真正实现一个美观且实用的 Web 版本计算器。

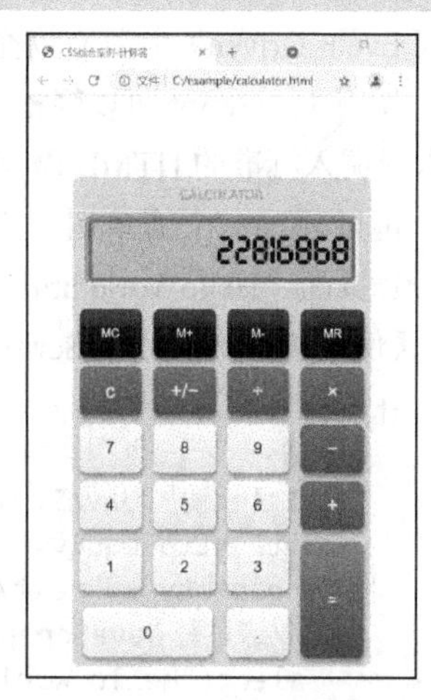

图 7-11　Web 版本计算器最终效果

第 8 章 JavaScript 入门

本章介绍使用 JavaScript 进行 Web 应用开发的基础知识，主要涵盖：JavaScript 的基本语法；JavaScript 的对象，包括 JavaScript 内置对象、自定义对象、浏览器对象模型（BOM）和文档对象模型（DOM）等；JavaScript 事件；JavaScript 库，包括 Ajax 基础和 jQuery 的基本使用等。

8.1 JavaScript 基础

使用 HTML 语言和 CSS 技术已经可以制作出漂亮的页面，但这样的页面仍然存在一定缺陷：页面的内容为静态内容，缺少用户与客户端浏览器的动态交互。

JavaScript 可以实现用户与页面的动态交互。JavaScript 是一种基于对象（Object）和事件驱动（Event Driven）并具有安全性能的脚本语言。

使用 JavaScript 可以轻松地实现与 HTML 的互操作，并且完成丰富的页面交互效果，可将其嵌入或调入标准的 HTML 语言中实现。

可以通过一个简单例子来了解 JavaScript 是如何嵌入 HTML 并实现互操作的。创建一个 HTML 页面“HelloWorld.html”，输入代码，具体见【例 8-1】。

【例 8-1】 使用 JavaScript 第一种方式。

```
<html>
  <head>
    <title>使用 JavaScript</title>
    <meta http-equiv="content-type" content="text/html; charset=utf-8">
    <script type="text/JavaScript">
      //这里是 JavaScript 代码
      alert("Hello World!");
    </script>
  </head>
  <body>
    使用 JavaScript。
  </body>
</html>
```

alert()方法用于显示带有一条括号内指定消息和一个“确定”按钮的警告框。执行此页面，浏览器会先弹出一个显示“Hello World!”的弹框，如图 8-1a 所示，用户单击“确定”按钮后，浏览器才继续显示文档内容，如图 8-1b 所示。

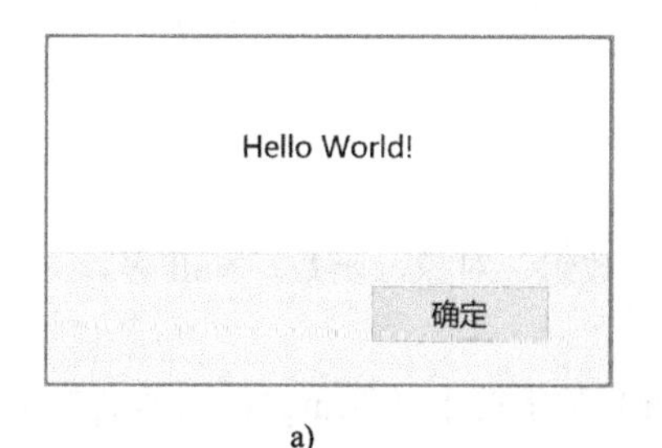

a)

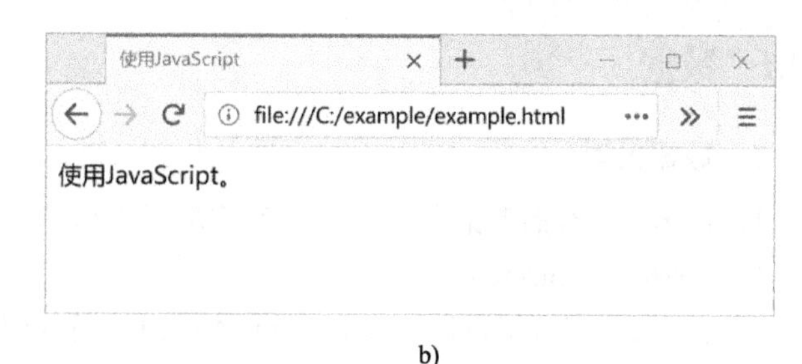

b)

图 8-1 【例 8-1】运行结果

a)【例 8-1】弹框　b)【例 8-1】文档

由上例可见：如同 HTML 标记语言一样，JavaScript 程序代码也可以用任何编辑软件进行编辑，且 JavaScript 代码由<script>…</script>标签说明。

方法一：在<script>头尾标签之间直接嵌入 JavaScript 代码。如【例 8-1】中 JavaScript 代码的嵌入：

```
<script type="text/JavaScript>
  //这里是 JavaScript 代码
  alert("Hello World!");
</script>
```

其中，type="text/JavaScript"指明标签内脚本类型，可缺省。

方法二：HTML 文档中引用 JavaScript 文件。在<script>头标签中使用 src 属性指定引用的 JavaScript 文件。

使用 JavaScript 第二种方式如下。

```
<html>
  <head>
    <title>使用 JavaScript</title>
    <meta http-equiv="content-type" content="text/html; charset=utf-8">
    <script src="HelloJS.js"></script>
  </head>
  <body>
    使用 JavaScript。
  </body>
</html>
```

文件 HelloJS.js 中是 JavaScript 代码，例如：

```
alert("Hello World!");
```

此时，JS 文件“HelloJS.js”必须与该 HTML 页面文件同目录，若不与该 HTML 页面文件同目录，则需要在文件名前指定路径。

运行效果与【例 8-1】是完全一致的。

8.2　JavaScript 基本语法

JavaScript 于 1997 年被 ECMA（欧洲计算机制造商协会）采纳，被称为 ECMAScript。同其他语言一样，JavaScript 也有自己遵循的语言标准。

8.2.1 数据

1. 数据类型

JavaScript 拥有的数据类型包括：字符串、数字、布尔、数组、对象、函数、Null 等。

（1）字符串（String）

字符串表示字符型数据。JavaScript 不区分字符（Char）和字符串（String），用西文的单引号或双引号引用，引号中可以是任意文本。例如：

```
"Hello World! "
```

可以在字符串中使用引号，但不能匹配引用字符串的引号。例如：

```
'他的名字叫“张三”。'
```

（2）数字（Number）

数字表示数值型数据。JavaScript 支持整数和浮点数，浮点数可以用小数点表示，也可用科学计数法表示。例如：

```
34.00
123e-5
```

（3）布尔（Boolean）

布尔表示布尔型数据，其值只有 true 和 false，不能用 1 和 0 表示。

（4）数组（Array）

数组由方括号引用，数组元素由西文逗号隔开，可以是数字，也可以是字符串。例如：

```
[23, 35, 67]
["Allen", "Jone"]
```

数组下标从 0 开始，数组可以为空。

（5）对象（Object）

对象由花括号引用，可以包含多个属性，用西文逗号隔开，每个属性以“名称:值”对的形式来定义。例如：

```
{id:1, name: "Allen", age:30}
```

（6）函数（Function）

函数一般由函数名引用，函数会在后续章节中详细介绍。

（7）Null

Null 表示空值或表示不含值。

注意，JavaScript 语言中，字符串、数组也可以具有属性。例如，将【例 8-1】中的 alert()语句替换成：

```
alert("Hello World!".length);
```

出现如图 8-2 所示的弹框，说明字符串具有 length 属性，length 属性可返回字符串长度或数组元素个数。

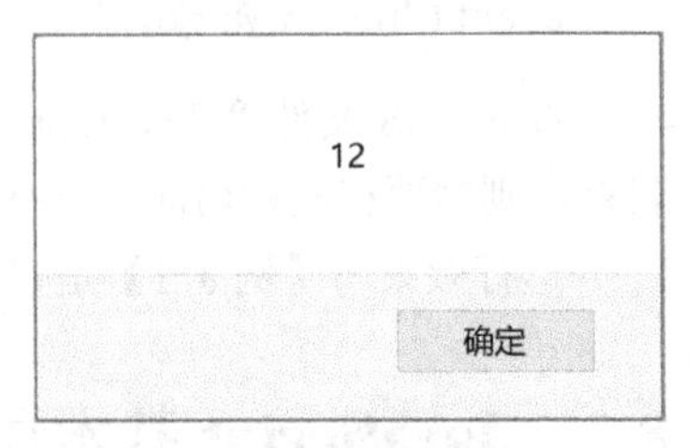

图 8-2 字符串属性示例

2. 常量和变量

（1）常量

常量是指在程序运行过程中保持不变的值。例如：

```
alret("HelloWorld! ");
```

上述语句中，"HelloWorld! "就是一个字符串型常量。

（2）变量

变量是存放数据的容器。对于变量，需要了解变量的声明、变量的命名、变量的赋值、变量的数据类型等。

JavaScript 一般使用关键字“var”声明变量，例如：

```
var age;
```

这里声明了一个名为“age”的变量。

JavaScript 的变量名可以用字母和“$”“_”符号开头（为避免与 jQuery 混淆，不建议使用“$”），区分大小写，可以包含数字，变量名不能和关键字重合。

JavaScript 的变量类型在给变量赋值时确定。例如：

```
age = 30;
```

这里将变量“age”通过赋值运算符“=”赋值为 30，则该变量的数据类型为数值型。

变量的申明和赋值也可以同时进行，例如：

```
var age = 30
```

JavaScript 的变量是弱类型的，只需要申明一次，但变量类型可以随赋值的不同而改变。

8.2.2　操作符

操作符是表示数据间运算方式的符号，主要包括算术操作符、位操作符、赋值操作符、关系操作符、逻辑操作符、条件操作符等。

1. 算术操作符

算术操作符用于执行数值间的算术运算，常用的算术运算符如表 8-1 所示。

表 8-1　算术操作符

算术操作符	说明	举例	结果
+	加	x = 2+8	x = 10
-	减/取负数	x = 2-8	x = -6
*	乘	x = 2*8	x = 16
/	除	x = 2/8	x = 0.25
%	取余	x = 2%8	x = 2
++	自加 1	x= ++x	x = x+1
--	自减 1	x = --x	x = x-1

注意，对于运算符“+”，若是字符串相加，或字符串和数字相加，则是连接符。

2. 位操作符

位操作符将操作数看作一串二进制位（0 和 1）进行运算，运算结果返回十进制数。常用的位操作符如表 8-2 所示。

表 8-2　位操作符

位操作符	说明	举例	结果
&	按位与	x = 5&6	x = 4
|	按位或	x = 5|6	x =7
^	按位异或	x = 5^6	x = 3
<<	左移	x = 5<<2	x =20
>>	右移	x = 5>>2	x = 1

3. 赋值操作符

赋值操作符将右操作数赋值给左操作数。左操作数必须是变量。常用的赋值操作符如表 8-3 所示（设 x=9）。

表 8-3　赋值操作符

赋值操作符	举例	说明	结果
=	x = 2	直接赋值	x = 2
+=	x += 2	x = x+2	x = 11
-=	x -= 2	x = x-2	x = 7
*=	x *= 2	x = x*2	x = 18
/=	x /= 2	x = x/2	x = 4.5
%=	x %= 2	x = x%2	x = 1
&=	x &= 2	x = x&2	x = 0
|=	x |= 2	x = x|2	x = 11
<<=	x <<= 2	x = x<<2	x = 36
>>=	x >>= 2	x = x>>2	x = 2

注意，对于操作符“+=”，若表达式中存在字符串，则是进行连接赋值操作。

4. 关系操作符

关系操作符用于比较变量或常量的关系，结果返回布尔型的值。常用的关系操作符如表 8-4 所示（设 x=10）。

表 8-4　关系操作符

关系操作符	说明	举例	结果
==	等于	x == 8	x = false
!=	不等于	x != 8	x = true
>	大于	x >8	x = true
>=	大于等于	x >= 8	x = true
<	小于	x < 8	x = false
<=	小于等于	x <= 8	x = false

注意，若是字符串比较，则是比较字符串的长度。

5. 逻辑操作符

逻辑操作符用于布尔型值之间的操作。常用的逻辑操作符如表 8-5 所示。

表 8-5　逻辑操作符

逻辑操作符	说明	举例	结果
&&	与	x = true && false	x = false
||	或	x = true || false	x = true
!	非	x = !true	x = false

6. 条件操作符

条件操作符的一般表达式是：

```
variable = (expression) ? true_value : false_value
```

其含义是：若表达式 expression 运算结果为真，则 variable=true_value；若表达式 expression 运算结果为假，则 variable= false _value。

需要注意的是，当一个表达式有多个操作符时，需要注意操作符的优先级。

8.2.3　语句

在 JavaScript 脚本语言中，语句用西文分号“;”表示语句结束。

对于注释，JavaScript 脚本语言的注释有两种方法。

方法一，注释语句行： 在需要注释的一行语句前添加“//”，如【例 8-1】中所示：

```
<script>
  //这里是 JavaScript 代码
  alert("Hello World!");
</ script>
```

方法二，注释语句段：在需要注释的语句段的前后添加“/*”和“*/”，代码如下：

```
<script>
  /* 这几行
    文字都
    被注释了 */
</script>
```

注意：如果只有“/*”则会一直注释到</script>标签。

JavaScript 脚本语言也有语句结构，常用的语句结构有顺序结构、分支结构、循环结构和函数调用。

1. 顺序结构

顺序结构，就是按语句排列顺序来执行，此处不再赘述。

2. 分支结构

在 JavaScript 脚本语言中，分支结构主要由 if 语句、if…else 语句和 switch 语句实现。

（1）if 语句

if 语句适用于对一个情况的判断，其语法结构为：

```
if (condition)
    statement;
```

判断条件 condition 返回一个布尔值，为真，则执行语句 statement。若有多条语句，应用花括号括起来。

例如判断一个分数（0～100）是否及格（≥60），见【例 8-2】。

【例 8-2】 if 语句示例。

```
<html>
  <head>
    <title>if 语句示例</title>
    <meta http-equiv="content-type" content="text/html; charset=utf-8">
    <script>
      var score=55;
      if (score >=60)
        alert(score +"分及格。");
      if (score <60)
        alert(score +"分不及格。");
    </script>
  </head>
  <body>
    示例结束。
  </body>
</html>
```

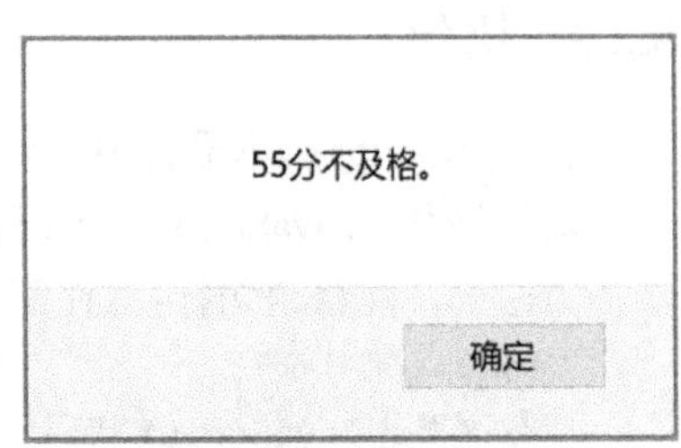

图 8-3 【例 8-2】运行结果

由于 55<60，所以执行第二个 if 语句。运行结果如图 8-3 所示。

（2）if…else 语句

if…else 语句的语法结构为：

```
if (condition1)
    statement1;
else if(condition2)
    statement2;
……
else
    statementN;
```

【例 8-2】的代码可写成如【例 8-3】的形式，运行结果一致。

【例 8-3】 if…else 语句示例 1。

```
<html>
  <head>
    <title>if…else 语句示例 1</title>
    <meta http-equiv="content-type" content="text/html; charset=utf-8">
    <script>
      var score=55
      if (score >=60)
        alert(score +"分及格。");
      else
        alert(score +"分不及格。");
    </script>
  </head>
  <body>
    示例结束。
  </body>
```

```
</html>
```

if 语句多用于一个判断条件简单的是与否的判断，if…else 语句可用于一个条件多值判断。例如，要判断一个分数（0～100）属于优（90～100）、良（80～89）、中（70～79）、及格（60～69）还是不及格（<60），功能代码见【例 8-4】。

【例 8-4】 if…else 语句示例 2。

```
<html>
  <head>
    <title>if…else 语句示例 2</title>
    <meta http-equiv="content-type" content="text/html; charset=utf-8">
    <script>
     var score = 78;
     if(score>=90)
       alert(score + "等级是优。");
     else if(score>=80)
       alert(score + "等级是良。");
     else if(score>=70)
       alert(score + "等级是中。");
      else if(score>=60)
        alert(score + "等级是合格。");
      else
        alert(score + "不及格。");
    </script>
  </head>
  <body>
    示例结束。
  </body>
</html>
```

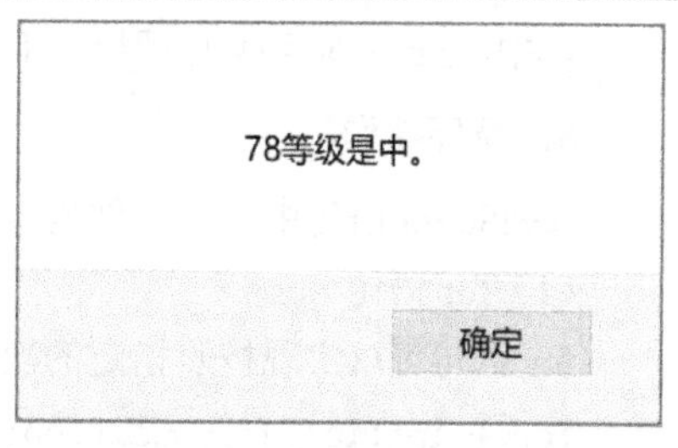

图 8-4 【例 8-4】运行结果

执行此代码，会弹出图 8-4 所示的弹框。

（3）switch 语句

当判断条件的值为数值或字符串等非布尔值时，可使用 switch 语句。其语法结构为：

```
switch (expression)
   case value1: statement1;
   [break;]
   case value2: statement2;
   [break;]
    …
   case valueN: statementN;
   [break;]
   default: statement;
```

表达式 expression 的值与 value1 至 valueN 比较，相等时，执行其后相应的语句；若都不相等，执行 default 后的 statement 语句。方括号表示可缺省，缺省时表示即使已找到满足 case 的 value，代码依旧往下执行（满足条件的 case 开始，执行剩下的全部 statement 语句）。

例如，【例 8-4】可写成如【例 8-5】所示代码。

【例 8-5】 switch 语句示例。

```
<html>
```

```
  <head>
    <title>switch 语句示例</title>
    <meta http-equiv="content-type" content="text/html; charset=utf-8">
    <script>
      var score = 78;
      // parseInt()是向下取整数
      switch(parseInt(score/10))
      {
        case 10:
        case 9: alert(score + "等级是优。");
        break;
        case 8: alert(score + "等级是良。");
        break;
        case 7: alert(score + "等级是中。");
        break;
        case 6: alert(score + "等级是差。");
        break;
        default: alert(score + "不及格。");
      }
    </script>
  </head>
  <body>
    示例结束。
  </body>
</html>
```

其中，parseInt()函数可解析一个字符串，并返回一个整数。【例 8-5】运行结果同【例 8-4】。

3. 循环结构

JavaScript 语句中，循环结构主要由 for 语句、while 语句和 do…while 语句实现。

（1）for 语句

for 语句可以实现按照指定的次数重复循环体，其语法结构如下：

```
for ([initial;] [condition;] [step;])
  statement;
```

其中，initial 表示循环次数的计数初值，condition 表示循环条件，step 表示循环次数计数值的步进，statement 表示循环体。多条语句需要用花括号括起来。

例如，求 1 累加到 10 的和，见【例 8-6】。

【例 8-6】 for 语句示例 1。

```
<html>
  <head>
    <meta http-equiv="content-type" content="text/html; charset=utf-8">
    <title>for 语句示例 1</title>
    <script>
      var sum = 0;
      for (var i=0; i<11; i++)
        sum = sum + i;
      alert("和数为："+sum);
    </script>
  </head>
```

```
  <body>
    示例结束。
  </body>
</html>
```

从 0 开始到 10，循环体执行了 11 次，运行结果如图 8-5 所示。

for 语句还可以使用 in 语句限定循环条件，例如需要统计 10 个学生的平均成绩，见【例 8 7】。

【例 8-7】 for 语句示例 2。

```
</html>
  <head>
    <title>for 语句示例 2</title>
    <meta http-equiv="content-type" content="text/html; charset=utf-8">
    <script>
      var scores = [85, 72, 93, 66, 82, 87, 76, 58, 91, 88];
      var total_scores = 0;
      for (var i in scores)
        total_scores = total_scores + scores[i];
      alert("平均成绩是：" + total_scores/10);
    </script>
  </head>
  <body>
    示例结束。
  </body>
</html>
```

其中，scores 为 10 个学生成绩构成的数组，执行结果如图 8-6 所示。

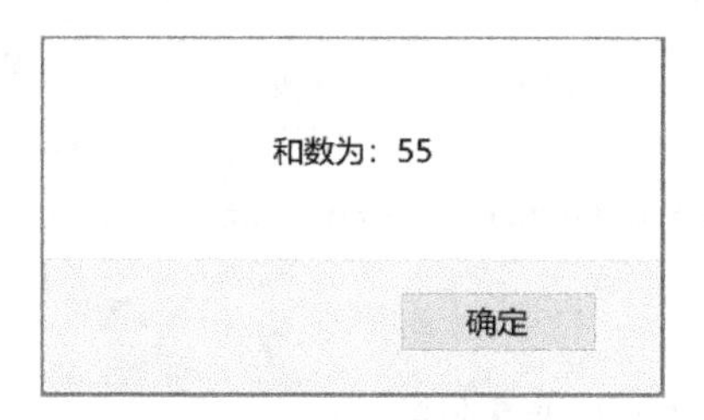

图 8-5 【例 8-6】运行结果

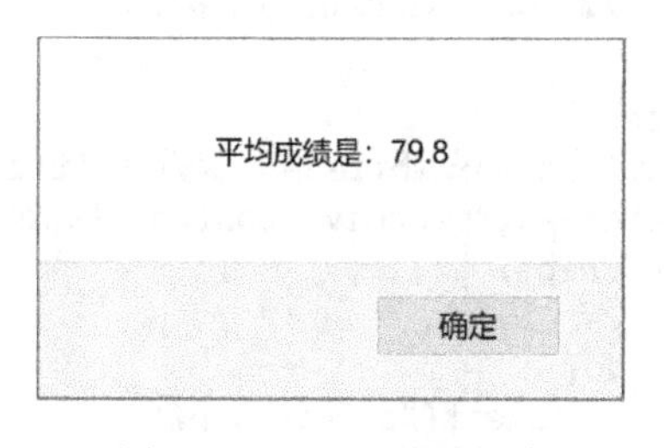

图 8-6 【例 8-7】运行结果

（2）while 语句

while 语句的语法结构为：

```
while(condition)
  statement;
```

while 循环先判断条件 condition，condition 返回一个布尔值，为“true”时，执行循环体语句 statement，为“false”时，则退出循环体语句。

例如，求 1 累加到 10 的和，代码见【例 8-8】。

【例 8-8】 while 语句示例。

```
</html>
  <head>
    <title>while 语句示例</title>
        <meta http-equiv="content-type" content="text/html; charset=utf-8">
```

```
    <script>
      var sum = 0;
      var i = 0;
      while(i<10)
      {
          i++;
          sum = sum+i;
      }
        alert("和数为：" + sum);
    </script>
  </head>
  <body>
    示例结束。
  </body>
</html>
```

运行结果同【例 8-6】一致。

（3）do…while 语句

do…while 语句的语法结构为：

```
do
   statement;
while(condition)
```

do…while 语句的循环体在条件判断前，所以，无论条件是否满足，至少可以执行一次循环体语句。

【例 8-9】 do…while 语句示例。

```
</html>
  <head>
    <title>do…while 语句示例</title>
    <meta http-equiv="content-type" content="text/html; charset=utf-8">
    <script>
      var i=0;
      do{
          alert("i="+i+",不满足 i>10 的条件,也可以进循环体。");
          i++
       } while(i>10)
          alert("循环体执行了"+i+"次");
    </script>
  </head>
  <body>
    示例结束。
  </body>
</html>
```

运行上例代码，出现两个弹框，第一个弹框是循环体内的弹框，单击“确定”按钮，出现第二个弹框，是循环体外的弹框，如图 8-7 所示。

4．函数调用

将相同功能且多次执行的代码段构建成函数，可以简化、模块化程序。

（1）定义与调用

在 JavaScript 脚本语言中，函数的定义使用关键字“function”，语法结构为：

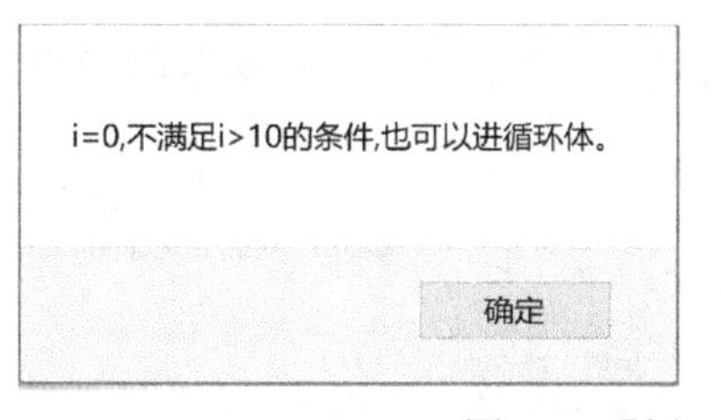

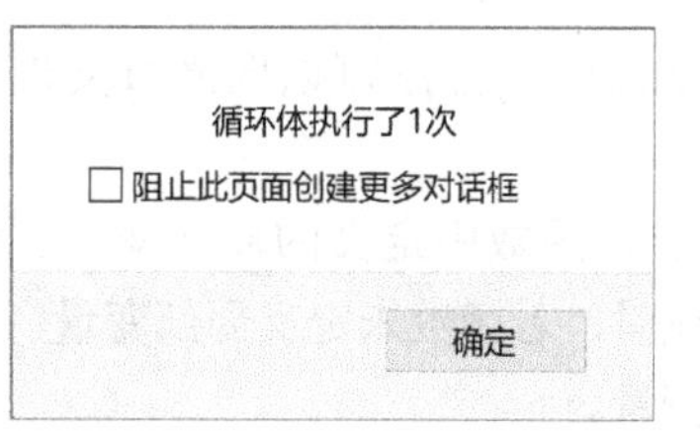

图 8-7 【例 8-9】运行结果

```
function funct_name([param1] [, param2]…[, paramn])
{
  statement;
  [return expresstion;]
}
```

“funct_name”是函数名，命名规则与变量名相同。圆括号内是可缺省的形参表，最多可以有 255 个。

函数的调用使用如下的语句结构直接调用：

```
funct_name([param1] [, param2]…[, paramn]);
```

圆括号内是可缺省的实参表。

（2）变量作用域

在函数中定义的变量为局部变量，只在此函数内有效。所以，不同函数内可以定义变量名相同的局部变量。在函数外部定义的变量为全局变量，当局部变量与全局变量重名时，需要辨别变量的作用域，如【例 8-10】所示。

【例 8-10】 局部变量和全局变量。

```
</html>
  <head>
    <title>局部变量和全局变量</title>
    <meta http-equiv="content-type" content="text/html; charset=utf-8">
    <script>
      var x = 0;
      function loacl_variable()
      {
         var x = 12;
         return x;
        }
      function global_variable()
      {
         x++;
        return x;
        }
        document.write("全局变量 x 的值为: "+x+"<br>");
        document.write("局部变量 x 的值为: "+loacl_variable()+"<br>");
        document.write("函数中改变全局变量 x 的值为: "+global_variable()+"<br>");
    </script>
  </head>
  <body>
  </body>
</html>
```

document.write()方法可以向网页文档输出内容，输出内容由圆括号内指定。运行结果如图 8-8 所示。

可以看出，函数中定义的局部变量，并不会影响全局变量，若函数未定义局部变量，使用的即为全局变量。

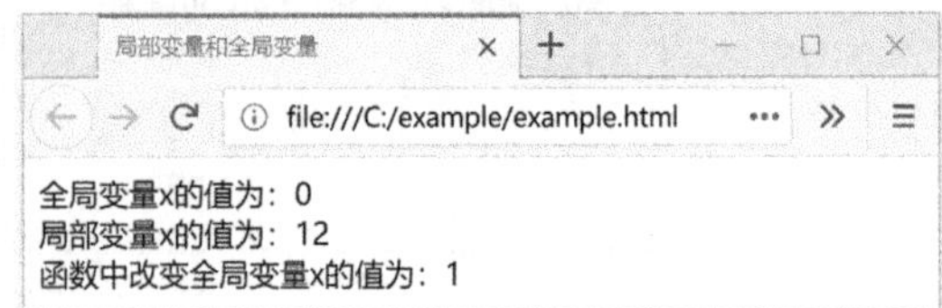

图 8-8 【例 8-9】运行结果

8.3 JavaScript 对象

对象是对客观事物的抽象。属性是对象的状态，方法是对象的动作。对象可以通过对事件的响应，实现各种方法，改变对象的属性。例如，将气球看成是一个对象，该对象具有颜色、体积、位置等属性；该对象有放气方法、上升方法；通过响应刺破事件，实现放气方法，改变体积属性；通过响应放手事件，实现上升方法，改变位置属性。

JavaScript 脚本语言中，所有的数据类型都可以看作对象，对象就是具有属性和方法的特殊的数据类型。

访问对象属性的语法是：

```
ObjectName.PropertyName;
```

其中，ObjectName 是对象名，PropertyName 是属性名。

调用对象方法的语法是：

```
ObjectName.MethodName([parameter]);
```

其中，MethodName 是方法名，parameter 是参数列表，方括号表示参数为可选项。

JavaScript 提供了许多内置对象，供编程者使用。

8.3.1 内置对象

JavaScript 的内置对象包括 String、Number、Boolean、Array、Object、Function、Data、Math 等对象。这里重点介绍 String、Array、Data、Math 对象。

1. String 对象

创建 String 对象的语法是：

```
new string([s])
```

其中，s 是 String 对象的值。

String 对象的常用属性是 length，用于返回字符串的长度。

String 对象的常用方法见表 8-6。

表 8-6 String 对象常用方法

方法	说明
charAt(index)	返回指定的索引号 index 的字符
concat(string1[, string2, …, string])	返回连接后的字符串。string 是待连接的字符串
indexOf(searchvalue [,fromindex])	返回检索字符串的位置。searchvalue 是检索值，fromindex 是规定的检索位置
lastIndexOf(searchvalue[,fromindex])	反向检索字符串。参数同上
slice(start[, end])	提取从起始位置 start 到结束位置 end 的字符串

（续）

方法	说明
substr(start[, length])	从起始位置 start 开始提取指定长度 length 的字符串
substring(start[, stop])	提取起始位置 start（非负）和终止位置 stop（不包括）间的字符串
toLowerCase()	将字符串转换为小写
toUpperCase()	将字符串转换为大写

注意：若指定起始位置的 start 是负数，则表明从字符串结尾开始索引。

字符串对象还有很多可以使字符串对象以不同格式显示的方法，此处不再一一介绍。

String 对象的使用示例见【例 8-11】。

【例 8-11】 String 对象示例。

```
</html>
  <head>
    <title>String 对象示例</title>
    <meta http-equiv="content-type" content="text/html; charset=utf-8">
    <script>
      //定义 String 对象
      var x = new String("Hello");
          //连接两个字符串
      var y = x.concat(" World!");
          //提取从字符串位置为 5 开始的字符串
      var z = y.substr(5);
      //将字符串转化为大写
      document.write("前半句大写是："+x.toUpperCase()+"<br>");
      //将字符串转化为小写
      document.write("后半句小写是："+z.toLowerCase()+"<br>");
      //检索"！"在字符串中的位置
      document.write(""!"在""+y+""中的位置是："+y.indexOf("!")+"<br>");
    </script>
  </head>
  <body>
  </body>
</html>
```

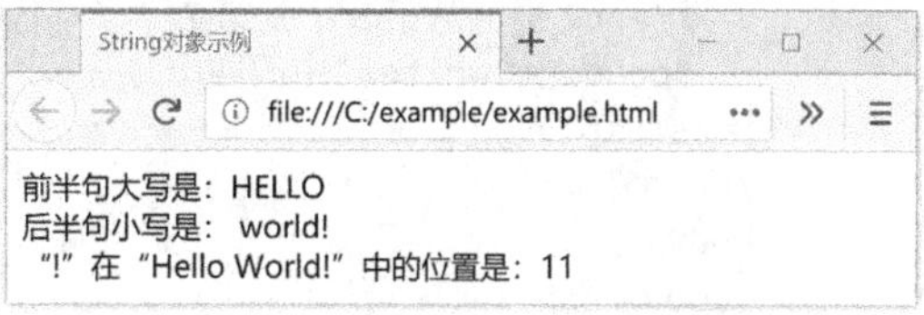

String对象示例

file:///C:/example/example.html

前半句大写是：HELLO
后半句小写是： world!
"!" 在 "Hello World!" 中的位置是：11

图 8-9 【例 8-11】运行结果

【例 8-11】的运行结果如图 8-9 所示。

2. Array 对象

创建 Array 对象的语法是：

```
new Array([length])
```

或者：

```
new Array([element1, element2, …, elementN])
```

其中：length 是 Array 对象的长度；element1, element2, …, elementN 是 Array 对象的元素列表。

Array 对象的常用属性是 length，用于返回数组的长度。

Array 对象的常用方法见表 8-7。

表 8-7　Array 对象常用方法

方法	说明
concat(arrayX)	连接两个或多个数组，不改变原数组。参数 arrayX 可以是数组元素，也可以是数组
pop()	删除数组的最后一个元素，并返回该元素
shift()	删除数组的第一个元素，并返回该元素
reverse()	颠倒原数组
push(element1[,element2,…, elementN)	向数组末尾添加一个或多个元素
unshift(element1[,element2,…, elementN)	向数组开头添加一个或多个元素
slice(start [,end])	提取起始位置 start 到结束位置 end（不包含）的数组元素
splice(index, num, element1[,element2,…, elementN)	从 index 开始删除 num 个元素，并用 element1[,element2,…, elementN)替换

Array 对象的使用示例见【例 8-12】。

【例 8-12】 Array 对象示例。

```
</html>
  <head>
    <title>Array 对象示例</title>
    <meta http-equiv="content-type" content="text/html; charset=utf-8">
    <script>
      var arr1=new Array("Apr", "May", "June");
      //连接数组，不改变原数组
      var arr2=arr1.concat("July", "Aug", "Sept");
      //向数组开头添加元素
      arr2.unshift("Jan", "Feb", "Mar");
      //向数组结尾添加元素
      arr2.push("Oct", "Nov", "Dec");
      //arr1 倒序，改变原数组
      document.write("arr1 倒序：" + arr1.reverse() + "<br />");
      //arr2 删除首尾元素
      document.write("每年的第一个月是：" + arr2.shift() + "，最后一个月是：" +
arr2.pop() + "<br />");
      //arr2 提取从第 3 个到第 7 个（不包括）元素
      document.write("中间四个月是：" + arr2.slice(3,7));
    </script>
  </head>
  <body>
  </body>
</html>
```

【例 8-12】的运行结果如图 8-10 所示。

Array对象示例
file:///C:/example/example.html
arr1倒序：June,May,Apr
每年的第一个月是：Jan，最后一个月是：Dec
中间四个月是：May,June,July,Aug

图 8-10　【例 8-12】运行结果

3．Data 对象

JavaScript 提供的 Date 对象，可以调用系统日期与时间，并可以方便地处理日期和时间。创建 Date 对象的语法是：

```
new Date()
```

Date 对象常使用的方法见表 8-8。

表 8-8　Date 对象常用方法

方法	说明
Date()	返回当前的日期和时间
getDay()	返回当前星期几
getDate()	返回当前月份中的一天
getMonth()	返回当前月份（0～11）
getFullYear()	返回当前四位数年份
getHours()	返回当前小时数（24 时制）
getMinutes()	返回当前分钟数
getSeconds()	返回当前秒数
setDate(date)	设置 Date 对象的日期为 date
setMonth(month[, date])	设置 Date 对象的月份（及日期）为 month（date）
setFullYear(year[, month, Date])	设置 Date 对象的年份（及月份、日期）为 year（和 month，Date）
setHours(hour[, minute, second])	设置 Date 对象的小时（及分钟、秒数）为 hour（和 minute，second）
setMinutes(minute[, second])	设置 Date 对象的分钟（及秒数）为 minute（和 second）
setSeconds(second)	设置 Date 对象的秒数为 second

Date 对象的使用示例见【例 8-13】。

【例 8-13】 Date 对象示例。

```
</html>
  <head>
    <title>Date 对象示例</title>
    <meta http-equiv="content-type" content="text/html; charset=utf-8">
    <script>
      //定义 Date 对象
      var myDate = new Date();
      //获取当前系统时间的年、月、日和星期
      document.write("今天是：" + myDate.getFullYear() + "年" + myDate.getMonth()
+ 1 + "月" + myDate.getDate() + "日，星期" + myDate.getDay() + "。</br>");
      //获取当前系统时间的时、分、秒
      document.write("当前时间是：" + myDate.getHours() + "时" + myDate.getMinutes() +
"分" + myDate.getSeconds() + "秒。</br>");
      //设置系统时间为指定的年、月、日
      myDate.setFullYear(2050,1,19);
      document.write("当前日期修改为：" + myDate.getFullYear() + "年" + myDate.getMonth()
+ "月" + myDate.getDate() + "日，星期" + myDate.getDay() + "。</br>");
    </script>
  </head>
  <body>
  </body>
</html>
```

【例 8-13】的运行结果如图 8-11 所示。

图 8-11　【例 8-13】运行结果

4. Math 对象

JavaScript 提供的 Math 对象，提供了丰富的数学处理工具。Math 对象无需创建，可以直接使用其属性和函数。

常用的 Math 对象属性见表 8-9。

表 8-9　Math 对象常见属性

属性	说明
E	返回数学常量 e
PI	返回π
LOG2E	返回 $\log_2 e$
LOG10E	返回 $\log_{10} e$

常用的 Math 对象方法见表 8-10。

表 8-10　Math 对象常用方法

方法	说明
abs(x)	返回 x 的绝对值
random()	返回[0, 1)
sqrt(x)	返回 $\sqrt{x}$
log(x)	返回 $\log_e x$
exp(x)	返回 e^x
pow(x,y)	返回 x^y
max(x,y)	返回 x 和 y 中的最大值
min(x,y)	返回 x 和 y 中的最小值
ceil(x)	返回最接近 x 且不小于 x 的整数
round(x)	返回最接近 x 的整数
floor(x)	返回最接近 x 且不大于 x 的整数
sin(x)	返回 sin(x)，x 是弧度值
cos(x)	返回 cos(x)，x 是弧度值
tan(x)	返回 tan(x)，x 是弧度值
asin(x)	返回 x 的反正弦弧度值。参数 x 在-1 和 1 之间
acos(x)	返回 x 的反余弦弧度值。参数 x 在-1 和 1 之间
atan(x)	返回 x 的反正切弧度值
atan2(y,x)	返回从 x 轴到点（x,y）的弧度值

例如，使用 Math 对象随机生成一个骰子数，具体代码见【例 8-14】。

【例 8-14】 Math 对象示例。

```
<html>
  <head>
    <title>Math 对象示例</title>
    <meta http-equiv="content-type" content="text/html; charset=utf-8">
    <script>
      //使用 random()方法生成一个[1, 6)的随机数
      var x = 5 * Math.random()+1;
      //使用 round()方法对生成的[1, 6)的随机数取近似整数
      document.write(Math.round(x));
    </script>
```

```
  </head>
  <body>
  </body>
</html>
```

运行结果是生成一个 1～6 之间的随机正整数。

8.3.2　自定义对象

JavaScript 除了许多内置对象外，也允许用户自己创建对象。创建对象有两种方法。

方法一，直接创建对象实例，语法规则为：

```
var ObjectName = new Object;
ObjectName. PropertyName1=Value1;
…
ObjectName. PropertyNameN=ValueN;
```

例如，创建一个名为“porson”的自定义对象，对象属性有“name”和“age”，代码如下：

```
var porson = new Object;
porson.name = "Jone";
porson.age =30;
```

或者按如下语法规则创建自定义对象：

```
var ObjectName = { PropertyName1:Value1, …, PropertyNameN:ValueN};
```

上例自定义对象的创建语句，等效于如下语句：

```
var porson ={name: " Jone ", age: 30};
```

方法二，使用函数构造对象，语法规则为：

```
function ObjectName([param1][, param2, …, paramN])
{
  this.PropertyName1 = Value1;
  …
  this.PropertyNameN = ValueN;
  this.methodName1=functionName1;
  …
  this.methodNameN=functionNameN;
}
function methodName1([param1][, param2, …, paramN])
{
  …
}
…
function methodNameN([param1][, param2, …, paramN])
{
  …
}
```

例如，创建一个名为“square”的自定义对象，具有属性“bianchang”，具有方法“perimeter”和“area”，见【例 8-15】。

【例 8-15】 自定义对象示例。

```
<html>
  <head>
    <title>自定义对象示例</title>
    <meta http-equiv="content-type" content="text/html; charset=utf-8">
    <script>
      function square(bianchang){
        this. bianchang = bianchang;
        this.perimeter = perimeter;
        this.area = area;
      }
      function perimeter(){
        var perimeter = 4*this. bianchang;
        return perimeter;
      }
      function area(){
        var area = this. bianchang*this. bianchang;
        return area;
      }
      var mysquare = new square(10);
      document.write("正方形边长为: " + mysquare. bianchang +"<br>");
      document.write("正方形周长为: " + mysquare.perimeter() +"<br>");
      document.write("正方形面积为: " + mysquare.area() +"<br>");
    </script>
  </head>
  <body>
  </body>
</html>
```

【例 8-15】的运行结果如图 8-12 所示。

图 8-12 【例 8-15】运行结果

8.3.3 BOM 对象

JavaScript 脚本语言的最初目的就是能够在浏览器中运行，实现用户与浏览器的简单交互，浏览器对象模型（Browser Object Model）使得 JavaScript 与浏览器有了“对话”能力。

BOM 对象的顶级对象是 Window 对象，Window 对象的属性中，Location、Navigation、History、Screen 以及 Document，本身也是对象。

1. Window 对象

Window 对象是 BOM 对象的核心，Window 对象指当前的浏览器窗口，包含浏览器窗口的属性与方法。所有 JavaScript 的全局对象、函数及变量均会自动成为 Window 对象的成员，全局变量成为 Window 对象的属性，全局函数成为 Window 对象的方法。

Window 对象的其他常用属性见表 8-11。

表 8-11 Window 对象常见属性

属性	说明
closed	返回窗口是否已经被关闭
innerHeight	返回窗口的文档显示区的高度
innerWidth	返回窗口的文档显示区的宽度

（续）

属性	说明
outerHeight	返回窗口外部高度，包含工具条、滚动条等
outerWidth	返回窗口外部宽度，包含工具条、滚动条等
name	设置或返回窗口的名称
self	返回对当前窗口的引用
opener	返回打开新窗口的源窗口

Window 对象的常用方法见表 8-12。

表 8-12　Window 对象常见方法

方法	说明
open([url, name, spaces, parameters])	创建新窗口。参数 url 指定打开窗口的 URL，默认则为空白窗口；name 指定新窗口的名称；parameters 指定打开窗口的风格，可有多个选项，用西文逗号分开
close()	关闭浏览器窗口
print()	打印当前窗口的内容
alert([msg])	弹出一个带有 msg 指定消息和确定按钮的警告框
confirm([msg])	弹出一个带有 msg 指定消息和确认、取消按钮的确认框
prompt([msg, defaultText])	弹出一个可提示用户输入的对话框。msg 为对话框显示文本，defaultText 为默认的用户输入文本
setTimeout(funt[, milliseconds, param1, …)	在指定的毫秒数后调用函数或表达式。funt 为调用目标；milliseconds 为等待的毫秒数，默认 0；param1, …传递给函数执行的其他参数
clearTimeout(setTimeOutId)	阻止未执行的 setTimeout。setTimeOutId 为调用 setTimeout()的返回值

Window 对象的使用示例见【例 8-16】。

【例 8-16】 Window 对象示例。

```
<html>
  <head>
  <title> Window 对象示例</title>
  <meta http-equiv="content-type" content="text/html; charset=utf-8">
    <script>
      //定义一个名为 myWindow 的全局变量
      var myWindow;
      function openWin(){
        //打开一个名为 newWindow 的新页面，页面宽度、高度分别为 400 和 200 像素
        myWindow=window.open("","newWindow","width=400,height=200");
        //在新打开的页面中显示新窗口的 name 属性值
        myWindow.document.write("新窗口名为"+myWindow.name);
        //在源窗口中显示源窗口的高度*宽度像素值
        myWindow.opener.document.write("源窗口大小为"+ myWindow.opener.outerHeight
+"*"+myWindow.opener.outerWidth);
        //弹出一个显示“需要关闭该窗口么？”的 conform（确认）框
        var x = myWindow.confirm("需要关闭该窗口么？");
        //如果按下“确定”按钮，则：
        if (x){
          //调用 closeWin()函数
          closeWin();
        }
        //如果按下“取消”按钮，则：
```

```
        else{
          alert("新窗口将在 3 秒后关闭");
          //延时执行 closeWin()函数
          myWindow.setTimeout(closeWin, 3000);
        }
      }
      function closeWin(){
        //关闭新窗口
        myWindow.close();
      }
    </script>
  </head>
  <body>
    <input type="button" value="打开我的窗口" onclick="openWin()" />
  </body>
</html>
```

运行上例，单击窗口中的“打开我的窗口”按钮，源窗口显示源窗口大小，同时弹出一个名为“newWindow”的新窗口，并出现一个提示框，如图 8-13 所示。

单击提示框的“确定”按钮，则关闭新窗口；单击“取消”按钮，则弹出一个提示延时 3 秒关闭新窗口的弹框，如图 8-14 所示。

图 8-13　运行【例 8-16】单击“打开我的窗口”按钮后结果

图 8-14　单击图 8-13 中“取消”按钮弹出对话框

单击“确定”按钮，3 秒后新窗口关闭。

2. Location 对象

Location 对象是 Window 对象的一个重要属性，包含当前 URL 的信息。可通过 window.location 访问，也可不使用 window 前缀直接访问。

Location 对象常用的属性见表 8-13。

表 8-13　Location 对象常用属性

属性	说明
href	返回或设置完整的 URL
protocol	返回当前 URL 的协议
host	返回当前 URL 的主机名和端口号

（续）

属性	说明
hostname	返回当前 URL 的主机名
port	返回当前 URL 的端口号
pathname	返回当前 URL 的路径
hash	返回当前 URL 的锚部分（#后的部分）
search	返回当前 URL 的查询部分（?后的部分）

Location 对象常用的方法见表 8-14。

表 8-14 Location 对象常用方法

方法	说明
assign([url])	加载一个由 url 指定 URL 的新文档
reload([forceGet])	重新加载文档。参数 forceGet = true，则绕过缓存，从服务器加载文档
replace([url])	用一个 url 指定 URL 的新文档替换当前文档

例如，利用 Location 对象加载百度页面，见【例 8-17】。

【例 8-17】 Location 对象示例。

```
<html>
  <head>
    <title>Location 对象示例</title>
    <meta http-equiv="content-type" content="text/html; charset=utf-8">
    <script>
      function openDoc(){
        location.assign("http://www.baidu.com");
      }
    </script>
  </head>
  <body>
    <input type="button" value="载入文档" onclick="openDoc()">
  </body>
</html>
```

运行【例 8-17】代码后，单击页面“载入文档”按钮，即可跳转至百度首页。

3. Navigator 对象

Navigator 对象包含有关访问者浏览器的信息，可以用它来查询一些关于运行当前脚本的应用程序的相关信息。但由于 Navigator 数据可能被浏览器使用者修改，且一些浏览器对测试站点会识别错误，所以，Navigator 对象一般不被用于检测浏览器版本。Navigator 对象在使用时也可以不使用 window 前缀。

Navigator 对象的常用属性见表 8-15。

表 8-15 Navigator 对象常用属性

属性	说明
appCodeName	返回浏览器代号
appName	返回浏览器名称
appVersion	返回浏览器版本信息

（续）

属性	说明
cookieEnabled	返回是否启用 Cookies
platform	返回硬件平台信息
userAgent	返回用户代理信息
systemLanguage	返回用户代理语言

Navigator 对象的使用示例见【例 8-18】。

【例 8-18】 Navigator 对象示例。

```
<html>
  <head>
    <title>Navigator 对象示例</title>
    <meta http-equiv="content-type" content="text/html; charset=utf-8">
    <script>
      var txt = "浏览器代号: " + window.navigator.appCodeName + "<br>";
      txt+= "浏览器名称: " + window.navigator.appName + "<br>";
      txt+= "浏览器版本: " + navigator.appVersion + "<br>";
      txt+= "启用 Cookies: " + navigator.cookieEnabled + "<br>";
      txt+= "硬件平台: " + navigator.platform + "<br>";
      txt+= "用户代理: " + navigator.userAgent + "<br>";
      txt+= "用户代理语言: " + navigator.systemLanguage;
      document.write(txt);
    </script>
  </head>
  <body>
  </body>
</html>
```

【例 8-18】运行结果如图 8-15 所示。

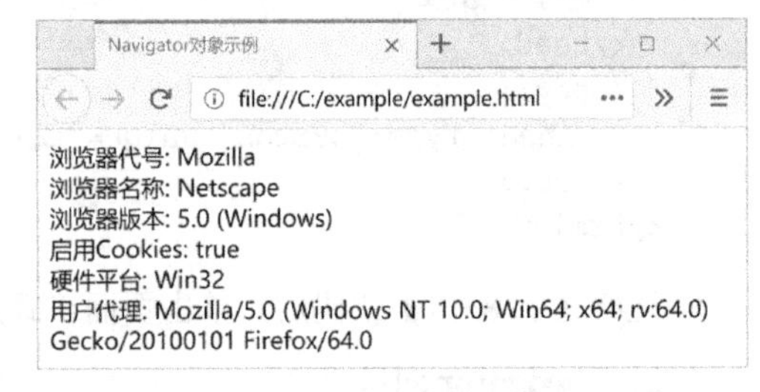

图 8-15 【例 8-18】运行结果

4. History 对象

History 对象包含浏览器的历史信息。为了保护隐私，JavaScript 在访问该对象时做出了一些限制。在使用 History 对象时，也可以不使用 window 前缀。

History 对象常用的方法见表 8-16。

表 8-16 History 对象常用方法

方法	说明
back()	后退，与单击浏览器后退按钮效果相同
forward()	前进，与单击浏览器前进按钮效果相同
go(num)	前往历史中指定的某个页面

此处不再赘述举例。

5. Screen 对象

Screen 对象包含有关用户屏幕的信息，也可以不使用 window 前缀。Screen 对象的常用属性见表 8-17。

表 8-17　Screen 对象常用属性

属性	说明
availHeight	返回屏幕可用高度
availWidth	返回屏幕可用宽度

Screen 对象使用示例见【例 8-19】。

【例 8-19】 Screen 对象示例。

```
<html>
  <head>
    <title>Screen 对象示例</title>
    <meta http-equiv="content-type" content="text/html; charset=utf-8">
    <script>
      document.write("屏幕可用高度：" + screen.availHeight + "<br>");
      document.write("屏幕可用宽度：" + screen.availWidth);
    </script>
  </head>
  <body>
  </body>
</html>
```

【例 8-19】运行结果如图 8-16 所示。

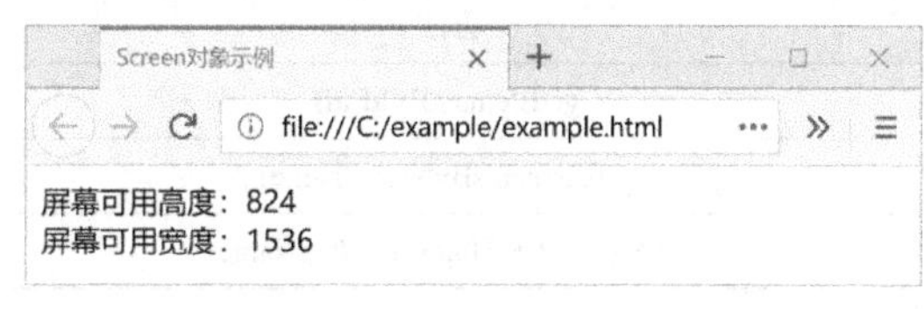

图 8-16 【例 8-19】运行结果

8.3.4　DOM 对象

通过 DOM（Document Object Model，文档对象模型）对象，我们可以获取、创建、删除 HTML 元素，改变 HTML 元素内容、属性与样式，并对 HTML 的事件做出反应。

1. DOM

浏览器在加载 Web 页面时会构造一个 DOM。DOM 是 W3C 的标准，它是与浏览器、平台、语言无关的接口，通过 DOM 可以访问页面其他的标准组件。DOM 给 Web 开发人员提供了一个标准化的方法，用来访问站点中的数据、脚本和表现层对象。

HTML DOM 定义了所有 HTML 元素的对象和属性，以及访问它们的方法。通过 HTML DOM，可以表示页面中的各个 HTML 元素，这些元素会被表示为不同的 DOM 对象。简而言之，HTML DOM 是关于如何获取、修改、添加或删除 HTML 元素的标准。

根据 W3C 的 HTML DOM 标准，HTML 文档中的所有内容都是节点：

- 整个文档是一个文档节点。
- 每个 HTML 元素是元素节点。
- HTML 元素内的文本是文本节点。
- 每个 HTML 属性是属性节点。
- 注释是注释节点。

HTML DOM 将 HTML 文档视作树结构，又被称为节点树。

HTML DOM 节点树结构示例，如图 8-17 所示。

HTML DOM 节点树中的所有节点均可通过 JavaScript 进行访问，所有 HTML 元素（节点）均可被修改，也可以创建或删除节点。

节点树中的节点之间存在层级关系。父节点拥有子节点，有相同父节点的同级子节点被称为同胞（兄弟或姐妹）。在节点树中，顶端节点被称为根（root），除根之外，每个节点都有父节点。一个节点可拥有任意数量的子节点。

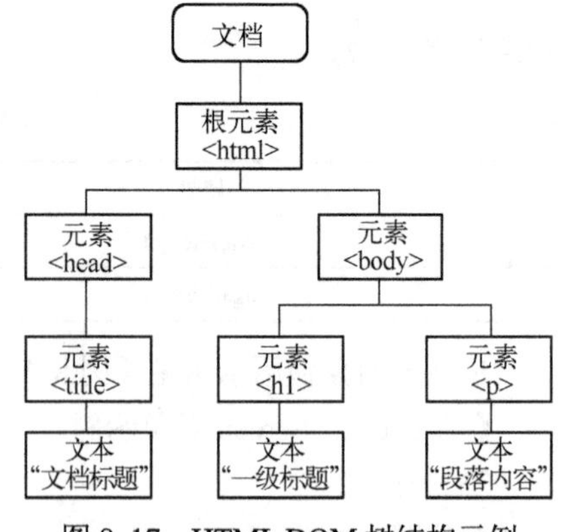

图 8-17　HTML DOM 树结构示例

文档对象模型定义了访问和处理 HTML 文档结构与内容的方法，其中最重要的两个对象是 Document 和 Element。

2．Document 对象

每一个载入浏览器的 HTML 文档都会成为 Document 对象，Document 是 HTML 文档的根节点，通过 Document 对象可以实现对 HTML 文档所有元素的访问。Document 对象的常用方法见表 8-18。

表 8-18　Document 对象的常用方法

方法	说明
getElementById(id)	通过元素的 id 来获取元素
getElementsByName(name)	通过元素的 name 来获取元素
getElementsByTagName (tagName)	通过元素的标签名来获取元素
createElement(tagName)	创建一个指定标签名的元素
write(content)	向 HTML 文档输出 content 指定的内容

Document 对象也是 Window 对象的一个重要属性，可以通过 window.document 访问，也可直接通过 Document 访问。

3．Element 对象

在 DOM 中，Element 对象表示 HTML 元素。对 HTML 元素、属性和内容的操作，可以通过 Element 对象属性和方法的使用来实现。

Element 对象常用的属性见表 8-19。

表 8-19　Element 对象的常用属性

属性	说明
id	设置或返回元素的 id
children	返回元素的子元素集合
innerHTML	设置或返回元素的内容
attributes	设置或返回元素的属性数组
style	设置或返回元素的样式属性

Element 对象常用的方法见表 8-20。

表 8-20　Element 对象的常用方法

方法	说明
appendChild(newNode)	在父节点的所有子节点的最后添加新的子节点 newNode
insertBefore(newNode, oldNode)	在指定的子节点 oldNode 前添加新的子节点 newNode
removeChild(node)	删除指定的节点 node
replaceChild(newNode, oldNode);	用指定的新节点 newNode 替换指定的节点 oldNode
getAttribute(attributeName)	根据指定的属性名 attributeName 获取指定的属性值
setAttribute(attributeName, attributeValue)	添加指定的属性 attributeName 和值 attributeValue
removeAttribute(attributeName)	删除指定的属性 attributeName
addEventListener(event, function)	添加事件句柄。event 为响应的事件，function 为响应的函数
removeEventListener(event, function)	删除事件句柄。event 为响应的事件，function 为响应的函数

对 HTML 元素及内容的操作示例见【例 8-20】。

【例 8-20】 DOM 元素及内容示例。

```
<html>
  <head>
    <title>DOM 元素及内容示例</title>
    <meta http-equiv="content-type" content="text/html; charset=utf-8">
  </head>
  <body>
    <div id="div1">
       <p id="p1">第一个段落将会被删除。</p>
       <p id="p2">第二个段落将会被替换。</p>
    </div>
  </body>
</html>
<script>
  //新建一个元素
  var newPara1 = document.createElement("p");
  //设置元素内容
  newPara1.innerHTML = "这是追加的新段落。";
  var newPara2 = document.createElement("p");
  newPara2.innerHTML = "这是插入的新段落。";
  var newPara3 = document.createElement("p");
  newPara3.innerHTML = "这是替换的新段落。";
  //通过 id 获取元素
  var element = document.getElementById("div1");
  //在获取元素的子元素中追加新建的元素
  element.appendChild(newPara1);
  Para1 = document.getElementById("p1");
  //在获取元素的指定子元素前插入新建的元素
  element.insertBefore(newPara2,Para1);
  //删除元素
  element.removeChild(Para1);
  //替换元素
  Para2 = document.getElementById("p2");
  element.replaceChild(newPara3, Para2);
</script>
```

【例 8-20】的运行结果如图 8-18 所示。

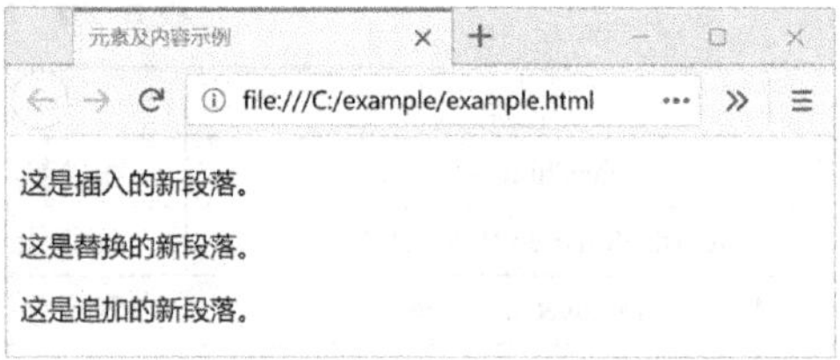

图 8-18 【例 8-20】运行结果

对 HTML 属性及样式的操作示例见【例 8-21】。

【例 8-21】 DOM 属性及样式示例。

```
<html>
  <head>
    <title>DOM 属性及样式示例</title>
    <meta http-equiv="content-type" content
="text/html; charset=utf-8">
  </head>
  <body>
    <h1 id="id1">我要改变样式! </h1>
    <input value="我要改变属性">
    <button onclick="changeAttribute()">改变属性</button>
    <input type = "button" value="改变样式" onclick = "changeStyle()">
  </body>
</html>
<script>
  function changeAttribute(){
   //改变第一个 input 的 type 属性为 button
     document.getElementsByTagName("INPUT")[0].setAttribute("type","button");
  }
  function changeStyle(){
     //改变 h1 元素的 fontStyle 属性为斜体
     document.getElementById("id1").style.fontStyle = "italic";
  }
</script>
```

运行【例 8-21】，如图 8-19 所示。

单击“改变样式”和“改变属性”按钮，结果如图 8-20 所示。

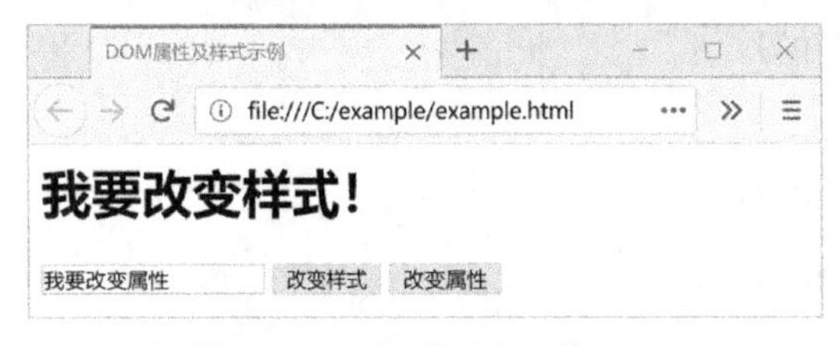

图 8-19 运行【例 8-21】

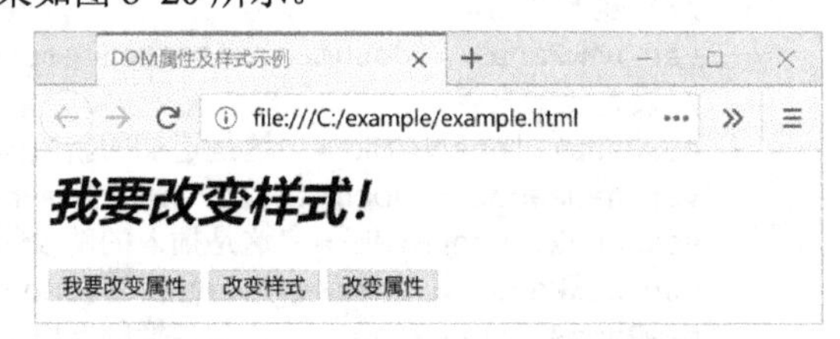

图 8-20 单击“改变样式”和“改变属性”按钮后

8.4 JavaScript 事件

事件是指用户或浏览器的动作，对于 JavaScript 脚本语言，浏览器与用户的交互需要通过响应事件来实现。JavaScript 可以监听各节点的事件，一旦被触发，即可响应特定的语句，以实现特定的功能。

8.4.1 常用事件

JavaScript 中常用的事件如下。

（1）表单事件

例如：submit 事件（提交）、reset 事件（重置）、click 事件（鼠标单击）、change 事件（更改）、focus 事件（获取焦点）、input 事件（输入）等。

（2）浏览器事件

例如：load 事件（加载页面）、unload 事件（离开页面）、resize 事件（调整窗体大小）、scoll 事件（滚动条）等。

（3）鼠标事件

例如：click 事件、dbclick 事件、mouseover 事件（鼠标移入）、mouseout 事件（鼠标移开）、mousedown 事件（鼠标按下）、mouseup 事件（鼠标按键弹起）、mousewheel 事件（鼠标滚轮）等。

（4）键盘事件

例如：keydown 事件（按键按下）、keyup 事件（按键弹起）、keypress 事件（按键按住）等。

8.4.2　事件添加

JavaScript 的事件的添加，常用的有 HTML 内联属性、DOM 绑定属性、添加事件句柄三种方法。

1. HTML 内联属性

HTML 内联属性是指直接将事件捆绑在 HTML 元素上，此方法适用于表单事件。例如提交按钮可以响应 submit 事件，一般按钮、单选按钮可以响应 click 事件，输入框、下拉选择框可以响应 change 事件等。而需要解绑事件时，可以将元素的事件属性赋值为 null。例如【例 8-22】。

【例 8-22】 HTML 内联属性示例。

```
<html>
  <head>
    <title>HTML 内联属性示例</title>
    <meta http-equiv="content-type" content="text/html; charset=utf-8">
    <script>
      function clickbutton(){
        alert("button 的 onclick 事件被触发啦！");
      }
    </script>
  </head>
  <body>
    <input id="btn" type = "button" value = "单击" onclick = "clickbutton()"\>
  </body>
</html>
```

上述代码中，当用户单击 button 按钮时，button 对象会触发一个 onclick 事件处理程序 clickbutton()用来捕获 click 事件。

若需要取消 click 事件的绑定，可以通过 DOM 的属性设置。

2. DOM 属性绑定

DOM 属性绑定是指通过添加 DOM 元素的事件属性来绑定或解绑事件触发的函数。例如【例 8-23】。

【例 8-23】 DOM 属性绑定示例。

```
<html>
  <head>
    <title>DOM 属性绑定示例</title>
    <meta http-equiv="content-type" content="text/html; charset=utf-8">
          <script>
           function jadge(){
          var select=document.getElementsByName("choose");
          var btn=document.getElementById("btn");
              if(select[0][0].selected)
             //令 element.event=null，去除 button 元素的 click 事件
                btn.onclick = null;
          if(select[0][1].selected)
             //使用 Element.event 方法给 button 元素添加 click 事件
                btn.onclick=function clickbutton(){alert("我是 button 新加的 onclick 
事件！")};
            }
          </script>
    </head>
    <body>
          <select name="choose" onchange="jadge()">
        <option value="1" selected="selected">取消 button 的 click 事件</option>
        <option value="2" >添加 button 的 click 事件</option>
      </select>
          <input id="btn" type="button" value="单击">
   </body>
 </html>
```

运行上例代码，在下拉菜单中，选择“添加 button 的 click 事件”，则给 button 元素通过 DOM 绑定 click 事件属性，并给该属性赋值响应 click 事件的函数，单击 button，则出现如图 8-21 所示的弹框。在下拉菜单中，选择“取消 button 的 click 事件”，则通过给 button 元素绑定的 click 事件属性赋值为“null”，删除 button 的 click 事件。

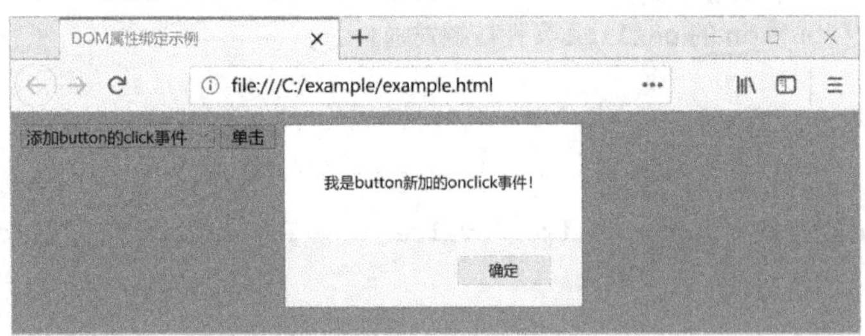

图 8-21 运行【例 8-23】选择“添加 button 的 click 事件”后单击“单击”按钮

3. 添加事件监听

通过表 8-20 中 addEventListener()和 removeEventListener()方法可以为元素添加或删除事件。例如【例 8-24】。

【例 8-24】 添加事件监听示例。

```
<html>
  <head>
```

```
    <title>添加事件监听示例</title>
    <meta http-equiv="content-type" content="text/html; charset=utf-8">
  </head>
  <body>
    <select name="choose" onchange="jadge()">
      <option value="1" selected"selecked">取消 button 的 click 事件</option>
      <option value="2" > 添加 button 的 click 事件</option>
    </select>
    <input id="bt" type="button" value ="单击">
  </body>
</html>
<script>
  var btn = document.getElementById('bt');
  btn.addEventListener('click', clickbutton, false);
  function jadge(){
    var select = document.getElementsByName("choose");
    if(select[0][0].selected)
      btn.removeEventListener('click', clickbutton);
    if(select[0][1].selected)
      btn.addEventListener('click', clickbutton);
  }
  function clickbutton(){
    alert("我是 button 新加的 onclick 事件！");
  }
</script>
```

上例代码中，button 元素的 click 事件由 addEventListener()方法监听，由 removeEventListener()方法移除。【例 8-24】和【例 8-23】的运行效果是一样的。

8.4.3 基本功能实现

本节用 JavaScript 实现第 7 章的计算器的运算功能（除第一行按键功能）。

可以将计算器功能分为三类：清零，计算，获取按键字符、符号。

1. 清零

按键“C”可实现清零功能。需要给按键“C”添加“click”事件，以及响应函数“clearText()”，将表示液晶屏的 input 控件内容清空，需要给此控件绑定 id，以便在 JS 代码中，使用 getElementById()方法获取元素。

修改 HTML 文档如下：

```
……
    <div class="div_txt"><input type="text" id="text"></div>
……
<td><button type="button" class="btn_operator" onclick=clearText()>c</button>
</td>
```

在 JavaScript 代码中添加“clearText()”函数，可在 HTML 文档中添加<script>标签，在标签中添加“clearText()”函数，代码如【例 8-25】所示。

【例 8-25】 按键“C”清空显示屏功能。

```
<script>
  function clearText(){
```

```
        document.getElementById("text").value = "";
    }
</script>
```

2. 计算

按键“=”需要完成计算功能，可以通过“eval()”函数实现。

eval() 函数可计算作为参数的字符串，并执行其中的 JavaScript 代码。返回值是字符串参数的计算、处理结果，无值返回 undefined，若参数字符串中没有合法的表达式和语句，则抛出 SyntaxError 异常。

首先给按键“=”捆绑“click”事件，当单击按键“=”，触发“eq()”函数。修改 HTML 文档中按键“=”标签，代码如下：

```
<button type="button" class="btn_equal" onclick="eq()">=</button>
```

在 JavaScript 代码中添加“eq()”函数：首先在函数中使用与之前相同的方法获取表示液晶屏的“text”控件值，保存在新定义的变量“str”中，然后通过“eval()”函数计算其结果，保存在新定义的变量“result”中；最后将 result 赋值给表示液晶屏的“text”控件的“value”属性，以便在液晶屏显示运算结果。代码如【例 8-25】所示。

【例 8-26】 按键“=”计算并显示功能。

```
function eq()
{
    var str = document.getElementById("text").value;
    var result = eval(str);
    document.getElementById("text").value = result;
}
```

3. 获取按键数字、符号

按数字键与“+”“-”“+/-”“.”等按键，需要直接在液晶屏中显示并继续添加相应字符。

可以给这些按键捆绑“click”事件，当单击按键时，触发“get()”函数，将按键的字符作为参数传入函数。修改 HTML 代码如下：

```
<tr>
  <td><button type="button" class="btn_operator" onclick=clearText()>c</button></td>
  <td><button type="button" class="btn_operator" onclick="get('-')">+/&minus;
</button></td>
  <td><button type="button" class="btn_operator" onclick="get('/')">&divide;
</button></td>
  <td><button type="button" class="btn_operator" onclick="get('*')">&times;
</button></td>
</tr>
<tr>
  <td><button type="button" class="btn_num" onclick="get('7')">7</button></td>
  <td><button type="button" class="btn_num" onclick="get('8')">8</button></td>
  <td><button type="button" class="btn_num" onclick="get('9')">9</button></td>
  <td><button type="button" class="btn_operator" onclick="get('-')">&minus;</button>
  </td>
</tr>
<tr>
```

```
    <td><button type="button" class="btn_num" onclick="get('4')">4</button></td>
    <td><button type="button" class="btn_num" onclick="get('5')">5</button></td>
    <td><button type="button" class="btn_num" onclick="get('6')">6</button></td>
    <td><button type="button" class="btn_operator" onclick="get('+')">+</button></td>
  </tr>
  <tr>
    <td><button type="button" class="btn_num" onclick="get('1')">1</button></td>
    <td><button type="button" class="btn_num" onclick="get('2')">2</button></td>
    <td><button type="button" class="btn_num" onclick="get('3')">3</button></td>
    <td rowspan="2"><button type="button" class="btn_equal" onclick="eq()">=</button></td>
  </tr>
  <tr>
    <td colspan="2">
      <button type="button"  class="btn_num  btn_zero" onclick="get('0')">0</button>
    </td>
    <td><button type="button" class="btn_num" onclick="get('.')">.</button></td>
  </tr>
```

在<script>标签中添加“get()”函数，用“key”作为形参传递按键值，并新定义字符串 str 接收按键字符。代码如【例 8-26】所示。

【例 8-27】 按键获取对应字符。

```
function get(key)
{
    var str = document.getElementById("text").value;
    str += key;
    document.getElementById("text").value = str;
}
```

此时运行代码，按键可获取，如图 8-22a 所示；单击“=”按键，可计算出正确的结果，如图 8-22b 所示。

a) b)

图 8-22 完成【例 8-1】到【例 8-26】后运行结果

a) 获取按键 b) 计算结果

8.4.4 调试

现在，计算器基本问题已实现，还有若干问题待调试。

1. “+/-”按键

按“+/-”按钮时：若液晶屏上字符最前面无负号，应在其前插入负号；若已有负号，应取消符号。而此时，按“+/-”按钮相当于按“-”，如图 8-23 所示。

可修改单击“+/-”按钮的相应函数为“neg()”，在该函数中，先获取液晶屏字符串 str。然后，通过 charAt()方法判断该字符串首字符是否为负号：若为负号，则用 substr()方法删除负号；否则，则在该字符串前添加负号。最后，将修改后的字符串输出至显示屏。

HTML 部分代码修改如下：

```
<button type="button" class="btn_operator" onclick="neg()">+/&minus;</button>
```

JavaScript 部分新增 neg()函数，如【例 8-28】所示。

【例 8-28】“+/-”按键代码。

```
function neg()
{
  var str = document.getElementById("text").value
  char = str.charAt(0);
  if(char == "-")
       str = str.substr(1);
  else
       str = "-"+str;
   document.getElementById("text").value = str;
}
```

此时运行代码，按“+/-”按钮，能够正确实现其功能，如图 8-24 所示。

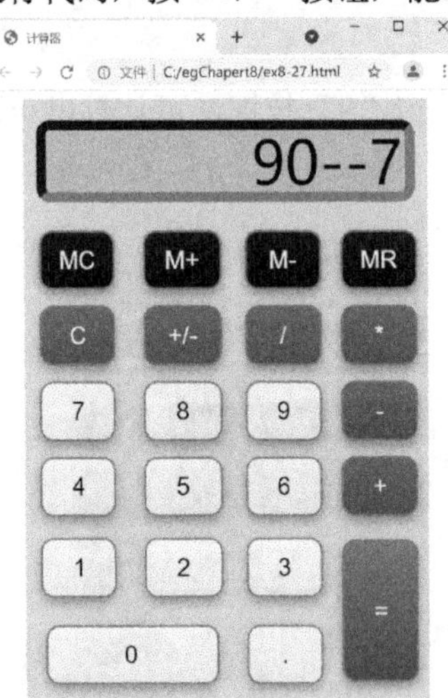

图 8-23　按“+/-”按钮的问题

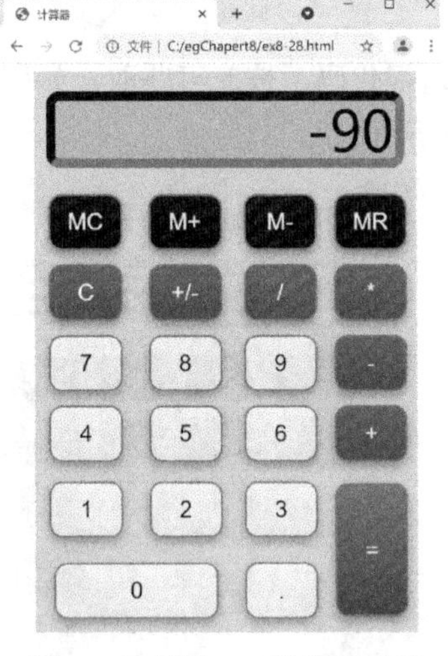

图 8-24　【例 8-28】运行效果

2. 小数点

每一个数，只能有一个小数点，但此时小数点作为普通字符，可以在一个数据中重复出现，如图 8-25 所示。

可新定义全局变量 bool=false，并修改单击“.”按键的函数为“dec()”，在该函数中，只有 point=false 时，“.”按键才能按下。当“.”被按下，point=true；当按下运算符，表示一个数结束，开始按另一个数，point=true。

HTML 部分代码修改如下：

```
<button type="button" class="btn_num" onclick="dec()">.</button>
```

JavaScript 部分新增代码如【例 8-29】所示。

【例 8-29】 小数点按键代码。

```
var point = false;
function dec()
{
   var str = document.getElementById("text").value;
   if(!point)
  {
        str += ".";
        point = true;
  }
  document.getElementById("text").value = str;
}
```

修改 clearText()、get()函数，适时修改 point 的值，代码如【例 8-30】所示。

【例 8-30】 修改 clearText()、get()函数。

```
function get(key)
{
  var str = document.getElementById("text").value;
  str += key;
  document.getElementById("text").value = str;
  if (key=="+"||key=="-"||key=="*"||key=="/")
     point=false;
}
```

此时，运行代码，一个数中只能按一个小数点，如图 8-26 所示。

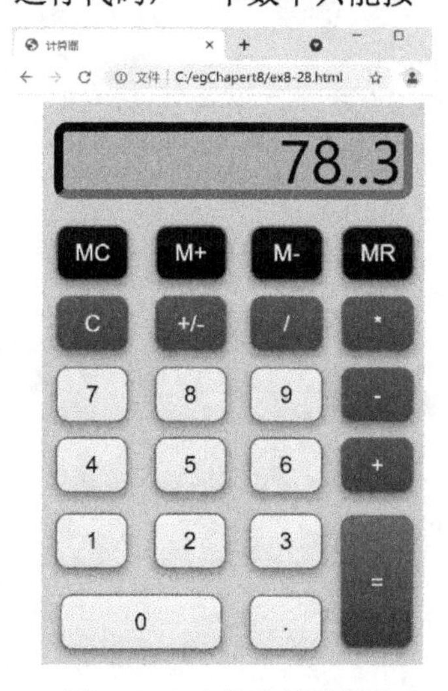

图 8-25　小数点错误输入

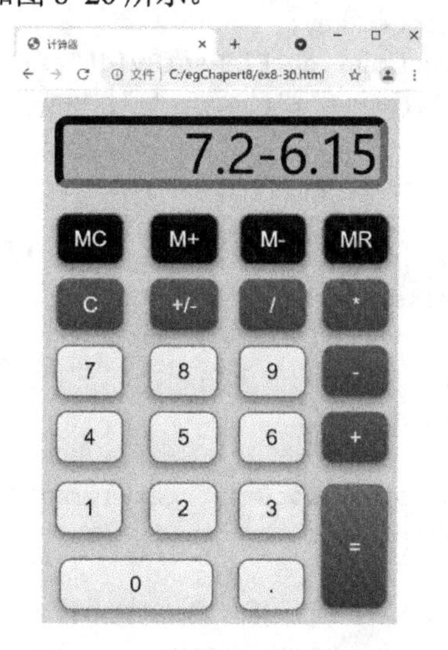

图 8-26　小数点可以正确按下

3．0 的问题

类似的，一个数，整数部分最高位前不应该有“0”，纯小数，小数点前最左边的“0”最多只显示一个。但数据中间的“0”可以有多个。而且，一旦按下运算符，表示一个新的数据开始，又需要对“0”进行判别。但此时“0”作为普通字符，可以在一个数的最高位前被按下多次，如图 8-27 所示。

可以采用类似小数点的处理方式，可新定义全局变量 ZeroEnable=false，并修改单击“0”按钮的函数为“zero()”，在该函数中，只有 ZeroEnable=true 时，“0”按键才能按下。当运算符被按下，ZeroEnable=false，除 0 外任意按键被按下，point=true；当按下运算符，ZeroEnable=true。

HTML 部分修改代码如下：

```
<button type="button"  class="btn_num  btn_zero" onclick="zero()">0</button>
```

新增代码如【例 8-31】所示。

【例 8-31】 新增“0”按键函数。

```
var zeroEnable = false;
function zero()
{
    var str = document.getElementById("text").value;
    if(zeroEnable||str=="")
        str += "0"
    document.getElementById("text").value = str;
}
```

在 get()、dec()函数中适时修改 ZeroEnable 值，修改 get()、dec()函数，函数代码如【例 8-32】所示。

【例 8-32】 修改 get()、dec()函数。

```
function get(key)
{
    var str = document.getElementById("text").value;
    str += key;
    document.getElementById("text").value = str;
    if (key=="+"||key=="-"||key=="*"||key=="/")
    {
            point=false;
        zeroEnable = false;
    }
    else
        zeroEnable = true;
}
function dec()
{
   var str = document.getElementById("text").value;
   if(!point)
   {
           str += ".";
           point = true;
       zeroEnable = true;
   }
   document.getElementById("text").value = str;
}
```

此时，整数最高位是 0 则无法按下显示，是纯小数，小数点前最多只会出现一个 0，在数字中间、尾部，小数点右边可以按下多个 0，如图 8-28 所示。

图 8-27 “0”按键错误　　图 8-28 “0”按键调试结果

此时，一个计算器的主要功能和常见数字输入规则已经实现。

习题

1. JavaScript 与 Java 语言的区别是什么？
2. JavaScript 有哪些数据类型？
3. 如何使用 JavaScript 对象的属性和方法？
4. 添加 JavaScript 事件的方式有哪些？

第 9 章 JavaScript 进阶

jQuery 是一个快速、简洁的 JavaScript 库，也是当前很流行的一个 JavaScript 框架，使用户能更方便地处理 HTML Documents、Events、实现动画效果，并且方便地为网站提供 Ajax 交互。对于程序员来说，能够简化 JavaScript 和 Ajax 编程，能够使程序员从设计和书写繁杂的 JS 应用中解脱出来，将关注点转向功能需求而非实现细节上，从而提高项目的开发速度。对于用户来说，改善了页面的视觉效果，增强了与页面的交互性，体验更绚丽的网页效果。

ECharts 是一个使用 JavaScript 实现的开源可视化图表库，遵循 Apache-2.0 开源协议，可以流畅地运行在 PC 和移动设备上，兼容当前绝大部分浏览器，ECharts 提供了直观、生动、可交互、可个性化定制的数据可视化图表。

9.1 jQuery

jQuery 封装了常用 JavaScript 代码，它提供了一种简便的 JavaScript 设计模式，可以优化 HTML 文档操作、事件处理、CSS 设计和 Ajax 交互。

使用 jQuery，需要在 JavaScript 中引用 jQuery 库，所有的 jQuery 函数都在该文件中。可以在 jQuery 官网：http://jquery.com/download/下载需要的 jQuery 库文件“jquery.js”，并放在合适位置，例如 HTML 文档同级目录的“jquery”文件夹下，同时在 HTML 文档中，需要像引用 JS 文件一样引用 jQuery 库文件。也可以直接在线引用 jQuery 官网资源。

在 JavaScript 代码中，jQuery 用$符号表示，见【例 9-1】。

【例 9-1】 jQuery 示例。

```
<html>
  <head>
    <title>jQuery 示例</title>
    <meta http-equiv="content-type" content="text/html; charset=utf-8">
    <!--引用 jQuery 库文件-->
    <script type="text/javascript" src="/jquery/jquery.js"></script>
    <script>
      // jQuery 入口函数
      $(document).ready(function(){
        //使用 jQuery 定位 button 元素触发 click 事件
        $("button").click(function(){$("button").hide();});
      });
```

```
    </script>
  </head>
  <body>
    <button type="button">请单击</button>
  </body>
</html>
```

上例中，jQuery 的入口函数也可以简单写成如下代码。

```
$(function(){statement;});
```

使用“$("p").hide();”语句，将 button 设置为隐藏。

9.1.1　jQuery 选择器

使用 jQuery 选择器，可以快速精准地选择需要的元素或元素组，并进行相关操作。

1. 基本选择器

基本选择器主要有 id 选择器、元素选择器、类选择器、通配选择器、分组选择器。

以【例 9-2】为例，了解 jQuery 基本选择器的使用方法。

【例 9-2】 jQuery 基本选择器示例。

```
<html>
  <head>
    <title>jQuery 基本选择器示例</title>
    <meta http-equiv="content-type" content="text/html; charset=utf-8">
    <script type="text/javascript" src="/jquery/jquery.js"></script>
    <script>
      $(function(){
        //将“//statement;”替换下面各例的代码，查看结果
        //statement;
      });
    </script>
  </head>
  <body>
    <h1 id="h">这是标题</h2>
    <p>这是段落</p>
    <div class="d">这是 div</div>
  </body>
</html>
```

（1）id 选择器

JavaScript 使用 getElementById()通过元素的 id 属性值查找定位元素，在 jQuery 中，可以简单地使用如下语句。

```
$("#id")
```

其中，id 是标签的 id 属性值，返回匹配该 id 的元素。

在【例 9-2】中将指定语句替换为如下语句。

```
$("#h").css("fontStyle"," italic");
```

执行后，元素 id 属性值为“h”的元素被选中，运行结果如图 9-1 所示。

（2）元素选择器

JavaScript 使用 getElementsByTagName()通过元素标签查找定位元素，在 jQuery 中，可以简单地使用如下语句。

```
$("tagName")
```

其中，tagName 是元素的标签，返回匹配该标签的元素。

在【例 9-2】中，将指定语句替换为如下语句。

```
$("p").css("fontStyle"," italic");
```

执行后，元素标签为“p”的元素被选中，运行结果如图 9-2 所示。

图 9-1　id 选择器示例结果

图 9-2　元素选择器示例结果

（3）类选择器

HTML5 新增了 getElementsByClassName()方法，可以通过指定的类名选择元素。在 jQuery 中，可以简单地使用如下语句。

```
$(".className")
```

其中，className 是标签的 class 属性值，返回匹配该 className 的元素。

在【例 9-2】中，将指定语句替换为如下语句。

```
$(".d").css("fontStyle"," italic");
```

执行后，元素 class 属性值为“d”的元素被选中，运行结果如图 9-3 所示。

（4）通配选择器

如果需要选择文档中所有元素，可以使用通配选择器，语法格式如下。

```
$("*")
```

其中，*可以和其他字符串一起，表示选择指定范围内的所有元素。

在【例 9-2】中，将指定语句替换为如下语句。

```
$("*").css("fontStyle"," italic");
```

执行后，所有元素被选中，运行结果如图 9-4 所示。

图 9-3　类选择器示例结果

图 9-4　通配选择器示例结果

（5）分组选择器

分组选择器可以扩大选择器的选择范围，同时使用多种选择方式，不同的选择方式使用西文逗号“,”隔开。语法格式如下。

```
$("select1, select2, …, selectN")
```

在【例 9-2】中，将指定语句替换为如下语句。

```
$("#h, .d").css("fontStyle"," italic");
```

执行后，元素 id 属性值为“h”和 class 属性值为“d”的两个元素被选中，运行结果如图 9-5 所示。

图 9-5　分组选择器示例结果

2．层级选择器

层级选择器是根据 HTML 文档中各元素间的结构关系进行匹配选择的一种方式。主要包括：包含选择器、子选择器、相邻选择器、兄弟选择器。

以【例 9-3】为例，了解 jQuery 层级选择器的使用。

【例 9-3】 jQuery 层级选择器示例。

```
<html>
  <head>
    <title>jQuery 层级选择器示例</title>
    <meta http-equiv="content-type" content="text/html; charset=utf-8">
    <script type="text/javascript" src="/jquery/jquery.js"></script>
    <script>
      $(function(){
        //将“//statement;”替换下面各例的代码，查看结果
        //statement;
      });
    </script>
  </head>
  <body>
    <div>
      <p id="1">这是段落 1</p>
      <span>
        <p id="2">这是段落 2</p>
      </span>
    </div>
      <p id="3">这是段落 3</p>
      <p id="4">这是段落 4</p>
  </body>
</html>
```

上例代码中，一共有 4 个<p>标签。其中第 1、2 个和第 3、4 个<p>标签分别在<div>标签内和标签外；而第 1 个和第 2 个<p>标签虽然在<div>内，但处于不同的 DOM 层级中；第 3 个和第 4 个<p>标签虽然在<div>外，却处于相同的 DOM 层级中。

（1）包含选择器

包含选择器用于查找包含在给定的祖元素下，所有满足匹配条件的子孙元素，使用如下语句。

```
$("ancestor descendant")
```

其中：ancestor 表示指定的祖元素，descendant 表示指定的子孙元素。

在【例 9-3】中，将指定语句替换为如下语句。

```
$("div p").css("fontStyle", "italic");
```

执行后，查找<div>标签下所有的<p>元素，包括嵌套结构中的<p>元素，id 属性值为“1”和“2”的<p>元素被找到，运行结果如图 9-6 所示。

（2）子选择器

子选择器用于查找指定的父元素下，所有满足匹配的子元素，使用如下语句：

```
$("parent>child")
```

其中：parent 表示指定的父元素，child 表示指定的子元素。

在【例 9-3】中，将指定语句替换为如下语句。

```
$("div>p").css("fontStyle", "italic");
```

执行后，查找<div>标签下，本级结构中的<p>元素，不包括嵌套结构中的<p>元素，只有 id 属性值为“1”的<p>元素被找到，运行结果如图 9-7 所示。

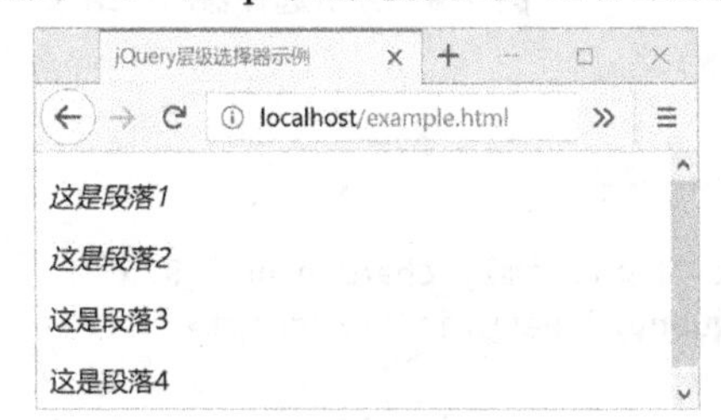

图 9-6　包含选择器示例结果

图 9-7　子选择器示例结果

（3）相邻选择器

相邻选择器用于找到一个指定元素后紧相邻的一个兄弟元素，使用如下语句：

```
$("prev+next")
```

其中：prev 是指定的元素，next 是需要查找的紧接着 prev 的一个兄弟元素。

在【例 9-3】中，将指定语句替换为如下语句。

```
$(" div+p").css("fontStyle", "italic");
```

执行后，查找与<div>标签同级的，紧接着<div>标签的第一个兄弟元素<p>，即只有 id 属性值为“3”的<p>元素被找到，运行结果如图 9-8 所示。

（4）兄弟选择器

兄弟选择器用于查找指定元素后指定的所有兄弟元素，使用如下语句。

```
$("prev~bro")
```

其中：prev 是指定的元素，bro 是需要查找的紧接着 prev 的所有兄弟元素。

在【例 9-3】中，将指定语句替换为如下语句。

```
$(" div~p").css("fontStyle", "italic");
```

执行后，查找与<div>标签同级的，所有<div>标签的所有兄弟元素<p>，即 id 属性值为

“3”和“4”的<p>元素被找到，运行结果如图 9-9 所示。

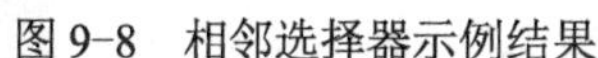
图 9-8　相邻选择器示例结果

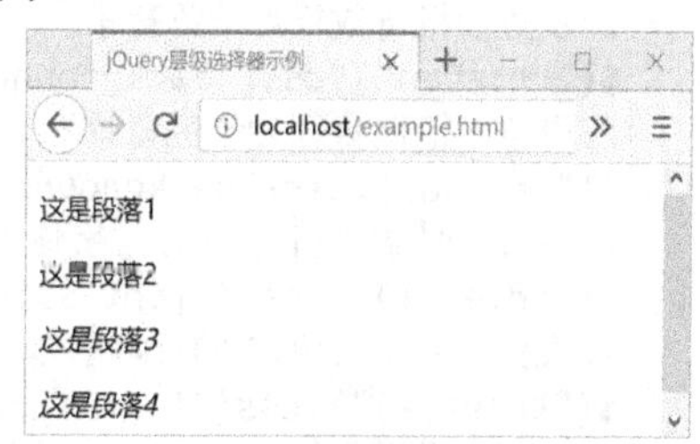

图 9-9　兄弟选择器示例结果

3．过滤选择器

过滤选择器用来筛选特殊需求的 DOM 元素，以西文冒号“:”作为标识。过滤选择器主要包括：基本过滤器、子元素过滤器、内容过滤器、可见性过滤器。

（1）基本过滤器

基本过滤器根据编号、排位等筛选要求选择元素，常用的基本过滤器见表 9-1。

表 9-1　常用的基本过滤器

基本过滤器	说明	举例
:first	选择匹配的第一个元素	$("p:first")
:last	选择匹配的最后一个元素	$("p:last")
:not	选择除去匹配的其他元素	$("p:not(#3)")
:even	选择匹配的所有索引值为偶数的元素	$("p:even")
:odd	选择匹配的所有索引值为奇数的元素	$("p:odd")
:eq(index)	选择匹配的给定索引值的元素	$("p:eq(1)")
:gt(index)	选择匹配的索引值大于给定索引值的元素	$("p:gt(2)")
:lt(index)	选择匹配的索引值小于给定索引值的元素	$("p:lt(4)")
:header	选择匹配的标题元素	$("header")
:animated	选择所有正在执行动画的元素	$("p:first")
:focus	选择匹配的获取焦点的元素	$("input:foucs")

注意，上表中索引值从 0 开始。

基本过滤器的使用示例见【例 9-4】。

【例 9-4】 jQuery 基本过滤器示例。

```
<html>
  <head>
    <title>jQuery 基本过滤器示例</title>
    <meta http-equiv="content-type" content="text/html; charset=utf-8">
    <script type="text/javascript" src="/jquery/jquery.js"></script>
    <script>
      $(function(){
        //设置表格第一行字体为斜体
        $("tr:first").css("font-style", "italic");
        //设置表格最后一行字体带删除线
        $("tr:last").css("text-decoration", "line-through");
        //设置表格除第 1 行和第 4 行外，为宋体字体
```

```
        $("tr:not(#1, #4)").css("font-family", "宋体");
        //设置表格奇数行为黄色背景
        $("tr:even").css("background", "yellow");
        //设置表格偶数行为红色背景
        $("tr:odd").css("background", "red");
        //设置行号索引值=1 的行，字体大小为 20 像素
        $("tr:eq(1)").css("font-size", "10px");
        //设置行号索引值>2 的行，字体大小为 20 像素
        $("tr:gt(2)").css("font-size", "20px");
        //设置行号索引值<1 的行，字体带上画线
        $("tr:lt(1)").css("text-decoration", "overline");
        //设置标题字体带下画线
        $(":header").css("text-decoration", "underline");
      });
    </script>
  </head>
  <body>
    <h4>标题<h4>
    <table>
      <tr id = "1">
        <td>第 1 行</td>
      </tr>
      <tr id = "2">
        <td>第 2 行</td>
      </tr>
        <tr id = "3">
      <td>第 3 行</td>
        </tr>
      <tr id = "4">
        <td>第 4 行</td>
      </tr>
    </table>
  </body>
</html>
```

【例 9-4】的运行结果如图 9-10 所示。

（2）子元素过滤器

子元素过滤器根据对某一元素的子元素进行特定条件的筛选，常用的子元素过滤器见表 9-2。

图 9-10 【例 9-4】运行结果

表 9-2 常用的子元素过滤器

子元素过滤器	说明	举例
:first-child	匹配父元素下的第一个子元素	$("table:first-child")
:last-child	匹配父元素下的最后一个子元素	$(" table:last-child")
:only-child	当父元素只有一个子元素时匹配	$(" table:only-child")
:nth-child(index)	匹配父元素下的指定条件的子元素	$(" table:nth-child(2)")

注意：对于“:nth-child”，若匹配第 N 个子元素，N 从 1 开始；也可以匹配奇、偶位元素，或使用表达式匹配，例如如下语句。

```
$("table:nth-child(odd)")
$("table:nth-child(3n)")
```

子元素过滤器的使用示例见【例 9-5】。

【例 9-5】 jQuery 子元素过滤器示例。

```
<html>
  <head>
    <title>jQuery 子元素过滤器示例</title>
    <meta http-equiv="content-type" content="text/html; charset=utf-8">
    <script type="text/javascript" src="/jquery/jquery.js"></script>
        <script>
      $(function(){
        //设置 tr 的父元素 table 的第一个子元素（第一行）字体带上画线
        $("tr:first-child").css("text-decoration", "overline");
        //设置 tr 的父元素 table 的最后一个子元素（第三行）字体带下画线
        $("tr:last-child").css("text-decoration", "underline");
        //设置 tr 的父元素 table 的第二个子元素（第二行）字体带删除线
        $("tr:nth-child(2)").css("text-decoration", "line-through");
        //如果 td 的父元素 tr 只有一个子元素，设置 td 字体为斜体
        $("td:only-child").css("font-style", "italic");
         });
    </script>
  </head>
  <body>
    <table>
      <tr>
        <td>第 1 行</td>
      </tr>
      <tr>
        <td>第 2 行</td>
      </tr>
      <tr>
        <td>第 3 行</td>
      </tr>
    </table>
  </body>
</html>
```

【例 9-5】运行结果见图 9-11。

（3）内容过滤器

内容过滤器是根据匹配的元素内容进行筛选的一类选择器。常用的内容过滤器见表 9-3。

图 9-11 【例 9-5】运行结果

表 9-3　常用的内容过滤器

内容过滤器	说明	举例
:contains(text)	匹配包含指定文本 text 的元素	$("p:contains('段落')")
:empty	匹配所有不包含子元素或文本节点的空元素	$("p:empty")
:has(selector)	匹配所有含有 selector 指定元素的元素	$ ("div:has(p)")
:parent	匹配含有子元素或文本节点的元素	$ ("p:parent")

内容过滤器的使用示例见【例 9-6】。

【例 9-6】 jQuery 子元素过滤器示例。

```
<html>
  <head>
    <title>jQuery 子元素过滤器示例</title>
    <meta http-equiv="content-type" content="text/html; charset=utf-8">
    <script type="text/javascript" src="/jquery/jquery.js"></script>
<script>
      $(function(){
        //设置含有文本“1”的 td 元素的字体带删除线
        $("td:contains('1')").css("text-decoration", "line-through");
        //若 caption 元素无子元素或文本，则设置其内容为“标题”
        $("caption:empty").text("标题");
        //设置包含 td 元素的 tr 元素的字体为斜体
        $("tr:has(td)").css("font-style", "italic");
        //若 caption 元素包含子元素或文本，则设置其字体带下画线
        $("caption:parent").css("text-decoration", "underline");
             });
    </script>
  </head>
  <body>
    <table>
<caption></caption>
      <tr>
        <td>第 1 行</td>
      </tr>
      <tr>
        <td>第 2 行</td>
      </tr>
      <tr>
        <td>第 3 行</td>
      </tr>
    </table>
  </body>
</html>
```

运行结果见图 9-12。

（4）可见性过滤器

可见性过滤器是根据元素是否隐藏来筛选元素的。常用的可见性过滤器见表 9-4。

图 9-12 【例 9-6】运行结果

表 9-4 常用的可见性过滤器

可见性过滤器	说明	举例
:hidden	匹配所有不可见元素	$("tr:hidden")
:visible	匹配所有可见元素	$("tr:visible")

可见性过滤器的使用示例见【例 9-7】。

【例 9-7】 jQuery 可见性过滤器示例。

```
<html>
```

```
  <head>
    <title>jQuery 可见性过滤器示例</title>
    <meta http-equiv="content-type" content="text/html; charset=utf-8">
    <script type="text/javascript" src="/jquery/jquery.js"></script>
    <script>
      $(function(){
        $("#1").hide();
        //将隐藏不可见的 tr 元素的字体带删除线
        $("tr:hidden").css("text-decoration", "line-through");
        //将可见的 tr 元素的字体设置为斜体
        $("tr:visible").css("font-style", "italic");
        $("tr:hidden").show();
      });
    </script>
  </head>
  <body>
    <table>
      <tr id = "1">
        <td>第 1 行</td>
      </tr>
      <tr id = "1">
        <td>第 2 行</td>
      </tr>
    </table>
  </body>
</html>
```

运行结果见图 9-13。

图 9-13 【例 9-7】运行结果

4. 表单选择器

表单是 HTML 页面中使用频度较高的元素之一。jQuery 定义了表单选择器，可以方便地筛选需要的表单元素。

(1) 基本表单选择器

基本表单选择器用于选择指定的表单元素。常用的基本表单选择器见表 9-5。

表 9-5 常用的基本表单选择器

表单选择器	说明	举例
:input	在指定元素中选择所有表单输入元素	$("form :input")
:text	在指定元素中选择所有单行文本框	$("form :text")
:password	在指定元素中选择所有密码框	$("form :password")
:radio	在指定元素中选择所有单选框	$("form :radio")
:checkbox	在指定元素中选择所有复选框	$("form :checkbox")
:submit	在指定元素中选择所有提交按钮	$("form :submit")
:image	在指定元素中选择所有图像域	$("form :image")
:reset	在指定元素中选择所有重置按钮	$("form :reset")
:button	在指定元素中选择所有按钮	$("form :button")
:file	在指定元素中选择所有文件域	$("form :file")

基本表单选择器的使用示例见【例 9-8】。

【例 9-8】 jQuery 基本表单选择器示例。

```
<html>
  <head>
    <title>jQuery 基本表单选择器示例</title>
    <meta http-equiv="content-type" content="text/html; charset=utf-8">
    <script type="text/javascript" src="/jquery/jquery.js"></script>
    <script>
      $(function(){
        $("form :text").val("jQuery 更新的 text");
        $("form :password").val("jQuery 更新的 password");
        $("form :button").val("jQuery 更新的 button");
      });
    </script>
  </head>
  <body>
    <form>
      <input type = "text"\><br>
      <input type = "password"\><br>
      <input type = "button"\><br>
    </form>
  </body>
</html>
```

【例 9-8】运行效果见图 9-14。

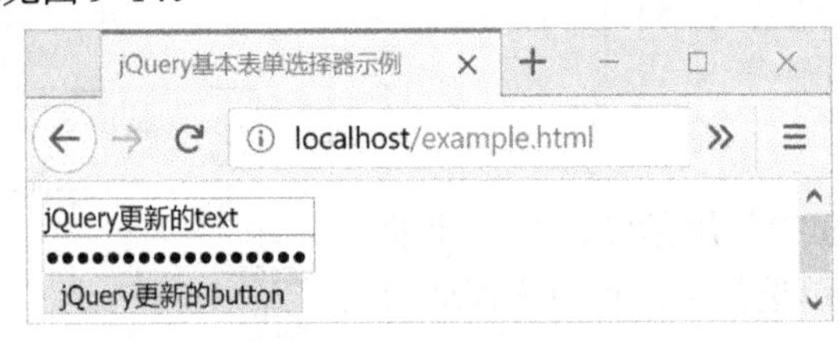

图 9-14 【例 9-8】运行结果

（2）表单属性选择器

表单属性选择器用于根据指定的表单属性，筛选相应的表单元素。常用的表单属性选择器见表 9-6。

表 9-6　常用的表单属性选择器

表单属性选择器	说明	举例
:enabled	筛选所有可操作的表单元素	$("form :disabled")
:disabled	筛选所有不可操作的表单元素	$("form :enabled")
:checked	筛选所有被 checked 的表单元素	$("form :checked")
:selected	筛选所有被 selected 的表单元素	$("form :selected")

表单属性选择器的使用示例见【例 9-9】。

【例 9-9】 jQuery 表单属性选择器示例。

```
<html>
  <head>
```

```
    <title>jQuery 表单属性选择器示例</title>
    <meta http-equiv="content-type" content="text/html; charset=utf-8">
    <script type="text/javascript" src="/jquery/jquery.js"></script>
    <script>
      $(function(){
        $("form :disabled").val("不可用的 text");
        $("form :enabled").val("可用的 text");
        $("form :checked").removeAttr("checked");
        $("form :selected").removeAttr("selected");
      });
    </script>
  </head>
  <body>
    <form>
      <input id="txt1" type="text" disabled="disabled"\><br>
      <input id="txt2" type="password" \><br>
      <input type="checkbox" checked="checked"\><br>
      <select>
          <option value="1" selected="selected">选项 1</option>
          <option value="2">选项 2</option>
      </select>
    </form>
  </body>
</html>
```

【例 9-9】运行效果见图 9-15。

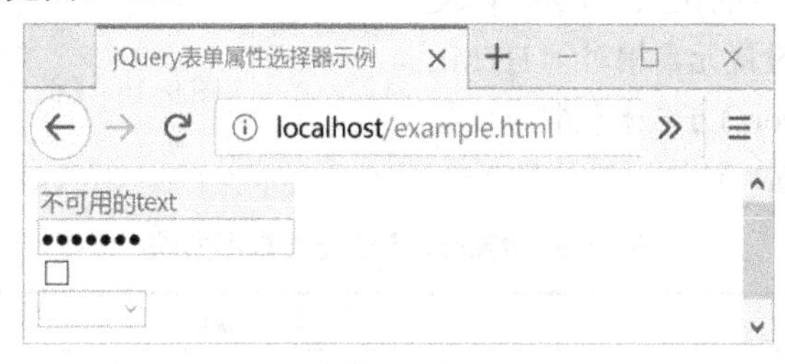

图 9-15 【例 9-9】运行结果

9.1.2 jQuery 操作样式表

1. CSS 样式

jQuery 使用 css()函数来获取、设置指定元素的相关样式，具体用法见表 9-7。

表 9-7 jQuery 操作 CSS 常用方法

方法	说明
css(propertyName)	返回 propertyName 指定的属性的值
css(propertyName, value)	设置 propertyName 指定的属性的值为 value
css({propertyName1:value1,…, propertyNameN:valueN})	设置多个属性值
css(propertyName, function([index,value]))	使用函数设置 propertyName 指定的属性的值，index 表示索引位置，value 表示属性旧值

具体使用示例见【例 9-10】。

【例 9-10】 jQuery 操作 CSS 示例。

```
<html>
  <head>
    <title>jQuery 操作 CSS 示例</title>
    <meta http-equiv="content-type" content="text/html; charset=utf-8">
    <script type="text/javascript" src="/jquery/jquery.js"></script>
    <script>
      $(function(){
        $("#P1").css({"font-style":"italic", "text-decoration":"line-through"});
        $("#P2").css("font-size", function(){return 10;});
        $("#P1").text($("#P1").css("font-size"));
      });
    </script>
  </head>
  <body>
    <p id="P1">这是第一个段落</p>
    <p id="P2">这是第二个段落</p>
  </body>
</html>
```

【例 9-10】运行结果见图 9-16。

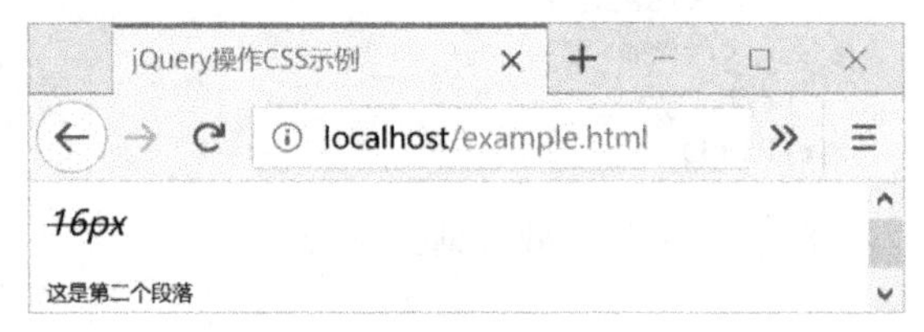

图 9-16 【例 9-10】运行结果

2. 定位

DOM 通过 left 和 top 值来表示元素左边界和上边界相对于定位点的位置，jQuery 使用 offset()方法来获取、设置元素相对于 HTML 窗体的位置，使用 position()方法来获取、设置元素相对于父元素的位置。具体用法见表 9-8。

表 9-8 jQuery 定位元素常用方法

方法	说明
offset([options])	获取或设置元素相对于 HTML 窗体的 left 和 top 值，单位像素（px）
position()	获取元素相对于父元素的 left 和 top 值，单位像素（px）

offset()方法设置元素相对于 HTML 窗体的 left 和 top 值时，其参数 options 有两种形式：采用 left、top 值对的方式设置或采用函数的方式，见表 9-9。

表 9-9 offset()方法参数含义

offset()方法参数	说明
{left:valueL, top:valueT}	采用 left、top 值对的方式设置
function(index, oldoffset)	通过函数设置，使用 index 和 oldoffset 参数接收元素的索引值和旧的位置

jQuery 定位元素的示例见【例 9-11】。

【例 9-11】 jQuery 定位示例。

```
<html>
  <head>
    <title>jQuery 定位示例</title>
```

```
    <meta http-equiv="content-type" content="text/html; charset=utf-8">
    <script type="text/javascript" src="/jquery/jquery.js"></script>
    <script>
      $(function(){
        //获取 button 按钮相对于 HTML 窗体的位置
        var ol = $("input").offset();
        //获取 button 按钮相对于父元素 div 的位置
        var pl = $("input").position();
        //显示 button 的位置
        $("#d").html("button 相对于窗体的位置是："+ol.left+","+ol.top+"<br>"+"button
相对于父元素 div 的位置是："+pl.left+","+pl.top);
        $("input").click(function(){
          //通过设置 left、top 值对的方式重设 div 位置
          $("#d").offset({top:50,left:20});
        });
      });
    </script>
  </head>
  <body>
    <div id="d"></div>
    <div style="position:relative; float:right; width:100px; height:50px; border:
solid 1px #f00">
      <input type="button" value="改变位置">
    </div>
  </body>
</html>
```

注意，offset()和 position()方法获取的位置是一个对象，需要读取其 top 和 left 属性。

运行结果见图 9-17。

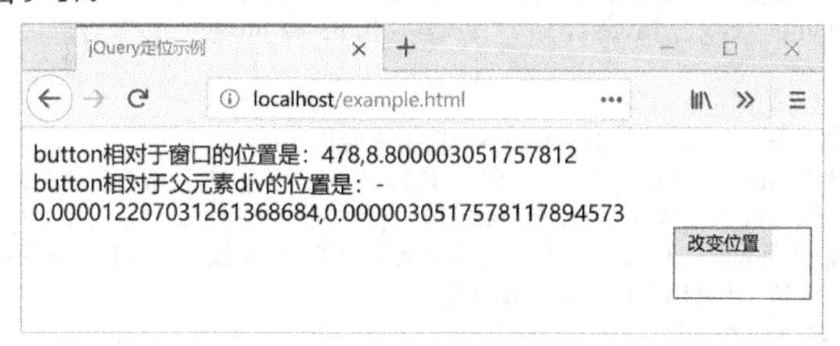

图 9-17　【例 9-11】运行结果

单击“改变位置”按钮，结果如图 9-18 所示。

图 9-18　单击“改变位置”按钮后结果

对于【例 9-11】，重设 div 定位采用的是 top、left 值对的形式，按钮只能改变一次。若

设置 div 的位置，使用以下代码。

```
$("#d").offset(function(n,c){
    newDivOffset=new Object();
    newDivOffset.left=c.left+500;
    newDivOffset.top=c.top+150;
    return newDivOffset;
});
```

上例代码使用函数的方法改变元素位置，一般用于改变后的位置是需要在原位置的基础上做相对调整，且按钮可以多次单击，重新定位 div 的位置。

3．大小

jQuery 使用 width()和 height()方法获取、设置元素大小，其参数有两种形式，具体说明见表 9-10。

表 9-10　width()和 height()方法参数说明

width()和 height()方法参数	说明
value	设置元素宽度值 value，单位像素（px）
function(index, oldvalue)	通过函数设置元素宽度，使用 index 和 oldvalue 参数接收元素的索引值和旧的位置

width()和 height()方法的使用示例见【例 9-12】。

【例 9-12】 jQuery 改变大小示例。

```
<html>
  <head>
    <title>jQuery 改变大小示例</title>
    <meta http-equiv="content-type" content="text/html; charset=utf-8">
    <script type="text/javascript" src="/jquery/jquery.js"></script>
    <script>
      $(function(){
        //在单元格内写入单元格初始大小（根据内容自适应）
        $("td").html("单元格宽度："+$("td").width()+"，单元格高度："+$("td").height());
        $("input:eq(0)").click(function(){
          //通过函数改变单元格宽度，在原来宽度上加宽 50 像素，可以多次设置
          $("td").width(function(n,c){
            return c+50;
          });
          $("td").html("单元格宽度："+$("td").width()+"，单元格高度："+$("td").height());
        });
        $("input:eq(1)").click(function(){
          //设置单元格高度为 50 像素，只设置一次
          $("td").height(50);
          $("td").html("单元格宽度："+$("td").width()+"，单元格高度："+$("td").height());
          $("input:eq(1)").hide();
        });
      });
    </script>
  </head>
  <body>
    <table>
```

```
        <tr>
          <td id="td1" style="background:yellow">第一行</td>
        </tr>
      </table>
      <input type="button" value="改变宽度可多次">
      <input type="button" value="改变高度仅一次">
    </body>
  </html>
```

运行【例 9-12】，结果如图 9-19 所示。

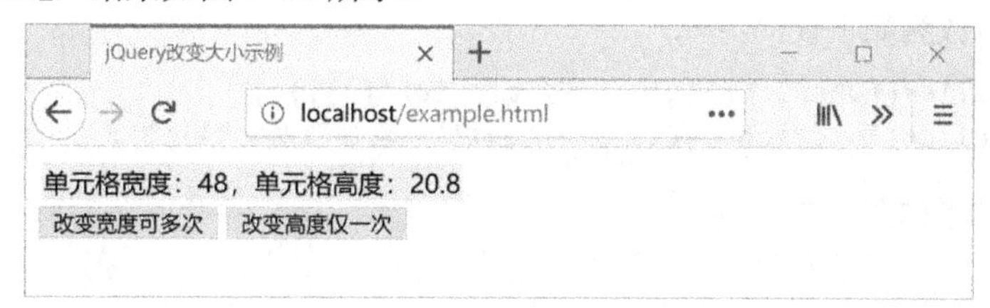

图 9-19 【例 9-12】运行结果

单击“改变高度仅一次”按钮，改变单元格高度，由于 height()方法的参数采用定值，只可改变一次，单击后将按钮设为隐藏。单击“改变宽度可多次”按钮，改变单元格宽度，由于 width()方法的参数采用函数方法，每单击一次按钮，宽度增加 50 像素，所以可以多次改变。如图 9-20 所示。

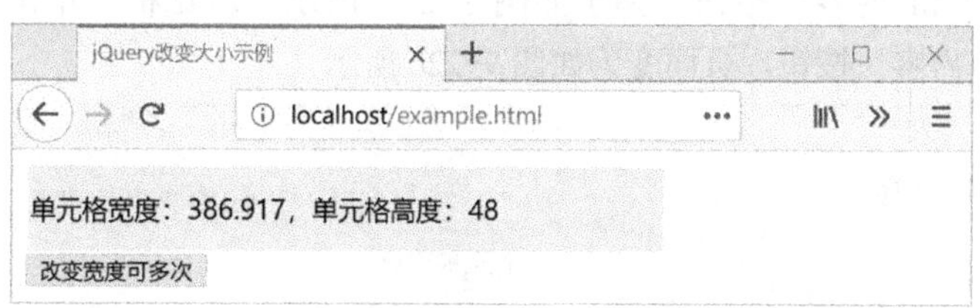

图 9-20 【例 9-12】单击按钮结果

9.1.3　jQuery 操作文档

jQuery 可以实现对 HTML 文档元素的插入、删除、替换操作，以及对元素内容、属性的操作。

1．内容操作

jQuery 可以通过 html()和 text()方法，返回或设置 HTML 文档的内容，使用示例见【例 9-13】。

【例 9-13】 jQuery 设置 HTML 文档内容。

```
<html>
  <head>
    <title>jQuery 设置 HTML 文档内容</title>
    <meta http-equiv="content-type" content="text/html; charset=utf-8">
    <script type="text/javascript" src="/jquery/jquery.js"></script>
    <script>
      $(function(){
        $(".btn1").click(function(){alert($("p").html());});
        $(".btn2").click(function(){($("p").html("段落被改变。"));});
```

```
    });
  </script>
</head>
<body>
  <p>这是一个段落。</p>
  <button class="btn1">获取 Html 内容</button>
  <button class="btn2">更改 Html 内容</button>
</body>
</html>
```

上例中，也可改为如下代码。

```
$(".btn1").click(function(){alert($("p").text());});
$(".btn2").click(function(){($("p").text("段落被改变。"));});
```

运行程序，结果如图 9-21 所示。

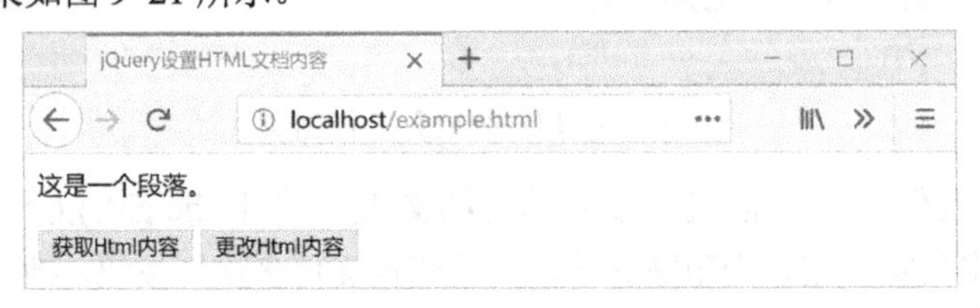

图 9-21 【例 9-13】运行结果

单击“获取 Html 内容”按钮，弹出如图 9-22a 所示的对话框，单击“确定”按钮后，再单击“更改 Html 内容”按钮，页面变为如图 9-22b 所示。

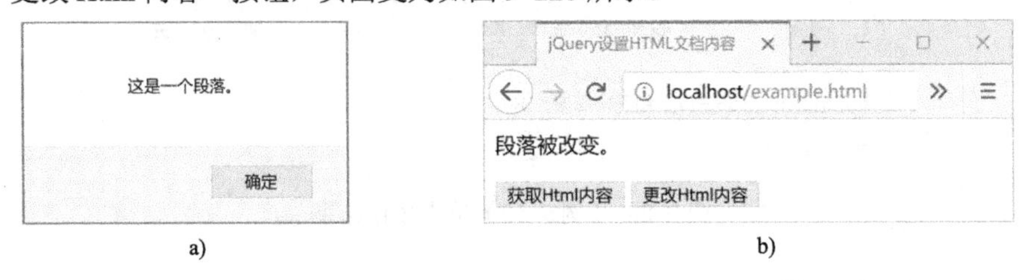

图 9-22 【例 9-13】运行结果

a) 单击“获取 Html 内容” b) 单击“更改 Html 内容”

2. 元素操作

jQuery 提供了许多方法，实现对文档元素的操作，包括插入、删除、替换、克隆、包裹等。

（1）外部插入

jQuery 可以轻松实现在一个元素的外部插入新的元素或内容，插入的新元素和内容与该元素是同级的。具体方法见表 9-11。

表 9-11 jQuery 外部插入元素方法

方法	说明
after(content)	在每个匹配的元素后面插入元素和内容
before(content)	在每个匹配的元素前面插入元素和内容
insertAfter(target)	将元素插入 target 指定的元素前面
insertBefore(target)	将元素插入 target 指定的元素后面

使用示例见【例 9-14】。

【例 9-14】 jQuery 外部插入元素示例。

```
<html>
  <head>
    <title>jQuery 外部插入元素示例</title>
    <meta http-equiv="content-type" content="text/html; charset=utf-8">
    <script type="text/javascript" src="/jquery/jquery.js"></script>
    <script>
      $(function(){
        $("div").before("<p>用 before 在 div 前面插入元素，after、before 可以插入元素。</p>");
        $("div").after("用 after 在 div 后面插入内容，after、before 也可插入内容。");
        $("<h4>用 insertBefore 在 div 前面插入元素 h，insertAfter，insertBefore 只能插
入元素。</h4>").insertBefore("div");
      });
    </script>
  </head>
  <body>
    <div style="border:solid 1px #f00">这是第一个 div</div>
    <div style="border:solid 1px #f00">这是第二个 div</div>
  </body>
</html>
```

运行结果如图 9-23 所示。

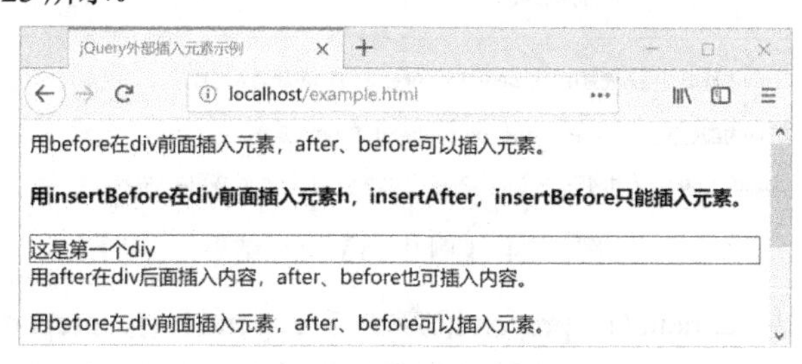

图 9-23 【例 9-14】运行结果

由【例 9-14】可以发现，insertAfter()、insertBefore()方法与 after()、before()功能类似，但用法不同，insertAfter()、insertBefore()方法是作用于待插入的内容，所以不能直接插入无标签的内容，insertAfter()的使用方法可参见 insertBefore()，不再单独举例。

（2）内部插入

jQuery 也可以实现在一个元素的内部插入新的元素或内容，插入的新元素和内容是该元素的子元素或内容。具体方法见表 9-12。

表 9-12 jQuery 元素内部插入示例

方法	说明
append(content)	在每个匹配元素的内部、后面插入元素和内容
prepend(content)	在每个匹配元素的前面、内部、后面插入元素和内容
appendTo(target)	将元素插入 target 指定的元素内部前面
prependTo(target)	将元素插入 target 指定的元素内部后面

使用示例见【例 9-15】。

【例 9-15】 jQuery 内部插入元素示例。

```
<html>
  <head>
    <title>jQuery 内部插入元素示例</title>
    <meta http-equiv="content-type" content="text/html; charset=utf-8">
    <script type="text/javascript" src="/jquery/jquery.js"></script>
    <script>
      $(function(){
        $("div").prepend("<p>在 div 内部前面插入元素 P，append、prepend 可以插入元素。</p>");
        $("div").append("在 div 内部后面插入内容，append、prepend 也可插入内容。");
        $("<h4>在 div 内部前面插入元素 h，appendTo，prependTo 不能插入内容。</h4>").
prependTo("div");
      });
    </script>
  </head>
  <body>
    <div style="border:solid 1px #f00">这是第一个 div。</div>
  </body>
</html>
```

运行结果见图 9-24。

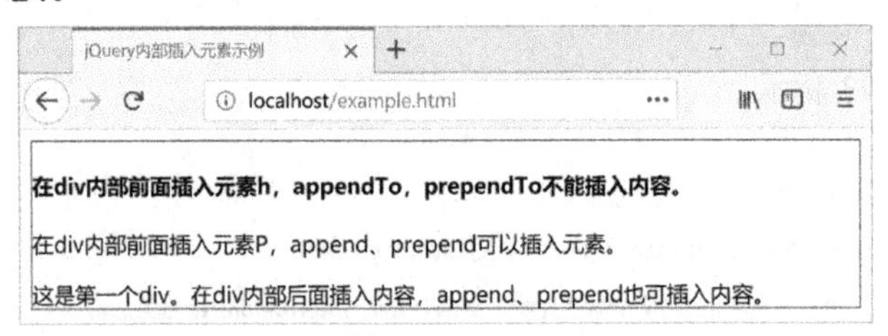

图 9-24 【例 9-15】运行结果

由【例 9-15】可见 append()、prepend()方法与 appendTo()、prependTo()方法功能类似，但用法不同。appendTo()、prependTo()方法是作用于待插入的内容，所以不能直接插入无标签的内容。appendTo()的使用方法可参见 prependTo()，不再单独举例。

（3）删除

jQuery 可以实现删除元素和内容，具体方法见表 9-13。

表 9-13 jQuery 删除元素方法

方法	说明
empty()	清空指定元素的内容和子元素
remove()	移除指定元素及其元素内容和子元素

使用示例见【例 9-16】。

【例 9-16】 jQuery 元素删除示例。

```
<html>
  <head>
    <title>jQuery 元素删除示例</title>
    <meta http-equiv="content-type" content="text/html; charset=utf-8">
    <script type="text/javascript" src="/jquery/jquery.js"></script>
```

```
    <script>
      $(function(){
        $("#btn1").click(function(){$("div:eq(1)").remove();});
        $("#btn2").click(function(){$("div:eq(0)").empty();});
      });
    </script>
  </head>
  <body>
    <div style="border:solid 5px red">
      <p>段落 1</p>
    </div>
    分割 div
    <div style="border:solid 5px red">
      <p>段落 2</p>
    </div>
    <input id="btn1" type="button" value="remove"\>
    <input id="btn2" type="button" value="empty"\>
  </body>
</html>
```

运行【例 9-16】，如图 9-25a 所示，单击“remove”按钮，div 元素及其内容都被移除；单击“empty”按钮，div 内容被清空，但 div 元素还在，可以看见 div 边框，如图 9-25b 所示。

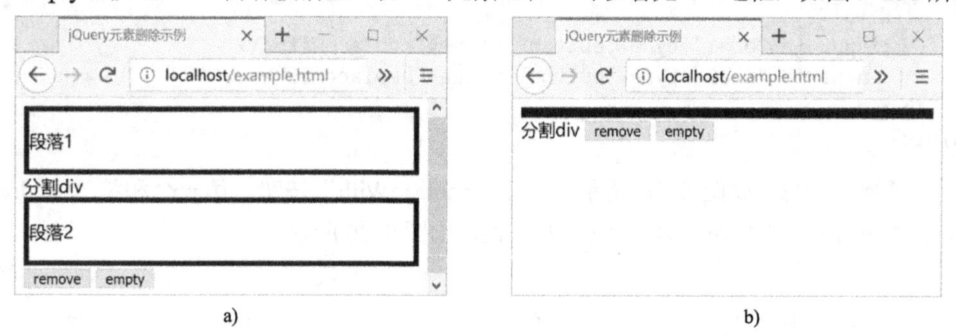

a)　　　　b)

图 9-25 【例 9-16】运行结果

a) 运行【例 9-16】 b) 单击“remove”和“empty”按钮

（4）替换

jQuery 可以替换元素和内容，具体方法见表 9-14。

表 9-14　jQuery 替换元素方法

方法	说明
replaceWith(content)	用 content 指定的元素或内容替换选择的元素
replaceAll(target)	使用元素替换 target 指定的元素

使用示例见【例 9-17】。

【例 9-17】 jQuery 元素替换示例。

```
<html>
  <head>
    <title>jQuery 元素替换示例</title>
    <meta http-equiv="content-type" content="text/html; charset=utf-8">
```

```
    <script type="text/javascript" src="/jquery/jquery.js"></script>
    <script>
      $(function(){
        $("#btn1").click(function(){
          //用元素<p>替换第一个 div
          $("div:eq(0)").replaceWith ("<p>用段落 1 替换</p>");
          //直接用内容替换第二个 div，但第一个 div 已被替换，所以选择器依旧:eq(0)。
          $("div:eq(0)").replaceWith ("用内容替换");
        });
        $("#btn2").click(function(){$("<p>用段落 2 替换</p>").replaceAll ("div");});
      });
    </script>
  </head>
  <body>
    <div style="border:solid 5px #f00">
      这是第一个 div
    </div>
    <div style="border:solid 5px #f00">
      这是第二个 div
    </div>
    <div style="border:solid 5px #f00">
      这是第三个 div
    </div>
      <input id="btn1" type="button" value="replaceWith"\>
      <input id="btn2" type="button" value="replaceAll"\>
  </body>
</html>
```

运行【例 9-17】，如图 9-26 所示，单击“replaceWith”按钮，第一个和第二个 div 被替换；单击“replaceAll”按钮，第三个 div 被替换，如图 9-26 所示。

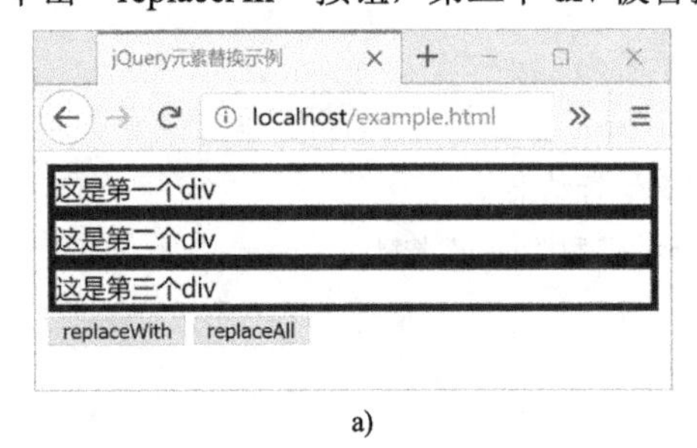

a)

b)

图 9-26 【例 9-17】运行结果

a) 运行【例 9-17】 b) 依次单击“replaceWith”和“replaceAll”按钮

注意，上例中按钮次序不同，结果也不同。

（5）克隆

jQuery 使用下述方法复制指定元素。

```
clone([includeEvent])
```

可选参数 includeEvent 是布尔值，默认为 false，表示不复制该元素的事件。使用示例见【例 9-18】。

【例 9-18】 jQuery 元素克隆示例。

```
<html>
```

```
    <head>
      <title>jQuery 元素克隆示例</title>
      <meta http-equiv="content-type" content="text/html; charset=utf-8">
      <script type="text/javascript" src="/jquery/jquery.js"></script>
      <script>
        $(document).ready(function(){
          $("button:eq(0)").click(function(){
            $("body").append($("p:first").clone());
          });
          $("button:eq(1)").click(function(){
            $("body").append($("p:first").clone(true));
          });
          $("p").click(function(){
            $(this).animate({fontSize:"+=1px"});
          });
        });
      </script>
    </head>
    <body>
      <p>单击本段落试试。</p>
      <button>复制 p 元素，然后追加到 body 元素</button>
      <button>复制 p 元素及其事件，然后追加到 body 元素</button>
    </body>
  </html>
```

运行【例 9-18】，如图 9-27a，单击<p>元素可放大字体；单击“复制 p 元素，然后追加到 body 元素”按钮，复制出的<p>不具有单击事件；单击“复制 p 元素及其事件，然后追加到 body 元素”按钮，复制出的<p>单击会放大字体。如图 9-27b 所示。

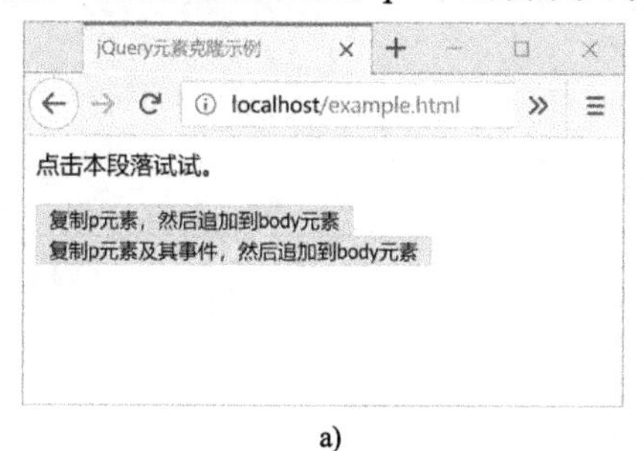

a)

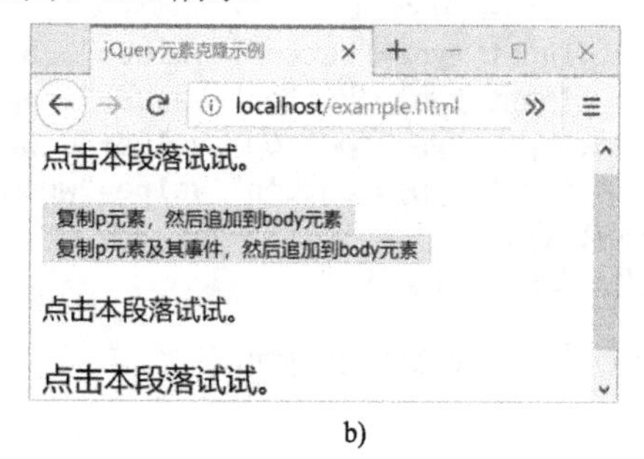

b)

图 9-27 【例 9-18】运行结果

a) 运行【例 9-18】　b) 单击按钮并单击段落

（6）包裹

包裹是指为元素添加父元素，jQuery 提供了如表 9-15 所示的方法来进行不同形式的包裹。

表 9-15　jQuery 元素包裹方法

方法	说明
wrap(element)	为每个匹配元素外部包裹一层 element 指定的元素
wrapInner(element)	为每个匹配元素的内容包裹一层 element 指定元素
wrapAll()	将所有匹配元素外部包裹一层 element 指定元素
wrap(element)	卸包，移除将匹配元素的父元素

元素包裹方法示例见【例 9-19】。

【例 9-19】 jQuery 元素包裹示例。

```
<html>
  <head>
    <title>jQuery 元素包裹示例</title>
    <meta http-equiv="content-type" content="text/html; charset=utf-8">
    <style t0ype="text/css">
          ul{border:solid 2px red;}
          div{background:yellow;}
    </style>
    <script type="text/javascript" src="/jquery/jquery.js"></script>
    <script>
      $(function(){
        $("input:eq(0)").click(function(){$("li").wrapAll("<ul>列表</ul>")});
        $("input:eq(1)").click(function(){$("table").wrap("<div></div>")});
        $("input:eq(2)").click(function(){$("table").unwrap()});
        $("input:eq(3)").click(function(){$("table").wrapInner("<div></div>")});
      });
    </script>
  </head>
  <body>
    <li>第一项</li>
    <table border=2>
        <tr>
          <td>第一行</td>
        </tr>
    </table>
    <li>第二项</li>
    <input type="button" value="wrapAll"\>
    <input type="button" value="wrap"\>
    <input type="button" value="unwrap"\>
    <input type="button" value="wrapInner"\>
  </body>
</html>
```

运行程序，如图 9-28 所示。

图 9-28 运行【例 9-19】

单击“wrapAll”按钮，包裹列表项；单击“wrap”按钮，外包表格；结果如图 9-29a 所示。单击“unwrap”按钮，表格去包裹；单击“wrapInner”按钮，表格内包；结果如图 9-29b 所示。

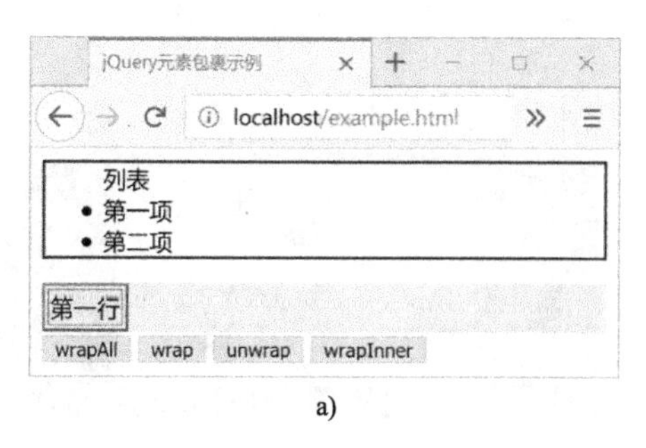

a)

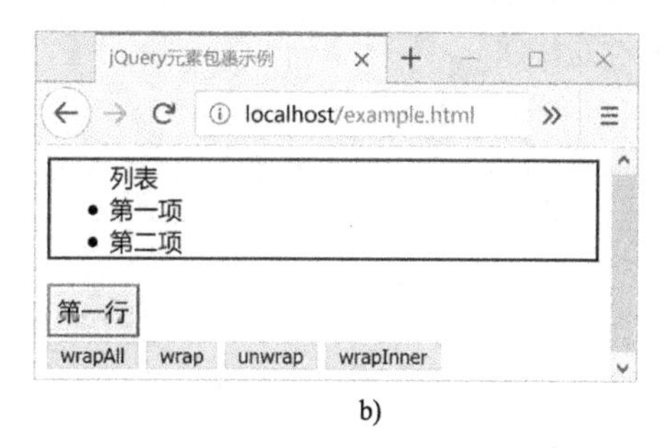

b)

图 9-29 【例 9-19】运行结果

a) 单击“wrapAll”“wrap”按钮　b) 单击“unwrap”“wrapInner”按钮

3. 属性操作

jQuery 提供了许多方法，可以轻松地对属性进行设置和删除，常用的属性操作方法见表 9-16。

表 9-16　jQuery 属性操作方法

方法	说明
attr(attribute[,value])	返回 attribute 指定的属性值；或设置 attribute 指定的属性值为 value
removeAttr(attribute)	移除 attribute 指定的属性值
val([value])	返回元素的 Value 属性值；或设置 Value 的属性值为 value

jQuery 操作元属性示例见【例 9-20】。

【例 9-20】 jQuery 元属性操作示例。

```
<html>
  <head>
    <title>jQuery 元属性操作示例</title>
    <meta http-equiv="content-type" content="text/html; charset=utf-8">
    <script type="text/javascript" src="/jquery/jquery.js"></script>
    <script>
      $(function(){
        $("input").click(function(){
            $("input").val("设置属性");
              window.setTimeout(setAttr,3000);
        });
        function setAttr(){
              $("input").attr("type","radio");
              alert($("input").val());
        }
      });
    </script>
  </head>
  <body>
    <input type="button"\>
  </body>
</html>
```

运行【例 9-20】，页面如图 9-30a 所示，单击图中按钮，为其添加 value 属性，3 秒后改变其 type 属性，并出现弹框显示其 value 属性值，如图 9-30b 所示。

a)

b)

图 9-30 【例 9-20】运行结果

a) 运行【例 9-20】 b) 单击按钮结果

9.1.4 jQuery 事件

jQuery 在 JavaScript 基础上进一步封装了不同类型的事件模型，形成更完善的 jQuery 事件模型。它采用 DOM 事件模型中标准的事件类型名称，并统一了事件处理中的各种方法。

1. 绑定事件

jQuery 绑定事件的常用方法见表 9-17。

表 9-17 jQuery 事件绑定方法

方法	说明
bind(event, [data,]function)	为元素绑定一个或多个事件
one(event, [data,]function)	为元素添加一次性事件

jQuery 绑定事件的示例见【例 9-21】。

【例 9-21】 jQuery 事件绑定示例。

```
<html>
  <head>
    <title>jQuery 事件绑定示例</title>
    <meta http-equiv="content-type" content="text/html; charset=utf-8">
    <script type="text/javascript" src="/jquery/jquery.js"></script>
    <script>
      $(function(){
        $("input:eq(0)").bind("click", function(){$("body").append("<p>可加多次的
段落</p>");});
        $("input:eq(1)").one("click", function(){$("body").append("<p>只加一次的段
落</p>");});
      });
    </script>
  </head>
  <body>
    <input type="button" value="可加多次"\>
    <input type="button" value="只加一次"\>
  </body>
</html>
```

运行【例 9-21】如图 9-31a 所示，单击图中两个按钮，如图 9-31b 所示。

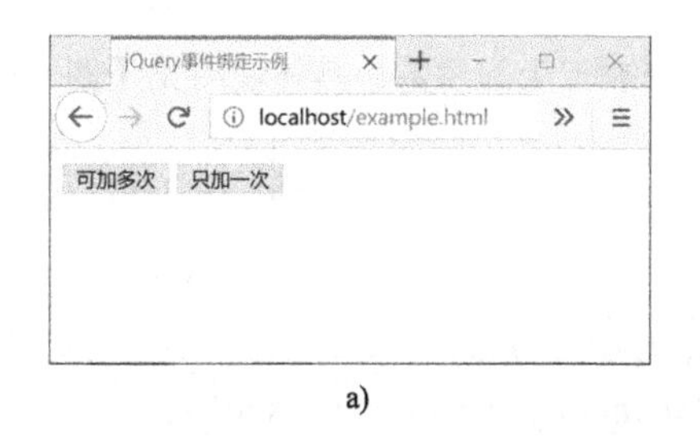

a)

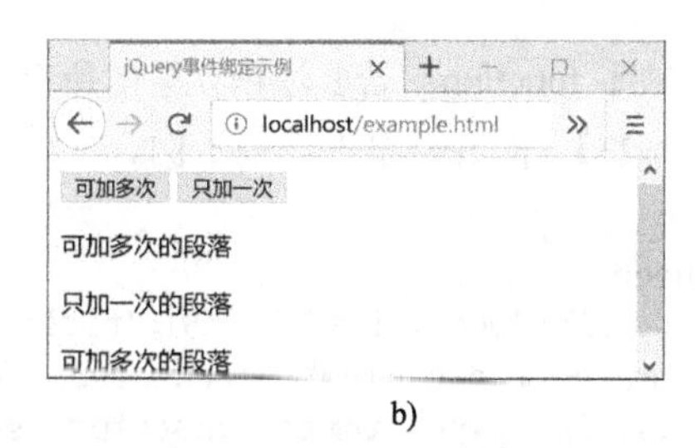

b)

图 9-31 【例 9-21】运行结果

a) 运行【例 9-21】　b) 单击按钮

bind 若绑定多个事件则采用下列语法。

```
bind({event1: function1,…, eventN: functionN})
```

如【例 9-22】所示。

【例 9-22】 jQuery 多个事件绑定示例。

```
<html>
  <head>
    <title>jQuery 多个事件绑定示例</title>
    <meta http-equiv="content-type" content="text/html; charset=utf-8">
    <script type="text/javascript" src="/jquery/jquery.js"></script>
    <script>
      $(function(){
        $("p").bind({
          mouseover:function(){$("p").css("font-style","italic");},
          mouseout:function(){$("p").css("font-style","normal");}
          });
      });
    </script>
  </head>
  <body>
    <p>鼠标移入字体斜体，鼠标移出字体正常。</p>
  </body>
</html>
```

运行【例 9-22】，鼠标移至段落上，如图 9-32a 所示，鼠标离开段落，如图 9-32b 所示。

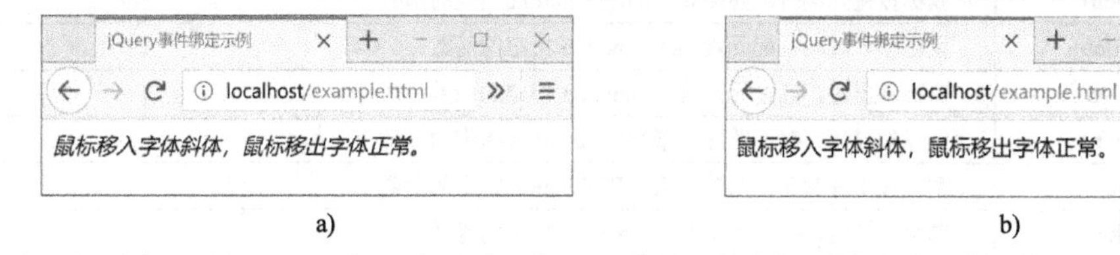

a)　　　　b)

图 9-32 【例 9-22】运行结果

a) 鼠标移至段落上　b) 鼠标移出段落

2. 事件注销

事件注销可以删除元素绑定的事件。事件注销可以使用如下方法。

```
unbind([event, function])
```

其中，event 表示事件，function 表示相应事件的函数。若要注销元素某事件的所有相应函数，则缺省 function；若要注销元素的所有事件，则缺省全部参数。具体使用见【例 9-23】。

【例 9-23】 jQuery 事件注销示例。

```
<html>
  <head>
    <title>jQuery 事件注销示例</title>
    <meta http-equiv="content-type" content="text/html; charset=utf-8">
    <script type="text/javascript" src="/jquery/jquery.js"></script>
    <script>
      $(function(){
        $("p").bind({
          mouseover:function(){$("p").css("font-style","italic");},
          mouseout:function(){$("p").css("font-style","normal");},
          click:function(){$("p").animate({fontSize:"+=5px"});}
          });
         //解绑段落的鼠标单击事件
        $("input").click(function(){$("p").unbind("click");});
      });
    </script>
  </head>
  <body>
    <p>鼠标移入字体斜体，鼠标移出字体正常；单击放大字体。</p>
    <input type="button" value="删除放大字体">
  </body>
</html>
```

运行上例，单击按钮，可以解绑即删除段落的鼠标单击事件。

3. jQuery 封装事件

为了更方便地使用事件，jQuery 封装了许多常用事件，以节省代码。常用事件见表 9-18。

表 9-18 jQuery 常用事件

属性	说明
click(function)	鼠标单击时，匹配元素响应 function 指定的函数
dbclick(function)	鼠标双击时，匹配元素响应 function 指定的函数
mousedown(function)	鼠标按键按下时，匹配元素响应 function 指定的函数
mouseup(function)	鼠标按键弹起时，匹配元素响应 function 指定的函数
mouseover(function)	鼠标移入时，匹配元素响应 function 指定的函数
mouseout(function)	鼠标移出时，匹配元素响应 function 指定的函数
keydown(function)	键盘按键按下时，匹配元素响应 function 指定的函数
keyup(function)	键盘按键弹起时，匹配元素响应 function 指定的函数
keypress(function)	键盘按键时，匹配元素响应 function 指定的函数
load(function)	文档加载完成时，匹配元素响应 function 指定的函数
unload(function)	文档卸载页面时，匹配元素响应 function 指定的函数
focus(function)	表单元素获取焦点时，响应 function 指定的函数
blur(function)	表单元素失去焦点时，响应 function 指定的函数
select(function)	鼠标单击时，匹配元素响应 function 指定的函数
change(function)	鼠标双击时，匹配元素响应 function 指定的函数
click(function)	鼠标按键按下时，匹配元素响应 function 指定的函数

例如，【例 9-23】使用了 click()、mouseover()、mouseout()的示例，其他事件的使用方法类似，不再赘述。

4．事件对象

JavaScript 将事件本身看成 Event 对象，但事件处理，例如目标元素的获取、事件对象的属性、方法等，在不同的浏览器之间存在着差异。jQuery 在封装时进行了统一，并提供了高效的属性方法。

常用的 Event 对象属性见表 9-19。

表 9-19　jQuery 常用 Event 对象属性

属性	说明
target	返回触发事件的元素
type	返回事件的类型
pageX	返回对于鼠标事件，鼠标距页面左边缘的距离
pageY	返回对于鼠标事件，鼠标距页面上边缘的距离
result	返回最近一次事件返回的结果

Event 对象示例见【例 9-24】。

【例 9-24】 jQuery 的 Event 对象示例。

```
<html>
  <head>
    <title>jQuery 的 Event 对象示例</title>
    <meta http-equiv="content-type" content="text/html; charset=utf-8">
    <script type="text/javascript" src="/jquery/jquery.js"></script>
    <script>
      $(function(){
        $("button").click(function(e) {
          return ("最后一次"+e.target+"元素响应"+e.type+"事件的鼠标位置是: X"
+e.pageX + ", Y" + e.pageY);
        });
        $("button").click(function(e) { $("p").html(e.result); });
      });
    </script>
  </head>
  <body>
    <p></p>
    <button>请单击这里</button>
  </body>
</html>
```

运行【例 9-24】，单击“请点击这里”按钮，触发 button 元素的 click 事件，结果如图 9-33 所示。

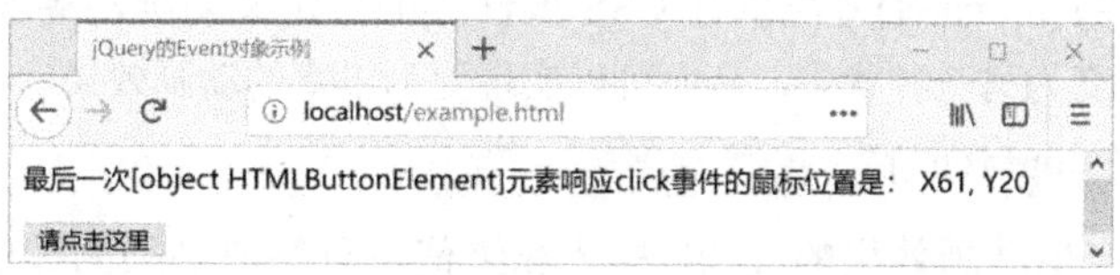

图 9-33　【例 9-24】运行结果

9.1.5 jQuery 效果

效果可以使页面更具视觉吸引力，jQuery 可以轻松地向网页添加丰富效果甚至精致的动画。常用的添加 jQuery 效果的方法见表 9-20。

表 9-20 jQuery 常用效果添加方法

方法	说明
hide([speed, callback])	隐藏选中元素
show([speed, callback])	显示选中元素
toggle([speed, callback])	对选中元素进行隐藏和显示的切换
slideToggle([speed, callback])	对选中元素进行滑动隐藏和显示的切换
slideUp([speed, callback])	向上滑动显示的元素
slideDown([speed, callback])	向下滑动显示的元素
fadeIn([speed, callback])	对选中元素淡入显示
fadeOut([speed, callback])	对选中元素淡出退出
fadeTo([speed,]opacity[, callback])	将选中元素变化到 opacity 指定的透明度

其中：speed 是动画效果执行的速度，可以是数值，单位为毫秒，也可以是“slow”“normal”和“fast”选项，缺省则为 normal；callback 是动画效果执行完成后的回调函数。使用示例见【例 9-25】。

【例 9-25】 jQuery 效果示例。

```
<html>
  <head>
    <title>jQuery 效果示例</title>
    <meta http-equiv="content-type" content="text/html; charset=utf-8">
    <script type="text/javascript" src="/jquery/jquery.js"></script>
    <script>
      $(function(){
        $("button").click(function(){
          $("p").slideToggle(1000, function(){alert("效果完成");});
        });
      });
    </script>
  </head>
  <body>
    <p>本段落会滑动淡入淡出。</p>
    <button>请单击</button>
  </body>
</html>
```

运行【例 9-25】单击按钮，段落文字上滑淡出，并弹出提示效果完成的弹框。

此外 jQuery 提供 animate()方法执行 CSS 属性集的自定义动画，实现通过 CSS 样式将元素从一种状态逐渐改变为另一种状态，从而可以实现更为丰富的动画效果。使用方法为如下。

```
animate(style[ ,options])
```

其中：style 是产生动画效果的 CSS 样式和终值，且终值必须为数值，不能为属性；常用的 CSS 样式见表 9-21。

表 9-21　animate()方法 style 参数常用的 CSS 样式

样式	说明
border[Bottom/Top/Left/Right]Width	元素[下/上/左/右]边框宽度
borderSpacing	元素边框间距
letterSpacing	字母/汉字间距
margin[Bottom/Top/Left/Right]	元素[下/上/左/右]外边距
padding[Bottom/Top/Left/Right]	元素[下/上/左/右]内边距
[max/min]Width	元素[最大/最小]宽度
[max/min]Height	元素[最大/最小]高度
fontSize	字体大小
bottom	元素底部位置
top	元素顶部位置
left	元素底部位置
right	元素底部位置
lineHeight	行间距

options 是可选的额外选项，具体选项见表 9-22。

表 9-22　animate()方法 options 参数

选项	说明
speed	动画执行速度
easing	使用的擦除效果的名称，默认 jQuery 提供“linear”和“swing”，需要使用更多效果，则需要安装扩展插件
callback	动画效果执行完成后的回调函数
step	动画执行每一步完成后的函数
queue	布尔值，是否在动画队列中放置动画，缺省时默认加入队列
duration	动画持续时间，单位毫秒

注意，若设置 queue 为 false，则 speed 无效，使用 duration 设置非队列动画持续时间。具体使用方法示例见【例 9-26】。

【例 9-26】 jQuery 动画示例。

```
<html>
  <head>
    <title>jQuery 动画示例</title>
    <meta http-equiv="content-type" content="text/html; charset=utf-8">
    <script type="text/javascript" src="/jquery/jquery.js"></script>
    <script>
      $(function(){
        $("button").click(function()
            {
             //第 1 个动画：<p>元素宽度变为 80%，speed：2 秒（s）
            //默认队列动画，但第一个执行
             $("p").animate({width: "80%"},2000)
                    //第 2 个动画：文字变为 30 像素，3 秒执行完
                  //不加队列，和第 1 个动画同时执行
```

```
                .animate({fontSize: "30px"}, {queue:false, duration:3000})
                  //第 3 个动画：<p>元素边框宽度变为 12 像素，1 秒执行完
                 //默认队列动画，要等第 1 个事件执行完成，才会执行
                .animate({borderWidth:"12px"}, 1000);
          });
        });
      </script>
    </head>
    <body>
      <p style="background:yellow; margin:6px; border:1px dashed red">本段落字体会放
大，同时段落宽度变小，然后边框变粗。</p>
      <button id=>动画开始</button>
    </body>
  </html>
```

运行【例 9-26】，单击“动画开始”按钮，动画运行结果如图 9-34 所示。

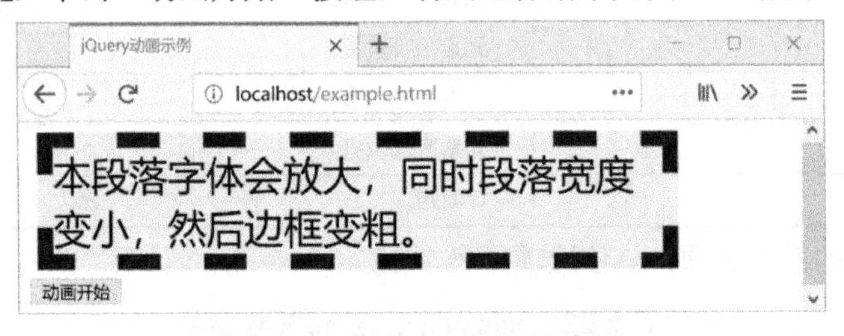

图 9-34 【例 9-26】运行结果

9.1.6 jQuery Ajax

Ajax 即“Asynchronous Javascript And XML”（异步 JavaScript 和 XML），是指一种创建交互式网页应用的网页开发技术。Ajax 技术使用非同步的 HTTP 请求，在 Browser（浏览器）和 Web Server（Web 服务器）之间传递数据，使 Browser 只更新部分网页内容而不重新载入整个网页。Ajax 是使用客户端脚本与 Web 服务器交换数据的 Web 应用开发方法。这样，Web 页面不用打断交互流程进行重新加载，就可以动态地更新。使用 Ajax，用户可以创建接近本地桌面应用的直接、高可用、更丰富、更动态的 Web 用户界面。

jQuery 将所有的 Ajax 操作封装到一个函数$.ajax()里，使得开发者处理 Ajax 的时候能够专心处理业务逻辑而无需关心复杂的浏览器兼容性和 XMLHttpRequest 对象的创建与使用的问题。

jQuery 对 Ajax 进行了封装，简化了 Ajax 代码，最常用的方法见表 9-23。

表 9-23 jQuery Ajax 方法

方法	说明
ajax([settings])	执行异步 HTTP (Ajax) 请求。settings 是可选的参数项
get(options)	使用 HTTP GET 请求从服务器加载数据
post(options)	使用 HTTP POST 请求从服务器加载数据

ajax()方法是 jQuey 对 Ajax 的基础封装，可以实现所有的 Ajax 功能，但 ajax()方法的参数 options 较多，常用的见表 9-24。

在此基础上，jQuery 对 Ajax 进一步封装，减少参数、简化操作，但适用面也变窄。get()、

post()方法是两个最常用的方法，其参数见表 9-25。

表 9-24 ajax()方法常用参数项

参数	说明
type	数据提交方式，get 或 post，默认为 get
url	发送请求的地址，默认当前页面地址
async	是否支持异步刷新，默认为 true
data	需要提交的数据
dataType	服务器返回的数据类型
success	请求成功的回调函数
error	请求失败的回调函数

表 9-25 get()、post()方法参数

方法	说明
url	必须，请求发送或获取的 URL 地址
data	可选，发送到服务器的数据
success (data, textStatus)	可选，请求成功的回调函数
dataType	可选，服务器响应的数据类型

例如 Ajax 异步请求，可以使用【例 9-27】的方法。

【例 9-27】 jQuery Ajax 示例。

```
<html>
  <head>
    <title> jQuery Ajax 示例</title>
    <meta http-equiv="Content-Type" content="text/html; charset=utf-8">
    <script type="text/javascript" src="/jquery/jquery.js"></script>
    <script>
   $(function(){
      $("button").click(function(){
        $.get("/ajax/test1.txt",function(data){
            $("div").html(data);
         });
      });
    });
    </script>
  </head>
  <body>
    <div id="myDiv"><h2>使用 Ajax 来异步改变文本</h2></div>
    <button type="button">通过 AJAX 改变内容</button>
  </body>
</html>
```

以服务的方式运行上例代码，会使用 ajax 文件夹内的 text1.tet 的文本替换原页面文字。

由此，可以看出，JavaScript 实现了用户与网页的动态交互，而 jQuery 封装了 JavaScript，作为一个高效的轻量级库，可以简化 JavaScript 编程，使程序更具可读性。

9.2 ECharts

ECharts 提供了直观、生动、可交互、可个性化定制的数据可视化图表，包括常规的折线图、柱状图、饼图等，用于关系数据可视化的关系图、树图等，用于地理数据可视化的地图、热力图等，并且支持图与图之间的混搭，能够满足用户的各种需求。

9.2.1 ECharts 概述

ECharts 是一个使用 JavaScript 实现的开源可视化图表库，遵循 Apache-2.0 开源协议，可以流畅地运行在 PC 和移动设备上，兼容当前绝大部分浏览器。ECharts 最初由百度团队开发，并于 2018 年初捐赠给 Apache 基金会，成为 ASF 孵化级项目。至 2021 年 9 月，已发展到 5.2.1 版本。

EChats 具有以下特性：

- 提供了丰富的可视化类型：不仅包括上述常见图表类型，还能支持 3D 图表的展现。
- 多种数据格式无需转换可直接使用：4.0 版本以上内置的 dataset 属性支持直接传入，包括二维表、key-value 等多种格式的数据源。
- 千万数据的前端展现：4.0 版本以上采用增量渲染技术，配合各种细致的优化，能够处理展现海量数据。
- 多渲染方案：支持以 Canvas、SVG（4.0+）、VML 的形式渲染图表。
- 多维数据的支持：对于传统的散点图等，传入的数据也可以是多个维度的。
- 动态数据：数据的改变驱动图表展现的改变。
- 深度的交互式数据探索：提供了图例、视觉映射、数据区域缩放、数据筛选等开箱即用的交互组件，可以对数据进行多维度数据筛取、视图缩放、展示细节等交互操作。
- 绚丽的特效：针对线数据、点数据等地理数据的可视化提供了吸引眼球的特效。
- 通过 GL 实现更多、更强大、绚丽的三维可视化：在 VR、大屏场景里实现三维的可视化效果。
- 移动端优化：针对移动端交互做了细致的优化，例如移动端小屏上适合于用手指在坐标系中进行缩放、平移。

9.2.2 ECharts 基本使用

使用 ECharts 与 jQuery 类似，需要下载 ECharts 库文件，并在 JavaScript 代码中引用。可在 ECharts 官网下载合适的版本，并在 JavaScript 代码中引用。

1. 新建 HTML 文档

在项目文件夹下新建 HTML 文档，在<head>标签下，键入 JavaScript 标签引入 jQuery 和 ECharts.js 文件，代码如下。

```
<script src="js/jquery-2.1.4.min.js" type="text/javascript"></script>
<script src="js/echarts.js"></script>
```

2. 添加 ECharts 图表容器

在<body>标签中添加一个<div>容器，定义其高度与宽度，用于放置 ECharts 图表，可以绘制一个基本的折线图，给<div>容器添加 id 属性，便于引用。代码如下。

```
<div id="eChart1" style="height:500px; width:500px"></div>
```

3. 初始化 ECharts

在 HTML 文档合适位置（例如<body>标签下）键入<script>标签，在<script>标签中初始化 ECharts，代码如下。

```
    <script>
```

```
    var divChart1 = document.getElementById('eChart1');
    var myChart1 = echarts.init(divChart1);
  </script>
```

4. 设置配置项

对于折线图，必须定义横纵轴及其数据，还可以定义标题等，添加代码如下。

```
 var option1 = {
     xAxis: {
       data: ['第一季度', '第二季度', '第三季度', '第四季度']
     },
     yAxis: {
         type: 'value'
     },
     series: [
       {
         name: '销量',
         type: 'line',
         data: [12, 25, 23, 30]
       }
     ]
   };
```

5. 显示图表

用定义的参数显示折线图，添加代码如下。

```
eChartsLine.setOption(option);
```

完整代码见【例 9-28】。

【例 9-28】 ECharts 使用示例。

```
<!doctype html>
<html>
  <head>
    <meta charset="utf-8">
    <title>ECharts 使用示例</title>
    <script src="js/jquery-2.1.4.min.js" type="text/javascript"></script>
    <script src="js/echarts.js"></script>
  </head>
  <body>
    <div id="eChart1" style="height:500px; width:500px"></div>
  </body>
  <script>
    var divChart1 = document.getElementById('eChart1');
    var myChart1 = echarts.init(divChart1);
 var option1 = {
     xAxis: {
       data: ['第一季度', '第二季度', '第三季度', '第四季度']
     },
     yAxis: {
         type: 'value'
     },
     series: [
```

```
        {
          name: '销量',
          type: 'line',
          data: [12, 25, 23, 30]
        }
      ]
    };
      myChart1.setOption(option1);
  </script>
</html>
```

在浏览器打开该 HTML 文档，显示结果如图 9-35 所示。

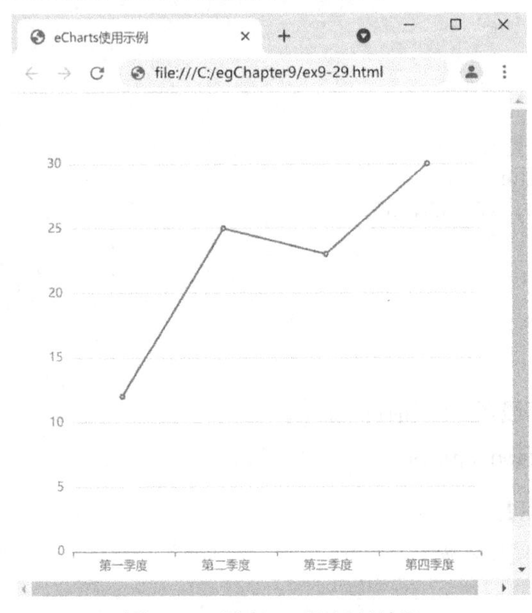

图 9-35 【例 9-28】运行结果

9.2.3 ECharts API

从上例第 5 步可以看出，使用 ECharts 图表，需要先定义 echarts 对象，并使用 init()方法初始化。

1. echarts 对象

echarts 对象是全局对象，最常用的方法是初始化方法 init()。

init()方法的必选参数是 dom，它表示将要装载 ECharts 图表的实例容器，一般是一个具有高度和宽度的 div 元素。

init()方法的可选参数是 theme 和 opts：theme 参数定义应用的主题；opts 是附加参数，可以定义实例的高宽、渲染器、使用语言等。注意，若不定义 theme 参数使用 opts 参数，需要通过 null 预留 theme 参数位置。

例如，修改【例 9-28】中 ECharts 初始化代码，更改 ECharts 图表高度，代码修改如【例 9-29】所示。

【例 9-29】 echarts 对象初始化时更改高度。

```
var myChart1 = echarts.init(divChart1,null,{height:250});
```

【例 9-29】运行结果如图 9-36 所示。

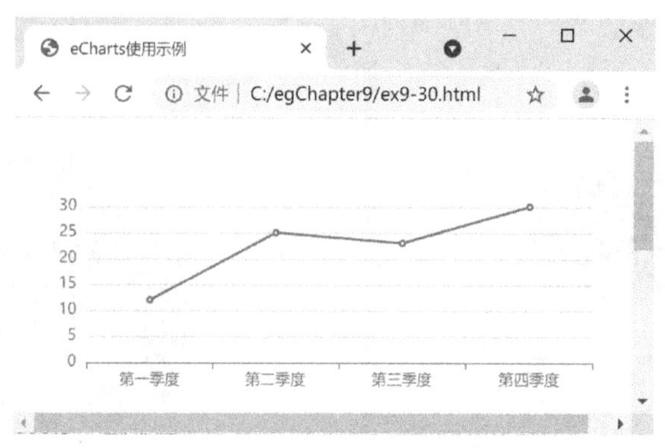

图 9-36 【例 9-29】运行结果

使用 dispose()方法可销毁 ECharts 图表实例，实例被销毁后，无法再被使用。

echarts 对象还可以使用 connect()方法实现联动。对于较多数据或坐标轴不一致的数据，可以显示在不同的图表中，但两个图表之间，可以实现联动。

例如，修改【例 9-29】，在 HTML 标签中添加一个容器，并实例化一个新的 echarts 对象，以饼图展示一年四个季度的成本。

在<body>标签中添加饼图的容器，可在<body>与<div>标签下添加【例 9-30】所示代码。

【例 9-30】 ECahrts 联动。

```
<div id="eChart2" style="width:500px;height:500px"></div>
```

在<script>标签中，添加如下代码。

```
var myChart2 = echarts.init(document.getElementById('eChart2'));
var option2 = {
  tooltip: {},
  series: [{
    type: 'pie',
    radius: '60%',
    data: [
        {value:5, name:'一季度成本'},
        {value:7, name:'二季度成本'},
        {value:6, name:'三季度成本'},
        {value: 10, name:'四季度成本'}
    ]
    }]
 };
 myChart2.setOption(option2);
```

在第 4 步的 option1 配置项中，添加如下代码。

```
tooltip: {},
```

此时，代码运行效果如图 9-37 所示，每个 ECharts 图表单独显示提示框。

在<script>标签中，添加如下代码，即可实现联动。

```
echarts.connect([myChart1, myChart2]);
```

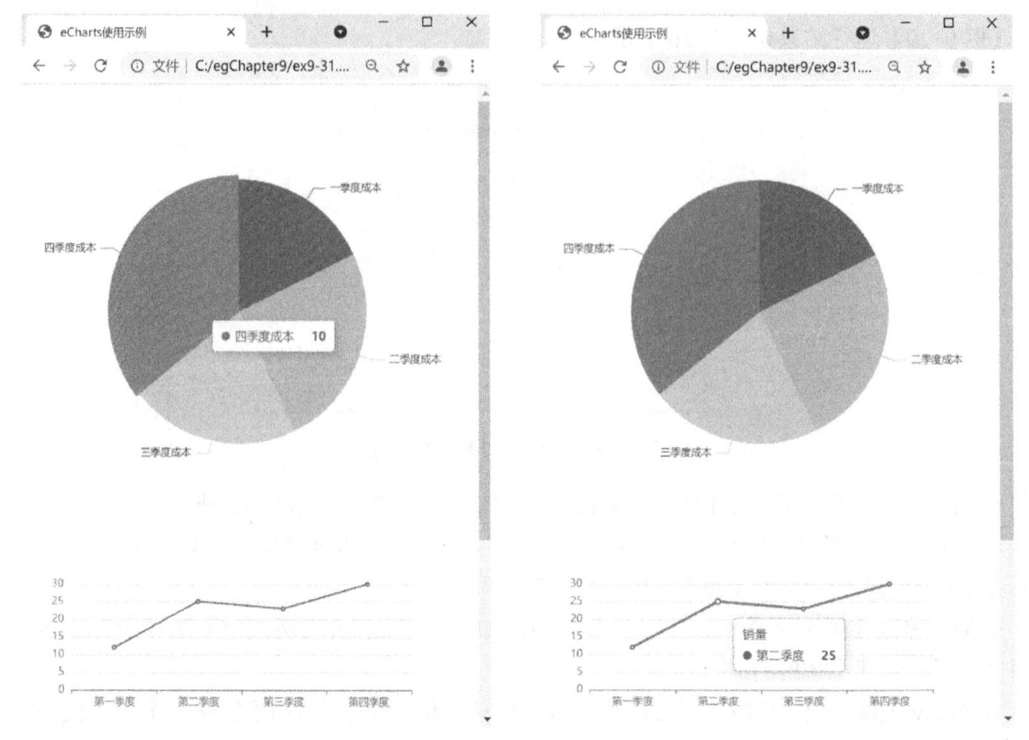

图 9-37　新增饼图未实现联动

运行结果如图 9-38 所示。

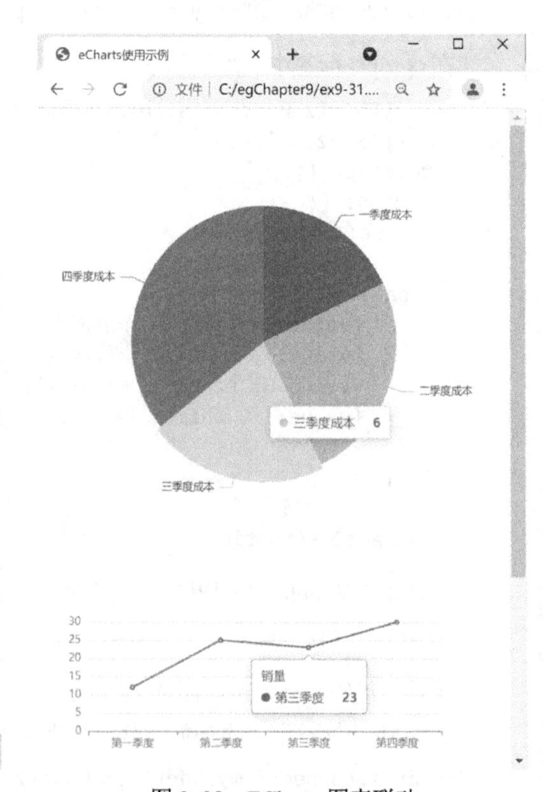

图 9-38　ECharts 图表联动

使用 disconnect()方法可解除图表实例的联动。

此外，在使用地理坐标（geo 组件）、地图（Map 类型图表）时，还可以使用 registerMap()方法注册可用的地图，此处不再详细介绍。

2. echartsInstance 对象

echartsInstance 对象由 init()方法创建，常用方法是 setOption()方法，其最重要的参数是 option，用来定义图表的配置项和数据，详细内容将在下节介绍。使用 getOption()方法可以获得当前实例的 option 对象，若对 option 对象多次配置，返回的 option 对象是多次 setOption()后的配置和数据。

echartsInstance 对象还可以使用 getWidth()、getHeight()、getDom()方法获取 ECharts 图表实例容器的宽度、高度和容器 dom 节点。例如，【例 9-29】实现后在<script>标签中，myChart1 实例化后输入如下代码。

```
alert(myChart1.getHeight());
```

运行结果如图 9-39 所示。

图 9-39　getHeight()方法获取 ECharts 图表实例容器的高度

可见，此时获取的 ECharts 容器宽度，是实例初始化时定义的宽度。

echartsInstance 对象还可以使用 on()、off()方法给图表实例绑定和解绑事件处理函数，其用法见 9.2.4 内容第 2 点中介绍 xAxis、yAxis 组件 triggerEvent 属性的【例 9-35】。

echartsInstance 对象的 group 属性用于图表联动，图 9-38 所示的例中，以下语句：

```
echarts.connect([myChart1, myChart2]);
```

可以替换成：

```
myChart1.group='myGroup';
myChart2.group='myGroup';
echarts.connect('myGroup');
```

运行效果与图 9-38 相同。

ECharts 图表数据很多时候采用异步加载，加载时当数据未加载出来时，可以使用 showLoading()方法添加动画效果，加载出来后，可使用 hideLoading()方法关闭动画。这里使用 setTimeout()延时执行代码，模仿数据加载延时，修改图 9-38 所用代码中有关 myChart2 部分，见【例 9-31】。

【例 9-31】 ECharts 加载动画效果。

```
var myChart2 = echarts.init(document.getElementById('eChart2'));
     myChart2.showLoading({
          text: '数据加载中...',
     });
var option2;
     setTimeout(function(){
             option2 = {
               tooltip: {},
               series: [{
               type: 'pie',
               radius: '60%',
                 data: [
                 {value:5, name:'一季度成本'},
                 {value:7, name:'二季度成本'},
                 {value:6, name:'三季度成本'},
                 {value: 10, name:'四季度成本'}
                 ]
             }]
     };
     myChart2.hideLoading();
             myChart2.setOption(option2);
```

```
        },5000);
```

运行代码，页面加载的前 5 秒（s）内，执行 showLoading()，结果如图 9-40 所示。

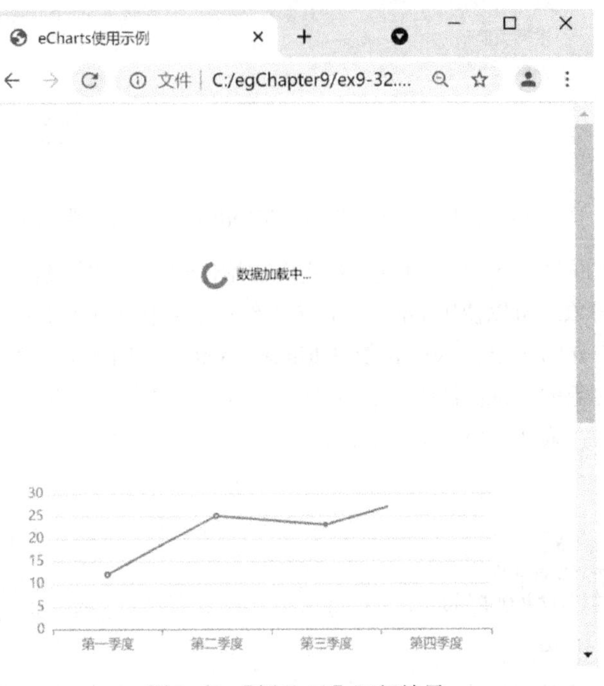

图 9-40 【例 9-31】运行结果

5 秒后，执行 setTimeout()函数内 hideLoading()方法取消加载动画，并执行 setOption()方法加载 ECharts 图表，实际可对页面进行监听。

echartsInstance 对象可以使用 clear()清空当前实例的所有组件和图表，即清空配置项，此时，该实例还可以重新设置配置项并显示，例如【例 9-31】中 “myChart1.setOption(option1);”（该语句在【例 9-28】中已添加）语句后添加【例 9-32】所示代码。

【例 9-32】 清空配置项再重新赋值。

```
myChart1.clear();
option1 = {
    tooltip:{},
    xAxis: {
        data: ['1月', '2月', '3月']
    },
    yAxis: {
                type:'value'
            },
    series: [{
        name: '销量',
        type: 'line',
        data: [3, 4, 6]
    }]
};
myChart1.setOption(option1);
```

运行结果如图 9-41 所示。

可见，加载的是清空 myChart1 对象后，重新配置的 myChart1 对象。效果等同于 option1 重新赋值。

而 echartsInstance 对象的 dispose()方法可以清空当前实例，若将上述代码的“myChart1.clear();”语句替换成“myChart1.dispose()”，则无法显示 myChart1，只能显示 myChart2，如图 9-42 所示。

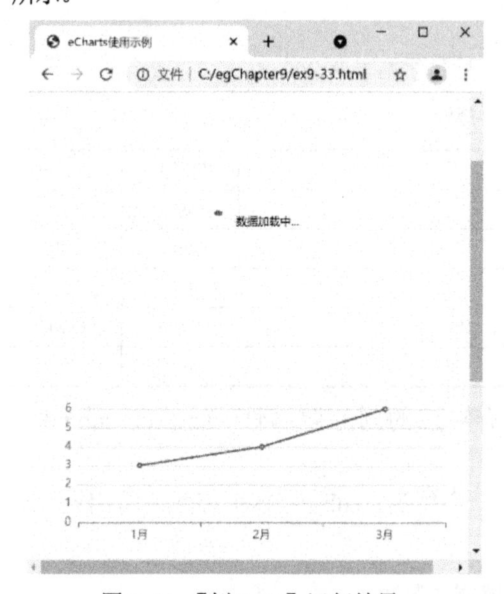

图 9-41 【例 9-32】运行结果

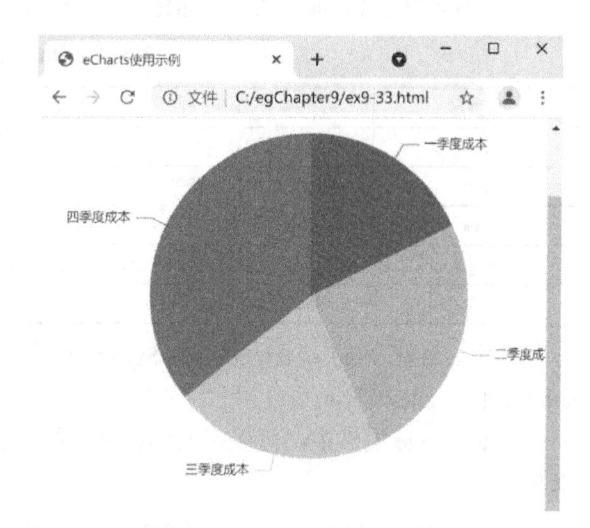

图 9-42　dispose()方法演示结果

注意与 echarts 对象的 dispose()方法不同，echartsInstance 对象的 dispose()方法是清空当前实例，而 echarts 对象的 dispose()方法则禁用了 eCharts 图表，将【例 9-32】“myChart1.dispose()”替换成“eharts.dispose()”，则加载 myChart1 图表后，myChart2 无法完成初始化及显示，会报错。且由于 option1 的重新赋值在“eharts.dispose()”语句后，所以，加载的 myChart1 图表是第一次 option1 配置的内容，如图 9-43 所示。

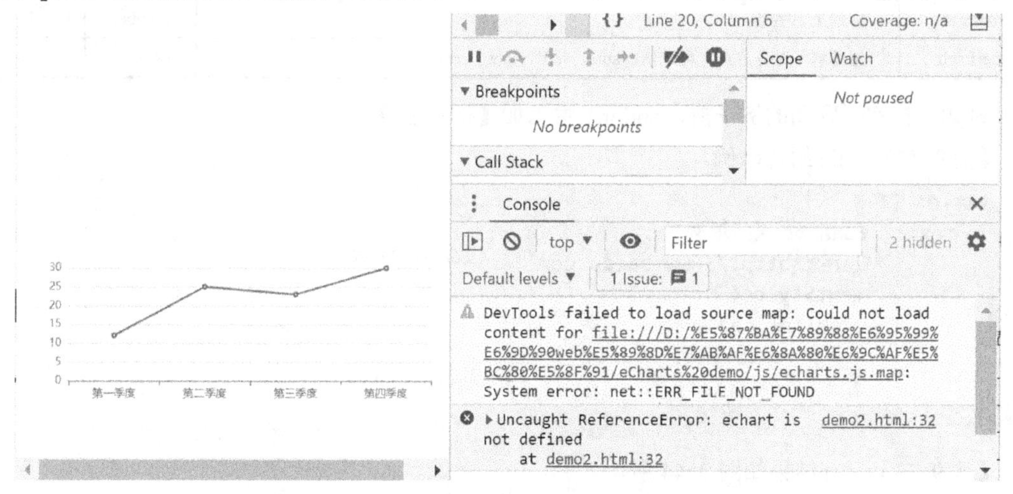

图 9-43　用 eharts.dispose()方法清空 echarts 对象

echartsInstance 对象的其他属性和方法，此处不再一一介绍。

9.2.4 ECharts 组件

从【例 9-28】可以看出，ECharts 图表的不同呈现，主要是取决于第 5 步配置项的设置。

配置项可以包含各组件，不同组件有不同的属性，用“{}”括起来。属性及其值采用“名:值”的键值对形式，多个属性之间用西文逗号隔开。

1. title 组件

该组件定义了 ECharts 图表的标题。该组件常用的配置项见表 9-26。

表 9-26 title 组件属性

属性名	功能	值类型	默认值
show	是否显示标题	boolean	true
text	主标题文本，支持“\n”换行	string	“”
link	主标题超链接	string	“”
target	打开主标题超链接的窗口，可选值：blank、self	string	“blank”
textStyle	主标题文本样式	object	

其中，text、link、target、textStylet 属性，有对应的副标题属性 subtext、sublink、subtarget、subtextStyle。

在 textStyle 属性中，可以定义标题文本的颜色、字体等，subtextStyle 亦然。常用属性见表 9-27。

表 9-27 textStyle 属性的子属性

属性名	功能	值类型	默认值
color	标题文字颜色	color	
fontStyle	标题文字风格，可选值：normal、italic、oblique	string	normal
fontWeight	标题文字粗细，可选值：normal、bold、bolder、light，以及数值，如 100、200、300……	string number	normal
fontFamily	标题文字字体，可选值：serif、monospace、Arial……	string	sans-serif
fontSize	标题文字字号	number	18
lineHeight	标题水平对齐方式，可选值：auto、left、right、center	string	auto

例如，在实现联动的例子前，option1 中添加【例 9-33】代码。

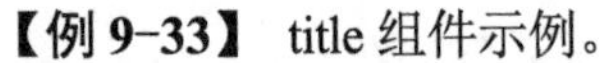

【例 9-33】 title 组件示例。

```
title: {
   text: 'ECharts 入门示例',
          link:'http://www.baidu.com',
          textStyle:{
            color:'red',
               fontStyle:'italic'
          }
},
```

【例 9-33】运行结果如图 9-44 所示。

图 9-44 【例 9-33】运行结果

2. xAxis、yAxis 组件

该组件定义 ECharts 图表的 x 轴、y 轴，常见属性见表 9-28。

表 9-28　xAxis、yAxis 组件常用属性

属性名	功能	类型	默认值
show	是否显示 x 或 y 轴	boolean	true
name	坐标轴名称	string	
type	坐标轴类型，可选值：category、value、time、log	string	category
value	类目数据，type=category 有效	Array	
min	坐标轴最小刻度值	number、string、function	
max	坐标轴最大刻度值		
scale	不强制包含零刻度，只在数值轴中有效，设置 min、max 属性后无效	boolean	
minInterval	自动计算的坐标轴最小间隔大小。只在数值轴或时间轴中有效	number	
maxInterval	自动计算的坐标轴最大间隔大小。只在数值轴或时间轴中有效		
nameRotate	坐标轴名称旋转角度值	number	
triggerEvent	响应和触发鼠标事件	boolean	false
inverse	是否反向坐标轴	boolean	

triggerEvent 设为 true，可以添加响应鼠标事件的函数，例如，修改【例 9-33】完成后的 xAxis 组件代码，代码如【例 9-34】。

【例 9-34】 xAxis 组件使用示例。

```
xAxis: {
  name:'季度',
  triggerEvent:true,
  type: 'category',
  data: ['第一季度', '第二季度', '第三季度', '第四季度']
},
```

并在<script>标签中添加 myChatrt1 函数，代码见【例 9-35】。

【例 9-35】 使用 on()方法给 echartsInstance 对象绑定 click 事件及响应函数。

```
myChart1.on('click',function(params){
  if(params.componentType =="xAxis")
      alert(params.value);
});
```

执行上述代码，单击 x 轴，结果如图 9-45 所示。

3. tooltip 组件

该组件定义 ECharts 图表的提示框，可以在全局定义，也可以在坐标系或系列（Series）中定义。常见属性见表 9-29。

表 9-29　tooltip 组件常用属性

属性名	功能	值类型	默认值
show	显示提示框	boolean	true
trigger	触发类型，可选值：item、axis、none	string	item
triggerOn	触发条件，可选值：mousemove、click、mousemove|clic	string	mousemove|click
axisPointer	坐标轴指示器配置项	Object	
showContent	显示提示框浮层	boolean	true
enterable	鼠标可进入浮层	boolean	false

例如在【例 9-1】中，新增 tooltip 组件，代码见【例 9-36】。

【例 9-36】 tooltip 组件使用示例。

```
tooltip:{
  trigger:'item',
  axisPointer: {
  type: 'cross'
  },
},
```

运行结果如图 9-46 所示。

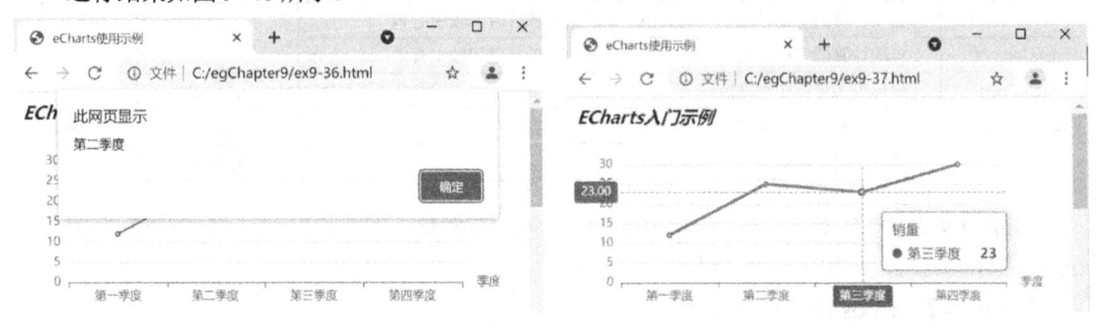

图 9-45 xAxis 组件 triggerEvent 属性使用示例

图 9-46 【例 9-36】运行结果

4. legend 组件

该组件定义 ECharts 图表的图例。常见属性见表 9-30。

表 9-30 legend 组件常用属性

属性名	功能	值类型	默认值
type	图例类型，可选值：plain、scroll	string	plain
show	显示图例	boolean	true
left	组件离容器左侧距离，可选值：left、center、right；或数值或百分比	string number	auto
top	组件离容器顶部距离，数值或百分比		
right	组件离容器右侧距离，可选值：top、middle、bottom；或数值或百分比		
bottom	组件离容器底部距离，数值或百分比		
width	组件的宽度	string、number	auto
height	组件的高度		
orient	图例列表的布局朝向，可选值：horizontal、vertical	string	horizontal
align	图例标记和文本的对齐方式，可选值：left、right	string	auto
padding	图例内边距，数组分别设定上右下左边距	number、array	5
itemGap	图例每项之间的间隔	number	10

在上例中，可以添加图例组件，代码见【例 9-37】。

【例 9-37】 legend 组件使用示例。

```
legend:{},
```

运行结果如图 9-47 所示。

一般来说，一个图表中有多个类别的数据，需要 legend 组件显示不同数据的图例以作区分。

5．series 组件

该组件是 ECharts 的系列列表，在该列表中定义图表类型和图表数据，因为是列表，最外层用“[]”括起来。

该组件由 type 属性定义 ECharts 图表的类型，可选的值有：line（折线图）、bar（柱状图）、pie（饼图）、scatter（散点图）、map（地图）、candlestick（K 线图）、radar（雷达图）、boxplot（盒须图）、heatmap（热力图）、graph（关系图）、lines（路径图）、tree（树图）等。类型不同，series 组件中的配置项也会有所不同。

但不同类型的 ECharts 图表，在 series 组件中也有常用的属性。

用 name 属性定义系列名称，用于 tooltip 的显示、legend 的筛选，数据类型为 string；用 data 属性定义数组中的数据内容，数据类型为 array。

例如，修改【例 9-37】代码，在原 Series 组件中定义一个新的数组，修改代码见【例 9-38】。

【例 9-38】 Series 组件使用示例。

```
series: [
    {
    name: '销量',
    type: 'line',
    data: [12, 25, 23, 30]
    },
    {
    name: '人员数量',
    type: 'bar',
    data: [5, 6, 8, 13]
    }
  ]
```

运行结果如图 9-48 所示。

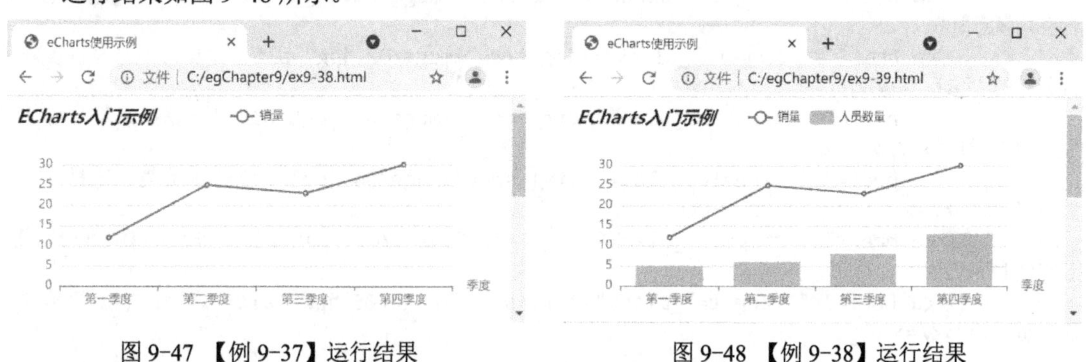

图 9-47 【例 9-37】运行结果　　图 9-48 【例 9-38】运行结果

Series 组件的列表项还有许多属性，此处不再一一介绍。

6．visualMap 组件

该组件是视觉映射组件。视觉映射是数据到视觉元素的变换过程，即数据可视化（这个过程也可称为视觉编码，视觉元素也可称为视觉通道）。ECharts 的图表本身就内置了这种映射，例如【例 9-38】折线图将数据映射到折线的走势、柱状图将数据映射到矩形的高度。这些简单的映射关系，数据在图表上往往显示两个维度，例如【例 9-38】中，一个维度是时间，映射到 x 轴，另一个维度是数量，映射到 y 轴。如果数据具有更多的维度，可以借助视觉映射组件。例如散点图，x、y 轴可以映射数据两个维度，更多的维度可以通过散点的大小（半径）、颜色、形状等表现，散点可以称为图元，散点图的视觉元素就可以是图元的形状、颜色、大小，甚至透明度、附属物等。有关视觉映射组件的使用示例，在 10.2.2 节第 4 点有详细介绍。

9.3 案例

本节以一个轮转播放的图片为例，演示 jQuery 的用法。

9.3.1 HTML 基本结构与 CSS 基本样式

在项目文件夹下新建“images”文件夹，将图片资源放入该文件夹，案例中，使用了六张图片（01.jpg～06.jpg）。新建 HTML 文档，在文档中，采用列表作为轮转播放图片的容器，HTML 代码见【例 9-39】。

【例 9-39】 图片文字轮转示例的 HTML 结构。

```
<!doctype html>
<html>
  <head>
    <title>图片文字轮转示例</title>
  </head>
  <body>
    <div id="play">
    <ul>
      <li id="playBg"></li>
      <li id="playText"></li>
      <li id="playNum"><a>1</a><a>2</a><a>3</a><a>4</a><a>5</a><a>6</a></li>
      <li id="playShow">
        <a href="#" target="_blank"><img src="image/01.jpg" alt="寿司：轻奢新主义，青春才惬意！"></a>
        <a href="#" target="_blank"><img src="image/02.jpg" alt="牛排：七分熟的美味，百分百的实惠！"></a>
        <a href="#" target="_blank"><img src="image/03.jpg" alt="澳龙：好看又好吃，领香更领鲜！"></a>
        <a href="#" target="_blank"><img src="image/04.jpg" alt="新派菜：珍材膳食，健康当道!"></a>
        <a href="#" target="_blank"><img src="image/05.jpg" alt="披萨：手工擀制，粮芯味道!"></a>
        <a href="#" target="_blank"><img src="image/06.jpg" alt="烧烤：烧上等美味，烤高尚生活"></a>
      </li>
    </ul>
   </div>
  </body>
</html>
```

运行结果见图 9-49。

用 CSS 给页面添加样式，在项目文件夹下，新建“css”文件夹，放入 CSS 文件“style.css”。在<head>标签中加上 CSS 的引用，并定义各控件样式，新增代码见【例 9-39】。

图 9-49 【例 9-39】 运行效果

【例 9-40】 图片轮转示例的 CSS 样式。

```
<style type="text/css">
  #play {
          width:500px;
          height:230px;
          border:#ccc 1px solid;
  }
   /*文字黑底样式*/
  #playBg {
    margin-top:200px;
    z-index:1;
    filter:alpha(opacity=70);
    opacity:0.7;
    width:500px;
    position:absolute;
    height:30px;
    background:#000;
  }
    /*白色文字样式*/
  #playText {
    margin-top:200px;
    z-index:2;
    padding-left:10px;
    font-size:14px;
    font-weight:bold;
    width:340px;
    color:#fff;
    line-height:30px;
    overflow:hidden;
    position:absolute;
    cursor:pointer;
  }
   /*数字样式*/
  #playNum {
        margin:205px 5px 0 350px;
```

```
            z-index:3;
            width:145px;
            text-align:right;
            position:absolute;
            height:25px;
    }
    /*数字暗底链接样式*/
  #playNum a{
        margin:0 2px;
        width:20px;
        height:20px;
        font-size:14px;
        font-weight:bold;
        line-height:20px;
        cursor:pointer;
        color:#000;
        padding:0 5px;
        background:#D7D6D7;
        text-align:center
    }
/*播放区域图片大小*/
  #playShow img {
     width:500px;
     height:230px;
  }
</style>
```

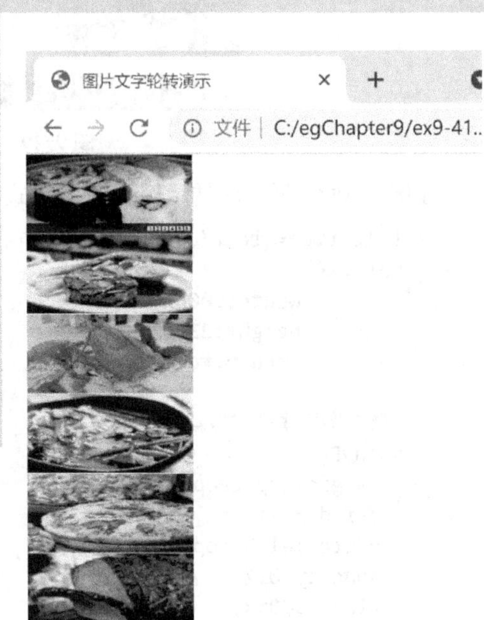

图 9-50 【例 9-40】的运行结果

此时，页面效果见图 9-50。

9.3.2 jQuery 效果处理

下面使用 jQuery 实现图片的轮转播放等功能，首先确保 js 文件夹下已有 jQuery 库文件，并在 HTML 文档的<head>标签中引用，代码如下：

```
<script src="js/jquery-2.1.4.min.js" type="text/javascript"></script>
```

1. 图片折叠

主要通过 hide()方法，将除第一张超链接图片外的其他超链接图片隐藏，以实现所需要的效果。

在 HTML 文档的合适位置（如</body>标签与</html>标签之间）添加<script>标签，并键入 JavaScript 代码。JS 代码见【例 9-41】。

【例 9-41】 JS 实现图片折叠。

```
$(function(){
    //除了第一个，其余隐藏
          $("#playShow a:not(:first-child)").hide();
          //第一个文字显示
          $("#playText").html($("#playShow a:first-child").find("img").attr('alt'));
          //第一个数字超链接图标显黄色
          $("#playNum a:first").css({"background":"#FFD116",'color':'#A8471C'});
```

```
    });
```

第一条语句即隐藏除第一张超链接图片外的其他超链接图片。通过 id 选择器，找到 id=playShow 的列表项元素，配合基本过滤器（:not）和子元素过滤器（:first-child），选中该列表项的除第一个外的其他<a>标签元素，并使用 hide()方法将它们隐藏。

第二条语句显示第一张超链接图片的说明文字，即 img 元素的 alt 属性值。通过 id 选择器，配合子元素过滤器（:first-child）找到第一个超链接元素，用 find()找到其图片，通过 attr()，获取指定属性的值，即需要显示的文本，通过 html()方法，显示在 id=playText 的列表项元素中。

第三条语句将数字 1 的超链接背景样式通过 css()函数设为黄色。

此时，页面效果如图 9-51 所示。

图 9-51 【例 9-41】运行效果

2．单击数字切换图片与文字

给 id=playNum 的列表标签的子元素，即数字 1～6 所在的<a>标签元素添加 click 事件，实现单击相应数字，该数字样式变化，并切换图片与文字。在$(function(){})中，新增【例 9-42】代码。

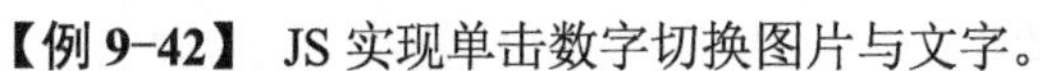

【例 9-42】 JS 实现单击数字切换图片与文字。

```
    //单击数字换图片文字
    $("#playNum a").click(function(){
            //记录被点中的数字（-1 变成索引）
            var i = $(this).text() - 1;
            //visible：可见元素；fadeIn：使用淡入效果来显示一个隐藏的元素
            $("#playShow a").filter(":visible").hide().parent().children().eq(i).fadeIn(1200);
            //切换文字
            $("#playText").html($("#playShow a").eq(i).find("img").attr('alt'));
            //当前数字背景黄色，再查找其他同类元素，设为普通模式
            $(this).css({"background":"#FFD116",'color':'#A8471C'}).siblings().Css
({"background":"#D7D6D7",'color':'#000'});
    });
```

该函数处理 id=playNum 的列表项所有子元素，即<a>标签元素的 click 事件。

函数中的第一条语句获取单击的超链接 text 内容，即数字，减 1 变成<a>标签元素的索引值，赋予变量 i。

第二条语句通过 filter()过滤出 id=playShow 的列表项下原可见的<a>标签子元素，用 hide()方法将其隐藏，并通过 parent().children()追踪到其他兄弟元素，将索引值为 i 的<a>标签元素通过 fadeIn()方法用淡入效果来显示，其参数是淡入显示效果的持续时间，单位为毫秒。

第三条语句使用 html()方法显示索引值为 i 的<a>标签元素的图片“alt”属性值。

第四条语句将单击的数字超链接设置为黄色，其他则设置为初始样式。用 this 获取当前被单击的数字超链接，使用 css()方法设置样式高亮黄色；同时使用 siblings()方法遍历其他同级元素，即其他的数字超链接，使用 css()方法将其样式设为初始样式。

此时，运行结果如图 9-52 所示。

图 9-52 【例 9-42】运行结果

3. 实现图片文字数字自动轮转

自动轮转的切换效果同单击数字切换，可利用 click 事件的响应函数。首先可以通过 trigger()触发超链接数字的 click 事件，再由 setInterval()按照指定的周期来调用。

首先新建自定义函数“showAuto()”，在此函数中给每个数字超链接依次绑定 click 事件的响应函数。那么需要知道数字超链接的数目，并由一个变量指示超链接的索引值递增轮转，所以，定义全局变量 count 和 n，代码见【例 9-43】。

【例 9-43】 JS 实现图片文字数字自动轮转。

```
var n=0, count=$("#playNum a").size();
```

在<script>标签中添加自定义函数“showAuto()”，代码如下。

```
    function showAuto()
    {
      n = n >= (count - 1) ? 0 : ++n;
      $("#playNum a").eq(n).trigger('click');
    }
```

第二条语句实现将当前变量 n 表示的索引指向的超链接数字触发“click”事件。第一条语句将 n 指向超链接数字的索引值，每一次调用“showAuto()”函数即递增一次，达到最大索引值时回到索引初值。

然后，用 setInterval()方法实现定时调用。在“$(function(){});”中，新增代码如下。

```
      setInterval("showAuto()", 3000);
```

其中，3000 是定时调用函数的时间间隔，单位：毫秒。

4. 图片轮转的取消和恢复

当鼠标移动到图片时，取消轮转；鼠标移开，则恢复轮转。该功能可通过 hover()方法实现，该方法规定当鼠标指针悬停在被选元素上时要运行的两个函数，由该方法的两个参数指定。第一个参数指定的函数，由 mouseenter（鼠标指针进入被选元素）事件触发；第二个参数指定的函数，由 mouseleave（鼠标指针离开被选元素）事件触发。

将 clearInterval()方法作为 hover()方法的第一个参数，取消定时调用 showAuto()函数，将 setInterval()方法作为 hover()方法的第二个参数，恢复定时调用 showAuto()函数。为代码书写简便，可将 showAuto()函数赋予一个新定义的全局变量 t，代码见【例 9-44】。

【例 9-44】 鼠标悬停则暂停图片等待自动轮转。

```
    var t;
```

在“$(function(){});”中，将“setInterval("showAuto()",3000);”代码赋值于变量 t，修改如下。

```
    t = setInterval("showAuto()",3000);
```

在“$(function(){});”中，新增代码如下。

```
$("#play").hover(function(){clearInterval(t)},function(){t=setInterval("showAuto()",2
000);});
```

5. 实现单击图片跳转页面

在 HTML 代码中，将各图片超链接的 href 属性值的“#”替换成目标页面的 URL，即可实现该功能。

习题

1. jQuery 是什么？与 JavaScript 有什么关系？有什么优点？
2. jQuery 常用的选择器有哪几类？各有哪些选择器？
3. Ajax 是一种编程语言么？与哪些技术相关？Ajax 可以实现什么？

第 10 章 JavaScript 综合案例——学校信息管理系统

本章通过设计一个学校信息管理系统，展示 JavaScript 及 jQuery、ECharts 的用法。首先新建项目文件夹（egChapter10），所有项目代码及资源均在该项目文件夹下。

10.1 系统页面设计

系统主页面由导航栏和内联页面框架组成，导航栏主要包括："年级概况"，以显示学科、教师、学生等综合信息；"班级概况"，带有下拉菜单，可显示不同班级的成绩概况；"成绩管理"，带有下拉菜单，可录入、修改各班成绩；"学生管理"，带有下拉菜单，可增、删、改各班的学生信息；"后台管理"，用于管理员信息维护。

10.1.1 页面框架设计

在主页面的导航栏中用<iframe>标签实现页面内联框架，将其他页面嵌入。

导航栏采用<nav>标签实现，导航样式使用 style.css 文件中定义的样式，在项目文件夹下新建 css 文件夹，放入 style.css 文件。在项目文件夹中新建 index.html 文件，键入代码见【例 10-1】。

【例 10-1】 index.html 页面导航实现。

```
<!doctype html>
<html>
  <head>
    <meta charset="UTF-8">
    <title>X 年级管理系统</title>
    <link href="css/style.css" rel="stylesheet">
  </head>
  <body>
    <div>
      <nav class="animenu">
        <ul class="animenu__nav">
          <li><a href="#">年级概况</a></li>
          <li><a href="#">班级概况</a>
            <ul class="animenu__nav__child">
              <li><a href="#">一班</a></li>
              <li><a href="#">二班</a></li>
```

```
            <li><a href="#">三班</a></li>
            <li><a href="#">四班</a></li>
          </ul>
        </li>
        <li><a href="#">成绩管理</a>
          <ul class="animenu__nav__child">
            <li><a href="#">一班</a></li>
            <li><a href="#">二班</a></li>
            <li><a href="#">三班</a></li>
            <li><a href="#">四班</a></li>
          </ul>
        </li>
        <li><a href="#">学生管理</a>
          <ul class="animenu__nav__child">
            <li><a href="#">一班</a></li>
            <li><a href="#">二班</a></li>
            <li><a href="#">三班</a></li>
            <li><a href="#">四班</a></li>
          </ul>
        </li>
        <li><a href="#">后台管理</a></li>
        </ul>
      </nav>
    </div>
  </body>
</html>
```

运行结果如图 10-1 所示。

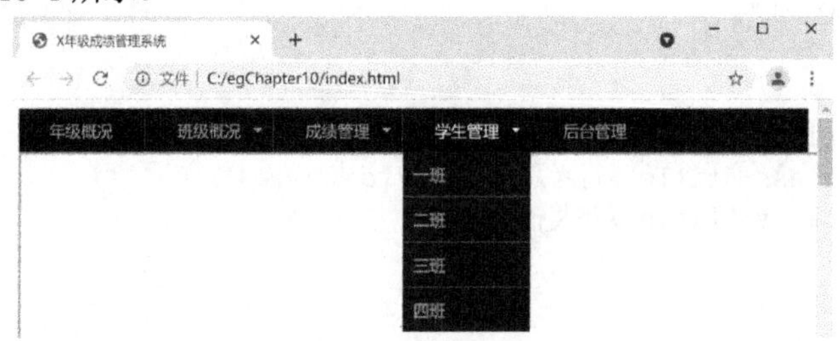

图 10-1 【例 10-1】运行结果

在代码中添加框架，以便嵌入其他页面，在<body>标签中新增代码如【例 10-2】所示。

【例 10-2】 index.html 页面内联框架实现。

```
      <div style="text-align:center; font:normal 14px/24px 'MicroSoft YaHei';">
        <iframe src="" width="1250px" height="670px" frameborder="1" marginwidth=
"0" marginheight="0">
        </iframe>
      </div>
```

<iframe>标签的 src 属性值待填入年级概况页面。运行结果如图 10-2 所示。

图 10-2 【例 10-2】运行结果

10.1.2 年级概况页面实现

该页面用 4 行 3 列的表格布局，奇数行为 6 个图表标题，标题样式在<style>标签中定义；偶数行放置 6 个 div，以便放置 ECharts 图表，分别用树图、折线图、柱状图、日历、饼图、雷达图，展示学科、师资、学生成绩、校历、获奖、素质培育信息。

在项目文件夹下新建 page 文件夹，用来放置除登录页面“login.html”、框架页面“index.html”外的其他页面。在该文件夹下新建 grade.html 文件，键入代码见【例 10-3】。

【例 10-3】 grade.html 页面结构。

```
<!DOCTYPE html>
<html>
  <head>
    <meta charset="utf-8" />
    <title>年级概况</title>
    <style type="text/css">
        .title {
           background-color: #3e78af;
           width: 415px;
           height: 22px;
           text-align: left;
           font-size: 15px;
        }
    </style>
  </head>
  <body>
    <div  style="width:1245px;align-content:center;align-items:center;  color:white;
background-color:black">
      <table>
        <tr>
          <td class="title">学科构建</td>
          <td class="title">月考总分均分</td>
          <td class="title">获奖情况</td>
        </tr>
        <tr>
          <td>
            <div id="tree" style="height:300px"></div>
          </td>
          <td>
            <div id="bar" style="height:300px"></div>
          </td>
          <td>
            <div id="pie" style="height:300px"></div>
          </td>
        </tr>
        <tr>
          <td class="title">教师队伍建设</td>
          <td class="title">教学月历</td>
          <td class="title">能力素质培育</td>
        </tr>
        <tr>
          <td>
```

```
          <div id="line" style="height:300px"></div>
        </td>
        <td>
          <div id="calendar" style="height:300px"></div>
        </td>
        <td>
          <div id="radar" style="height:300px"></div>
        </td>
      </tr>
    </table>
  </div>
 </body>
</html>
```

运行结果如图 10-3 所示。

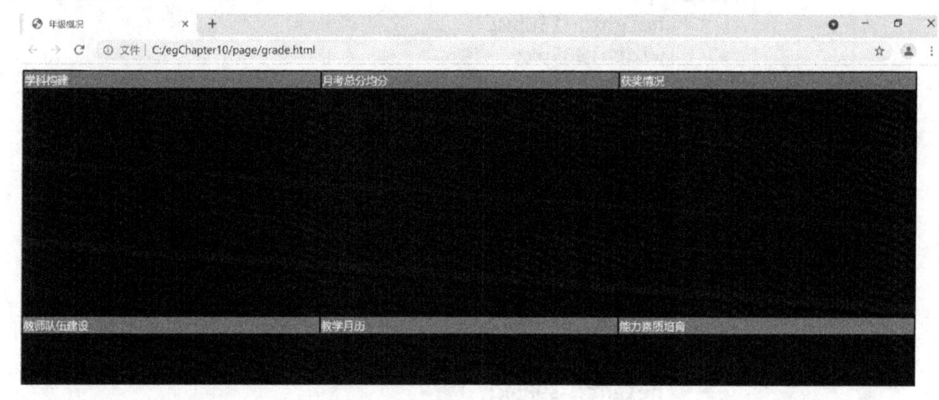

图 10-3 【例 10-3】运行结果

ECharts 图表的显示功能在 10.2.2 节实现。

10.1.3　班级概况页面设计

为显示方便，每个班级概况用一个页面显示，这里仅介绍一个页面的设计。页面分为上下两个区域：上区域左右两个 div 分别用饼图显示班级月考总分均分，以及用盒须图显示月考各科成绩分布情况；下区域左边用 9 个表格显示 9 门课程均分，右边用表格显示班级前十名排名成绩。

在 page 文件夹下新建 HTML 文档，命名为 class1.html。键入如【例 10-4】所示的 HTML 及 CSS 代码。

【例 10-4】 class1.html 页面结构。

```
<!doctype html>
<html>
    <head>
        <meta charset="utf-8">
        <title>1 班成绩概况</title>
        <style>
            #up_pie {
                        height: 260px;
                        width: 305px;
                         background-color: #000000;
                         text-align: center;
```

```
                float: left
            }
            #up_boxplot {
                height: 260px;
                width: 915px;
                 background-color: #000000;
                 float: left
            }
            #down_left {
                  height: 390px;
                  width: 915px;
                  background-color: #000000;
                  float: left
            }
            table {
                  height: 130px;
                  width:305px;
                  border: 1px solid rgb(36, 35, 35);
                  color: white;
                  text-align: center;
                  float: left
        }
            .title {
                  background-color:#3e78af;
                  text-align:left
            }
            #down_right {
                  height: 390px;
                  width: 305px;
                  float: left
            }
            .rank {
                  height: 390px;
                  background-color: #333333;
                  color: white;
                  border: 1px solid rgb(0, 0, 0);
            }
             .rank tr:nth-child(even) {
                  background-color: #bb584f;
        }
    </style>
</head>
<body>
    <div id="up_pie"></div>
    <div id="up_boxplot"></div>
    <div id="down_left">
        <table>
                <tr>
                    <td class='title' colspan='2'>语文</td>
                </tr>
                <tr>
                    <td>上月均分</td><td>83</td>
                </tr>
```

```
            <tr>
                <td>本月均分</td><td>84</td>
            </tr>
            <tr>
                <td>及格率</td><td><div id='CH'></div></td>
            </tr>
    </table>
    <table>
            <tr>
                <td class='title' colspan='2'>数学</td>
            </tr>
            <tr>
                <td>上月均分</td><td>88</td>
            </tr>
            <tr>
                <td>本月均分</td><td>87</td>
            </tr>
            <tr>
                <td>及格率</td><td><div id='math'></div></td>
            </tr>
    </table>
    <table>
            <tr>
                <td class='title' colspan='2'>英语</td>
            </tr>
            <tr>
                <td>上月均分</td><td>85</td>
            </tr>
            <tr>
                <td>本月均分</td><td>85</td>
            </tr>
            <tr>
                <td>及格率</td><td><div id='EN'></div></td>
            </tr>
    </table>
    <table>
            <tr>
                <td class='title' colspan='2'>物理</td>
            </tr>
            <tr>
                <td>上月均分</td><td>78</td>
            </tr>
            <tr>
                <td>本月均分</td><td>80</td>
            </tr>
            <tr>
                <td>及格率</td><td><div id='phy'></div></td>
            </tr>
    </table>
    <table>
            <tr>
                <td class='title' colspan='2'>化学</td>
            </tr>
```

```
        <tr>
            <td>上月均分</td><td>84</td>
        </tr>
        <tr>
            <td>本月均分</td><td>85</td>
        </tr>
        <tr>
            <td>及格率</td><td><div id='che'></div></td>
        </tr>
</table>
<table>
        <tr>
            <td class='title' colspan='2'>生物</td>
        </tr>
        <tr>
            <td>上月均分</td><td>76</td>
        </tr>
        <tr>
            <td>本月均分</td><td>75</td>
        </tr>
        <tr>
            <td>及格率</td><td><div id='bio'></div></td>
        </tr>
</table>
<table>
        <tr>
            <td class='title' colspan='2'>地理</td>
        </tr>
    <tr>
            <td>上月均分</td><td>83</td>
        </tr>
        <tr>
            <td>本月均分</td><td>85</td>
        </tr>
        <tr>
            <td>及格率</td<td><div id='geo'></div></td>
        </tr>
</table>
<table>
        <tr>
            <td class='title' colspan='2'>历史</td>
        </tr>
        <tr>
            <td>上月均分</td><td>89</td>
        </tr>
        <tr>
            <td>本月均分</td><td>87</td>
        </tr>
        <tr>
            <td>及格率</td><td><div id='his'></div></td>
        </tr>
</table>
<table>
```

```
                <tr>
                    <td class='title' colspan='2'>政治</td>
                </tr>
                <tr>
                    <td>上月均分</td><td>75</td>
                </tr>
                <tr>
                    <td>本月均分</td><td>73</td>
                </tr>
                <tr>
                    <td>及格率</td><td><div id='pol'></div></td>
                </tr>
            </table>
        </div>
        <div id='down_right'>
            <table class='rank'>
                <tr>
                        <td colspan="3">本月月考排名</td>
                        </tr>
                <tr>
                            <td>名次</td><td>姓名</td><td>总分</td>
                    </tr>
                <tr>
                            <td>1</td><td>张三</td><td>803</td>
                     </tr>
                 <tr>
                            <td>2</td><td>李四</td><td>801</td>
                     </tr>
                 <tr>
                            <td>3</td><td>王五</td><td>800</td>
                     </tr>
                 <tr>
                            <td>4</td><td>赵乾</td><td>788</td>
                     </tr>
                 <tr>
                            <td>5</td><td>孙立</td><td>785</td>
                    </tr>
                <tr>
                            <td>6</td><td>周武</td><td>778</td>
                    </tr>
                <tr>
                            <td>7</td><td>郑旺</td><td>772</td>
                    </tr>
                <tr>
                            <td>8</td><td>XXX</td><td>768</td>
                    </tr>
                <tr>
                            <td>9</td><td>XXX</td><td>761</td>
                    </tr>
                <tr>
                            <td>10</td><td>XXX</td><td>753</td>
                    </tr>
            </table>
```

```
        </div>
    </body>
</html>
```

运行代码，结果如图 10-4 所示。

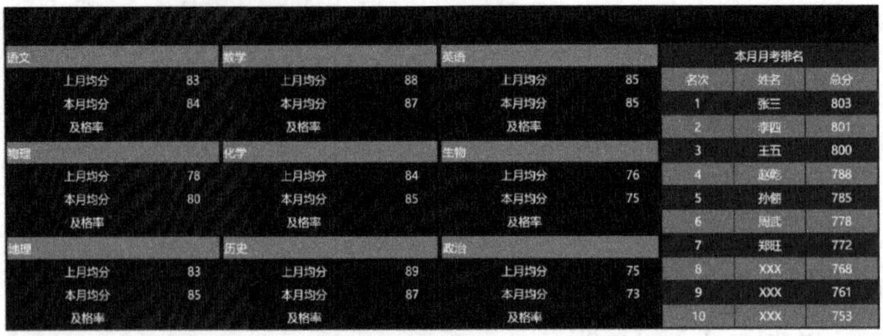

图 10-4 【例 10-4】运行结果

ECharts 图表、进度条功能在 10.2.3 节实现。其他班级的班级概况的页面设计方法类似，此处不再重复。

10.1.4 成绩管理页面设计

本项目系统不涉及后台，成绩显示、读取、修改均在前端实现。为清晰显示，可以每个班级为一个页面，现设计其中一个班级的成绩管理页面。在 page 文件夹下新建 score1.html 文件。

1．成绩显示界面

在 score1.html 文档中键入如【例 10-5】所示的代码。

【例 10-5】 score1.html 成绩显示界面。

```
<!doctype html>
<html>
  <head>
    <meta charset="utf-8">
    <title>1 班成绩录入</title>
    <style>
      #tbBg {
        float:left;
       position: relative;
       padding: 50px 30px;
       width:800px;
       height:200px;
       background-color:rgba(242, 242, 242, 1);
      }
      table {
        margin: 30px;
        vertical-align: middle;
        text-align: center;
        border: 1px solid rgb(100, 100, 100);
        border-spacing: 0
      }
      th {
```

```
        padding: 5px 15px;
        border: 1px solid rgb(128, 128, 128);
        border-spacing: 0;
        font-size: 15px;
        font-family: '等线';
        color: rgb(80, 80, 80)
      }
      td {
         padding: 2px 10px;
         border: 1px solid rgb(128, 128, 128);
         border-spacing: 0;
         font-size: 15px;
         font-family: '等线';
         color: rgb(80, 80, 80)
       }
      .btn1 {
         background-color: #DCD8D8;
         border-radius: 2px;
         border:1px solid rgb(128, 128, 128);
         padding: 1px 10px;
       }
    </style>
  </head>
  <body>
    <div id='tbBg'>
          <table>
                <tr>
                  <th>学号</th><th>姓名</th>
                  <th>语文</th><th>数学</th><th>英语</th>
                  <th>物理</th><th>化学</th><th>生物</th>
                  <th>地理</th><th>历史</th><th>政治</th>
                  <th>操作</th>
                </tr>
                <tr id='020101'>
                  <td>020101</td><td>张三</td>
                  <td>82</td><td>90</td><td>83</td>
                  <td>88</td><td>85</td><td>84</td>
                  <td>83</td><td>78</td><td>75</td>
                  <td>
                        <input class='btn1' type="submit" value="编辑"/>
                  </td>
                </tr>
                <tr id='020102'>
                  <td>020102</td><td>李四</td>
                  <td>82</td><td>90</td><td>83</td>
                  <td>88</td><td>85</td><td>84</td>
                  <td>83</td><td>78</td><td>75</td>
                  <td>
                        <input class='btn1' type="submit" value="编辑"/>
                  </td>
                </tr>
                <tr>
                  <td>……</td><td>……</td>
```

```
                <td>……</td><td>……</td><td>……</td>
                <td>……</td><td>……</td><td>……</td>
                <td>……</td><td>……</td><td>……</td>
                <td>
                    <input class='btn1' type="submit" value="编辑"/>
                </td>
            </tr>
        </table>
    </div>
  </body>
</html>
```

运行结果如图 10-5 所示。

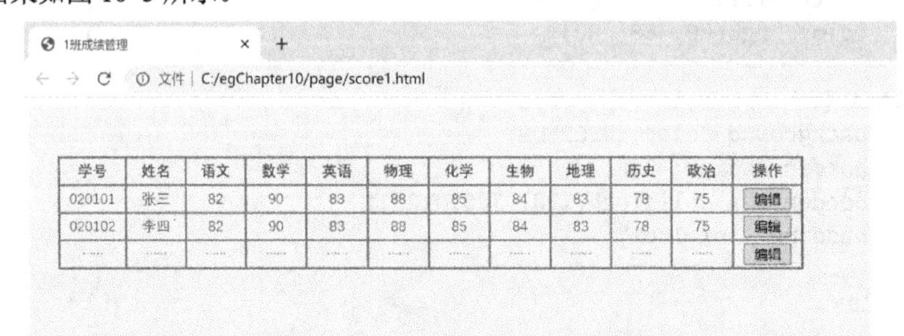

学号	姓名	语文	数学	英语	物理	化学	生物	地理	历史	政治	操作
020101	张三	82	90	83	88	85	84	83	78	75	编辑
020102	李四	82	90	83	88	85	84	83	78	75	编辑
……	……	……	……	……	……	……	……	……	……	……	编辑

图 10-5 【例 10-5】运行结果

2．成绩编辑界面

在 score1.html 文档<body>标签内<div>元素下添加如【例 10-6】所示的代码。

【例 10-6】 score1.html 成绩编辑界面。

```
    <div id='input'>
      学号：<input id='0' value=''/><br>
      姓名：<input id='1' value=''/><br>
      语文：<input id='2' value=''/><br>
      数学：<input id='3' value=''/><br>
      英语：<input id='4' value=''/><br>
      物理：<input id='5' value=''/><br>
      化学：<input id='6' value=''/><br>
      生物：<input id='7' value=''/><br>
      地理：<input id='8' value=''/><br>
      历史：<input id='9' value=''/><br>
      政治：<input id='10' value=''/><br>
      <input class='btn2' type="submit" value="确定"/>
      <input class='btn2' type="submit" value="取消"/>
    </div>
```

在<style>标签中添加样式，代码如下。

```
      #input {
        float:left;
        position: relative;
        padding: 20px 20px;
        width:250px;
        height:250px;
```

```
      }
      .btn2 {
        margin-left: 55px;
        background-color: #DCD8D8;
        border-radius: 2px;
        border:1px solid rgb(128, 128, 128);
        padding: 1px 10px;
      }
```

此时，运行结果如图 10-6 所示。

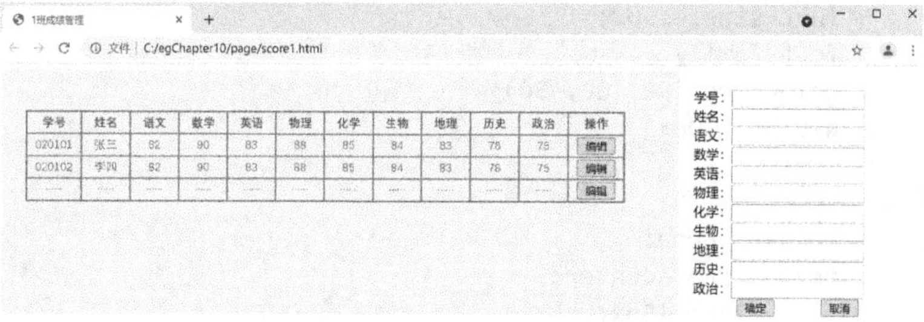

图 10-6　【例 10-7】运行结果

成绩编辑功能在 10.2.4 节实现。其他班级的成绩管理页面设计类似，此处不再重复。

10.1.5　学生管理页面设计

学生管理功能包括对班级学生信息的增加、删除以及修改功能。与成绩管理功能设计相同的是，一个班级有一个学生管理页面；与之不同的是，本节使用表格内嵌<input>元素，实现在表格上的直接修改。

在 page 文件夹下新建 person1.html，在 HTML 文档中键入如【例 10-7】所示的代码。

【例 10-7】 person1.html 学生管理页面。

```
<!doctype html>
<html>
  <head>
    <meta charset="utf-8">
    <title>1 班人员管理</title>
    <style>
       table {
               margin: 30px;
               vertical-align: middle;
               text-align: center;
               border: 1px solid rgb(100, 100, 100);
               border-spacing: 0
       }
       th {
               padding: 5px 15px;
               border: 1px solid rgb(128, 128, 128);
               border-spacing: 0;
               font-size: 15px;
               font-family: '等线';
               color: rgb(80, 80, 80)
       }
```

```
    td {
            border: 1px solid rgb(128, 128, 128);
            border-spacing: 0;
            font-size: 15px;
            font-family: '等线';
            color: rgb(80, 80, 80)
     }
     .input1 {
            border: none;
            text-align: center;
            font-size: 15px;
            font-family: '等线';
            color: rgb(80, 80, 80);
            width: 100px
     }
     .input2 {
            border: none;
            text-align: center;
            font-size: 15px;
            font-family: '等线';
            color: rgb(80, 80, 80);
            width: 200px;
            min: 0;
            max: 50
     }
     .btn {
            background-color: #DCD8D8;
            border-radius: 2px;
            border:1px solid rgb(128, 128, 128);
            padding: 1px 10px;
     }
   </style>
 </head>
 <body>
   <table>
       <tr id='row1'>
         <th>学号</th><th>姓名</th><th>性别</th><th>出生年月</th>
         <th>民族</th><th>籍贯</th><th>联系电话</th><th>家庭住址</th>
         <th><input class='btn' type="button" value="新增"/></th>
       </tr>
       <tr>
         <td><input class='input1' value="020101"\></td>
         <td><input class='input1' value="张三"\></td>
         <td><input class='input1' value="男"\></td>
         <td><input class='input1' value="2014/10/18"\></td>
         <td><input class='input1' value="汉族"\></td>
         <td><input class='input1' value="江苏南京"\></td>
         <td><input class='input1' value="139XXXXXXXX"\></td>
         <td><input value="XX 区 XX 街道 XX 小区 XX 栋 XX 室"\></td>
         <td><input class='btn' type="button" value="删除" /></td>
       </tr>
       <tr>
         <td><input class='input1' value="020102"\></td>
```

```
          <td><input class='input1' value="李四"\></td>
          <td><input class='input1' value="男"\></td>
          <td><input class='input1' value="2014/09/26"\></td>
          <td><input class='input1' value="汉族"\></td>
          <td><input class='input1' value="江苏南京"\></td>
          <td><input class='input1' value="181XXXXXXXX"\></td>
          <td><input class='input2' value="XX 区 XX 街道 XX 小区 XX 栋 XX 室"\></td>
          <td><input class='btn' type="button" value="删除" /></td>
        </tr>
        <tr>
          <td>……</td><td>……</td><td>……</td><td>……</td>
          <td>……</td><td>……</td><td>……</td><td>……</td>
          <td><input class='btn' type="button" value="删除" "/></td>
        </tr>
      <tr>
          <td><input class='input1' value="0201XX"\></td>
          <td><input class='input1' value=""\></td>
          <td><input class='input1' value=""\></td>
          <td><input class='input1' value="yyyy/mm/dd"\></td>
          <td><input class='input1' value=""\></td>
          <td><input class='input1' value=""></td>
          <td><input class='input1' value=""\></td>
          <td><input class='input2' value="请精确到门牌号码"\></td>
          <td><input class='btn' type="button" value="删除" "/></td>
        </tr>
    </table>
  </body>
</html>
```

运行结果如图 10-7 所示。

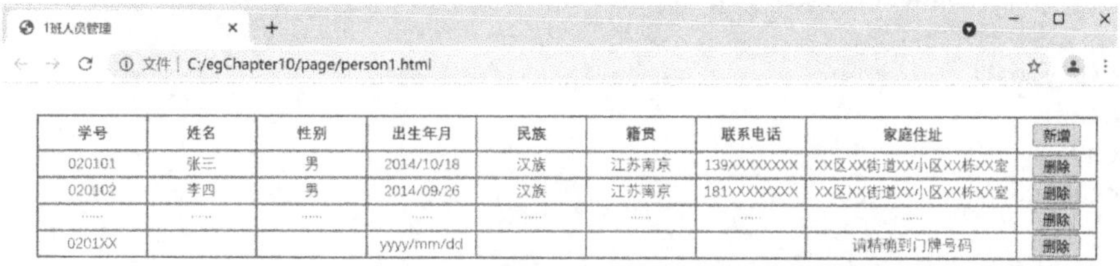

图 10-7　【例 10-7】运行结果

此时，由于在表格单元格中内嵌了<input>元素，单击单元格，可以使<input>框获得焦点，直接编辑修改，如图 10-8 所示。

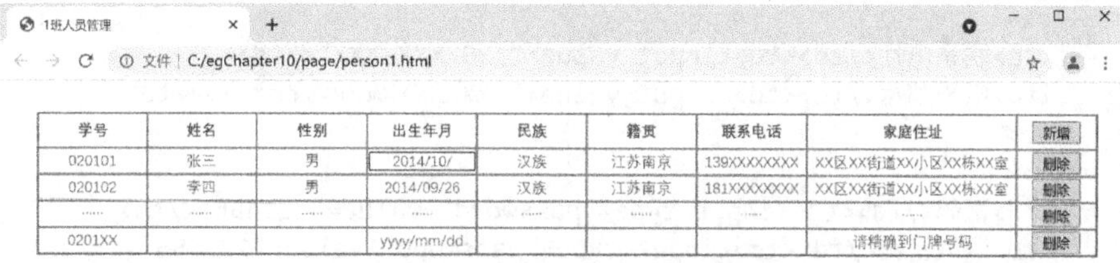

图 10-8　单击学生信息单元格进行修改

对表格内容的新增、删除功能在 10.2.5 节实现。其他班级的学生管理页面与之类似，此处不再重复。

10.1.6 后台管理页面设计

后台管理页面主要进行管理员信息管理。在 page 文件夹下新建 admin.html 文件，在文件中键入如【例 10-8】所示的代码。

【例 10-8】 admin.html 后台管理页面。

```
<!doctype html>
<html>
  <head>
    <meta charset="utf-8">
    <title>后台管理</title>
    <style>
      table {
              margin:50px 30px;
              border: none;
              text-align-last: justify;
              color: rgb(80, 80, 80)
            }
            td {
              padding: 2px 10px;
              }
            #name_input {
              text-align: left;
              text-align-last: left;
            }
            .btn {
              background-color: #DCD8D8;
              border-radius: 2px;
              border:1px solid rgb(128, 128, 128);
              padding: 1px 20px;
            }
    </style>
  </head>
  <body>
    <table>
      <tr>
        <td>用户名</td>
        <td><input value="admin1"\></td>
        <td>真实姓名</td>
        <td id="name_input"><input value="XXX"\></td>
      </tr>
      <tr>
        <td>联系电话</td><td><input value="139XXXXXXXX"</td>
        <td>电子邮箱</td><td><input value="XXXXXXXX@xxx.com"\></td>
      </tr>
      <tr>
        <td>密码</td><td><input type="password" value="123456"</td>
        <td>确认密码</td><td><input type="password" value="123456"\></td>
      </tr>
      <tr>
        <td></td><td></td><td></td>
        <td>
```

```
            <input type="submit" class="btn" id="btn1" value="确定"\>
            <input type="button" class="btn" id="btn2" value="取消"\>
          </td>
        </tr>
      </table>
    </body>
<html>
```

运行结果如图 10-9 所示。

图 10-9 【例 10-8】运行结果

10.2　系统功能实现

下面用 JavaScript 和 jQuery、ECharts 实现系统功能。首先在项目文件夹下新建 js 文件夹，放入 jQuery 库文件、ECharts 库文件，这里使用“jquery-2.1.4.min.js”和“echarts.js”。

10.2.1　页面框架功能实现

首先将年级概况页面（grade.html）嵌入页面框架（主页面 index.html）中。需要将 grade.html 页面的访问路径写入 index.html 页面<iframe>标签的 src 属性中。修改 index.html 文档<iframe>标签代码如【例 10-9】所示。

【例 10-9】 grade.html 嵌入 index.html 页面的内联框架。

```
    ……
    <iframe  src="page/grade.html"  width="1250px"  height="670px"  frameborder="1"
marginwidth="0" marginheight="0">
    </iframe>
```

运行 index.html 页面，结果如图 10-10 所示。

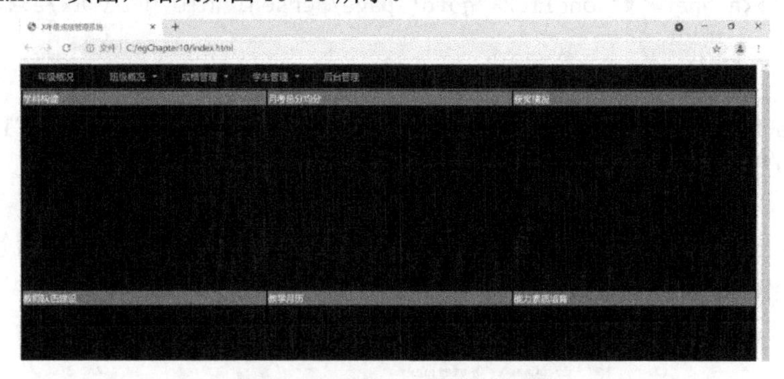

图 10-10 【例 10-9】运行结果

当跳转到其他页面时，例如单击“导航→年级概况”，不能够正确跳转，需要修改 index.html 文档的<nav>标签下的“年级概况”列表项，在“年级概况”超链接<a>标签中添加 click 事件，并绑定响应函数，将 grade.html 页面的访问路径（相对路径）作为参数传入。修改 index.html 文档代码如下。

```
<li><a href="#" onclick="goto('page/grade.html') ">年级概况</a></li>
```

然后，在 index.html 页面的合适位置（如</body>和</html>之间）添加<script>标签，键入 goto()函数代码，将传入的访问页面路径作为<iframe>元素的 src 属性值。添加代码如【例 10-10】所示。

【例 10-10】 index.html 文档中添加 goto()函数。

```
<script>
  function goto(url){
     document.getElementsByTagName("iframe")[0].src = url;
   }
</script>
```

类似的，其他页面也需要在相应的导航超链接标签中添加 onclick 事件及响应的 goto()函数，将相应页面的访问路径作为参数传入。修改 index.html 代码<nav>元素下相应<a>标签，代码如【例 10-11】所示。

【例 10-11】 其他页面跳转路径写入 index.html 超链接标签。

```
<nav class="animenu">
  <ul class="animenu__nav">
    <li><a href="#" onclick="goto('page/grade.html')">年级概况</a></li>
    <li><a href="#">班级概况</a>
      <ul class="animenu__nav__child">
        <li><a href="#" onclick="goto('page/class1.html')">1 班</a></li>
              ......
      </ul>
    </li>
    <li><a href="#">成绩管理</a>
      <ul class="animenu__nav__child">
        <li><a href="#" onclick="goto('page/score1.html')">1 班</a></li>
            ......
            </ul>
    </li>
    <li><a href="#">学生管理</a>
      <ul class="animenu__nav__child">
        <li><a href="#" onclick="goto('page/person1.html')">1 班</a></li>
              ......
            </ul>
    </li>
    <li><a href="#" onclick="goto('page/admin.html')">后台管理</a></li>
         </ul>
 </nav>
```

此时 index.html 页面导航栏各菜单均能跳转成功，例如单击导航栏的“后台管理”菜单，页面跳转成功后如图 10-11 所示。

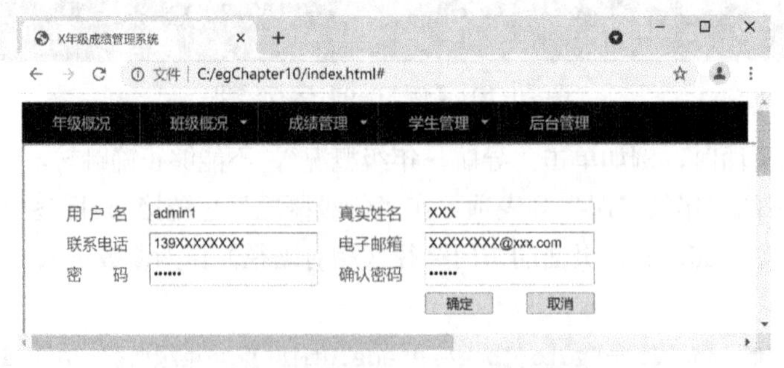

图 10-11　index.html 页面导航跳转成功

10.2.2　年级概况页面实现

年级概况用 ECharts 图表展示，并使用主题，在 js 文件夹下放入 theme.js 文件。

在 grade.html 文档头部引用 jQuery、ECharts 库文件，以及主题文件。在 grade.html 文档<head>标签内添加代码如下。

```
<script src="../js/jquery-2.1.4.min.js" type="text/javascript"></script>
<script src="../js/echarts.js"></script>
<script src="../js/theme.js"></script>
```

在 grade.html 文档中合适位置（如</body>和</html>之间）添加<script>标签，键入 JS 代码实现 ECharts 图表。

1．使用树图展现学科概况

（1）定义树图数据

由于学科是固定的，可以将内容定义在常量中，添加如【例 10-12】所示的代码，注意此代码添加在<script>标签中。

【例 10-12】 学科树图数据。

```
const treeData = {
  name:'学科',
   children:[
     { name:'文化',value:'38',
       children:[
              {name:'语文',value:'8 人'},
              {name:'数学',value:'6 人'},
              {name:'英语',value:'5 人'},
              {name:'物理',value:'5 人'},
              {name:'化学',value:'4 人'},
              {name:'生物',value:'4 人'}
         ]
       },
       { name:'艺体',value:'20',
         children:[
              {name:'美术',value:'6 人'},
              {name:'音乐',value:'5 人'},
              {name:'体育',value:'5 人'},
              {name:'劳技',value:'4 人'}
         ]
       },
      { name:'社会',value:'15',
        children:[
              {name:'历史',value:'6 人'},
              {name:'地理',value:'5 人'},
              {name:'德法',value:'4 人'}
       ]
     }
   ]
};
```

其中 value 属性值是该门课程或学科的任课教师人数。

（2）显示树图

按照初始化 echarts 对象、定义配置项、用定义的配置项显示图表，这三个步骤来显示树图，代码见【例 10-13】。

【例 10-13】 eCharts 显示树图。

```
var eCahrtTree = echarts.init(document.getElementById('tree'), 'dark');
var treeOption = {
  tooltip: {
    trigger: 'item',
  },
    series:[{
      type:'tree',
      data:[treeData],
      edgeShape: 'polyline',
    }]
  };
  eCahrtTree.setOption(treeOption);
```

其中，edgeShape 属性定义树图正交布局下边的形状，有曲线和折线两种，对应值为 curve 和 polyline。

运行结果如图 10-12 所示。

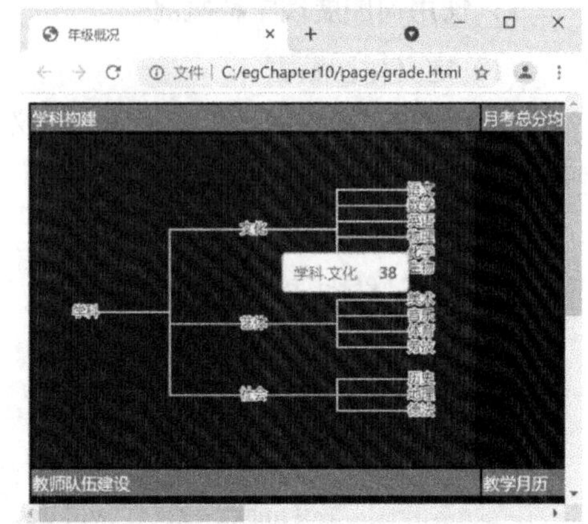

图 10-12 学科树图结果

2. 使用折线图展现师资建设

通过不同时期教师人数增长，可以展现教师队伍建设情况。因为人员不会频繁变化，可直接写在代码中。在<script>标签中添加代码见【例 10-14】。

【例 10-14】 ECharts 折线图。

```
var eCahrtLine = echarts.init(document.getElementById('line'),'dark');
var lineOption = {
   tooltip: {
   trigger: 'axis'
  },
   legend: {
   data: ['文化', '艺体', '社会']
  },
   xAxis: {
    type: 'category',
    data: ['2017年春', '2017年秋', '2018年春', '2018年秋', '2019年春', '2019年秋',
'2020年春', '2020年秋']
  },
   yAxis: {
    type: 'value',
    scale: true
  },
    series: [
        {
      name: '文化',
      type: 'line',
      data: [42, 45, 47, 45, 46, 48, 48]
    },
    {
```

```
        name: '艺体',
        type: 'line',
        data: [15, 15, 17, 16, 18, 19, 20]
     },
           {
        name: '社会',
        type: 'line',
        data: [10, 12, 12, 14, 14, 16, 15]
      }
     ]
   };
  eCahrtLine.setOption(lineOption);
```

该 ECharts 图表的 series 属性值有三个数组元素，分别定义三门学科的教师人数增长情况并都用折线图显示。运行结果如图 10-13 所示。

3. 使用柱状图展示月考成绩

用柱状图显示每个班月考的平均总分，代码见【例 10-15】。

【例 10-15】 ECharts 柱状图。

```
     var eCahrtBar = echarts.init(document.getElementById('bar'),'dark');
     var barOption = {
       tooltip: {
       trigger: 'axis',
       axisPointer: {              // 坐标轴指示器，坐标轴触发有效
       type: 'shadow'              // 默认为直线，可选为：'line' | 'shadow'
       }
   },
     legend: {
     data: ['上月', '本月']
   },
   xAxis: {
     type: 'category',
     data: ['1 班', '2 班', '3 班', '4 班']
   },
   yAxis: {
     type: 'value',
     scale: true
   },
   series: [
     {
       name:'上月',
           type: 'bar',
       data: [680, 678, 658, 660, 645],
           markLine: {
       data: [{
           type: 'average', name: '平均分'
         }]
              }
     },
           {
       name:'本月',
           type: 'bar',
       data: [684, 675, 662, 657, 647],
           markLine: {
```

```
        data: [{
          type: 'average', name: '平均分'
        }]
      }
    },
  ]
 };
eCahrtBar.setOption(barOption);
```

类似的，上例代码 series 属性值有两个数组元素，分别用柱状图显示“本月”和“上月”，1班至 4 班的总分平均分。其中，markLine 属性用来定义 ECharts 图表标线，其值是 object 类型，其属性 data 定义标线的数据数组；type 属性用来标注数据数组的最大值、最小值、平均值。

代码运行结果如图 10-14 所示。

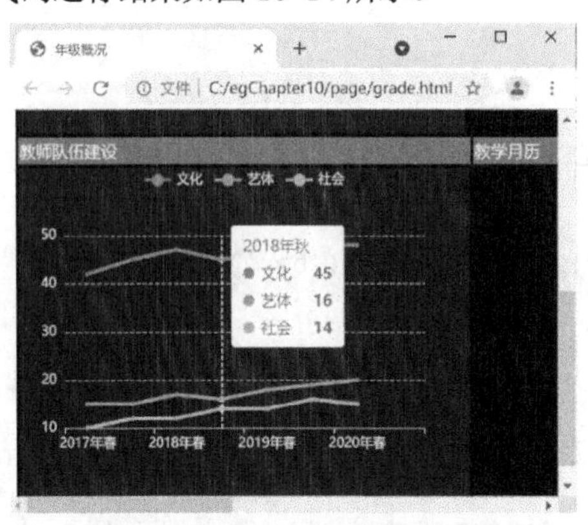

图 10-13 【例 10-14】运行结果

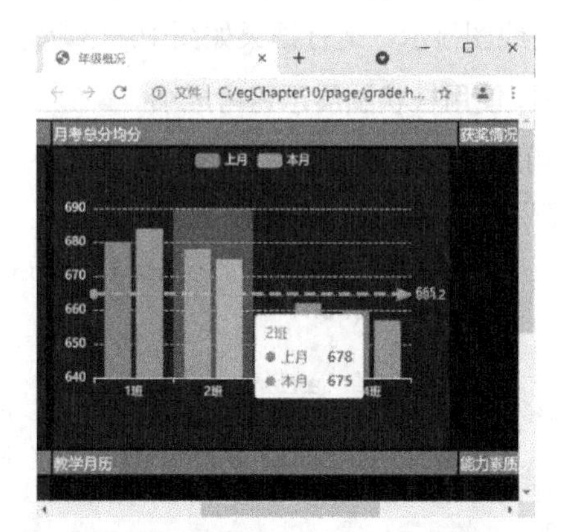

图 10-14 【例 10-15】运行结果

4．使用日历坐标系、视觉通道组件配合散点图和热点图创建校历

（1）日历坐标系

ECharts 使用日历坐标系（calendar）组件实现日历图，其常用属性见表 10-1。

表 10-1 calendar 组件常用属性

属性名	功能	值类型	默认值
range	日历坐标的范围	number、string、array	
orient	日历坐标的布局朝向，可选值：horizontal、vertical	string	horizontal
silent	不响应不触发鼠标事件	boolean	false
left	组件距容器左侧距离，可选值：left、center、right，也可以是数值、百分比	string、number	80
top	组件距容器上部距离，可选值：top、middle、bottom，也可以是数值、百分比		60
right	组件距容器右侧距离，也可以是数值、百分比		auto
bottom	组件距容器下部距离，也可以是数值、百分比		auto
width	日历坐标的整体宽度		
height	日历坐标的整体高度		
yearLabel	设置日历坐标中年的样式	object	
monthLabel	设置日历坐标中月的样式		
dayLabel	设置日历坐标中星期的样式		
splitLine	设置分割线样式	object	
itemStyle	设置日历格样式	object	
cellSize	设置日历格大小	number、array	20

yearLabel、monthLabel、dayLabel 属性值为对象，包含很多相同属性，例如都可以通过 show 属性定义是否在普通状态下显示标签，都可以通过 margin 属性设置标签与轴线之间的距离，都可以通过 color 属性设置标签文字的颜色，还可以通过 fontStyle 等属性设置字体样式、字体、字号等。也有一些特有属性，例如 dayLabel 可以通过 firstDay 属性，设置一周从周几开始。

（2）校历框架

首先设置校历一个月的数据，以十月份为例，如【例 10-16】所示的代码添加在<script>标签中。

【例 10-16】 校历数据。

```
const dateList = [
  ['2020-10-1', 0, '放假'],
  ['2020-10-2', 0, '放假'],
  ['2020-10-3', 0, '放假'],
  ['2020-10-4', 10, '放假'],
  ['2020-10-5', 12, '放假'],
  ['2020-10-6', 11, '放假'],
  ['2020-10-7', 12, '放假'],
  ['2020-10-8', 150, '教学安排'],
  ['2020-10-9', 151],
  ['2020-10-10', 151, '上课日'],
  ['2020-10-11', 15, '放假'],
  ['2020-10-12', 149],
  ['2020-10-13', 150],
  ['2020-10-14', 148],
  ['2020-10-15', 140],
  ['2020-10-16', 101, '运动会'],
  ['2020-10-17', 92, '运动会'],
  ['2020-10-18', 14, '放假'],
  ['2020-10-19', 150],
  ['2020-10-20', 151],
  ['2020-10-21', 148],
  ['2020-10-22', 146],
  ['2020-10-23', 140],
  ['2020-10-24', 13, '放假'],
  ['2020-10-25', 15, '放假'],
  ['2020-10-26', 155, '月考日'],
  ['2020-10-27', 150],
  ['2020-10-28', 151],
  ['2020-10-29', 149],
  ['2020-10-30', 145, '教研会议'],
  ['2020-10-31', 14, '放假']
];
```

数据是个多维数组，每个数组元素的第一维度是日期，第二维度是学生出勤人数，第三维度是学校工作安排。

然后显示日历框架。与其他类型图表相似，首先初始化 echarts 对象，然后定义配置项，最后显示图表，代码见【例 10-17】。

【例 10-17】 日历坐标系。

```
var eCahrtCalendar = echarts.init(document.getElementById('calendar'),'dark');
var calendarOption = {
```

```
    calendar:[{
    yearLabel: {show:false},
    monthLabel: {show:false},
    dayLabel: {color:'#3e78af'},
    cellSize:[45, 45],
    orient:'vertical',
    range:'2020-10'
  }]
};
eCahrtCalendar.setOption(calendarOption);
```

上例只对 calendar 组件进行定义，因为只显示 2020 年 10 月的日期，所以设置 range 属性值为“2020-10”，为布局美观，这里不显示年份和月份标签，设置星期标签文字的颜色与本 HTML 页面 class 属性为 title 的<td>元素的颜色相同，且设置每个日期格大小为 40 像素，日历布局朝向为垂直。运行结果如图 10-15 所示。

（3）利用散点图在日历中显示日期和校历活动

日期和学校日程安排作为散点图的标签，在 series 属性中配置，显示在日历坐标系中。在配置项“calendarOption”中添加如【例 10-18】所示的代码。注意，series 组件与 calendar 组件间需要用西文逗号隔开，此处示例代码未能体现出来。

【例 10-18】 散点图在日历坐标系中显示日期。

```
series: [
{
  type: 'scatter',
  coordinateSystem: 'calendar',
  symbolSize: 0,
  label: {
    show: true,
    color: '#000',
    formatter: function (params) {
      var d = echarts.number.parseDate(params.value[0]);
      return d.getDate();
    }
  },
  data: dateList
}
]
```

上例代码中，通过 type 属性定义为散点图；通过 coordinateSystem 属性设置坐标系为日历坐标系；散点图不显示散点，设置 symbolSize 属性值为 0。

需要用散点图形标签显示日期，所以设置 label 属性：若需要显示，show 属性值设为 true。标签颜色设为黑色，color 属性值设为#000。fomatter 是标签内容格式器，支持字符串模板与回调函数，此处采用回调函数，回调函数格式为：(params: Object|Array) => string。其中，params 是 formatter 需要的单个数据集（data 属性指定的 dateList 数组数据）；params.value 是坐标轴映射信息，当其为时间轴时，其值可为一个时间戳或用户自行初始化的 Date 实例；使用 echarts.number.parseDate()方法初始化 Date 实例；最后返回 Date 实例的日期。

运行代码，结果如图 10-16 所示。

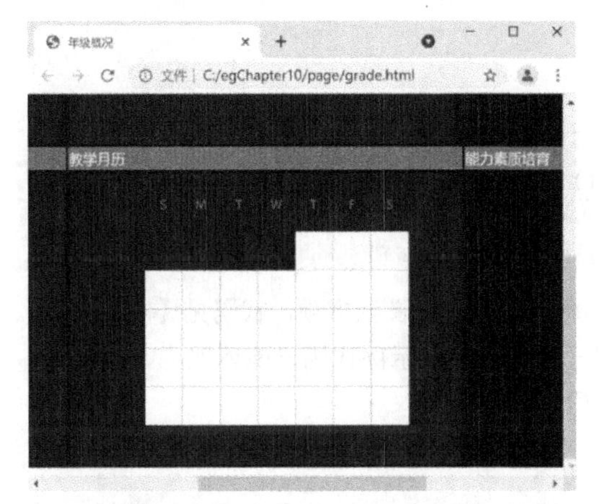

图 10-15 【例 10-17】运行结果

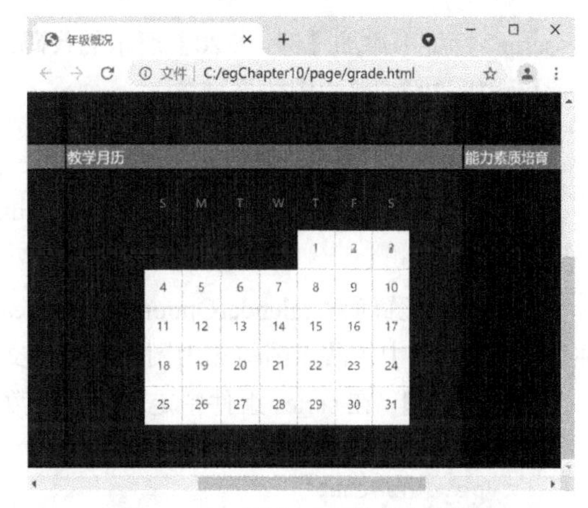

图 10-16 【例 10-18】运行结果

若要显示校历安排，需要 dateList 第三维度数据（索引值为 2），对于标签内容格式器 formatter，无论采用字符串模板还是回调函数，均支持用 \n 换行。修改 formatter 属性的回调函数如【例 10-18】所示。

【例 10-19】 修改 formatter 属性代码。

```
formatter: function (params) {
  var d = echarts.number.parseDate(params.value[0]);
  return d.getDate() + '\n\n' + (params.value[2]);
},
```

运行结果如图 10-17 所示。

此时发现，对于 dateList 数组第三维度未定义的数据项，显示为 undefined，所以需要修改 return 语句如下：

```
return d.getDate() + '\n\n' + (params.value[2]||'');
```

此时，运行结果如图 10-18 所示。

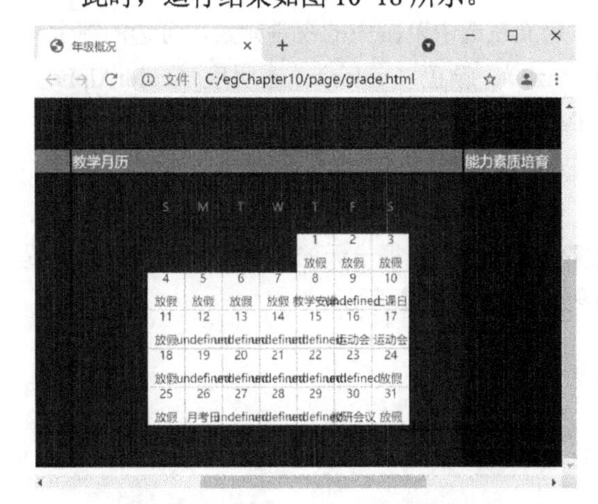

图 10-17 【例 10-19】运行结果

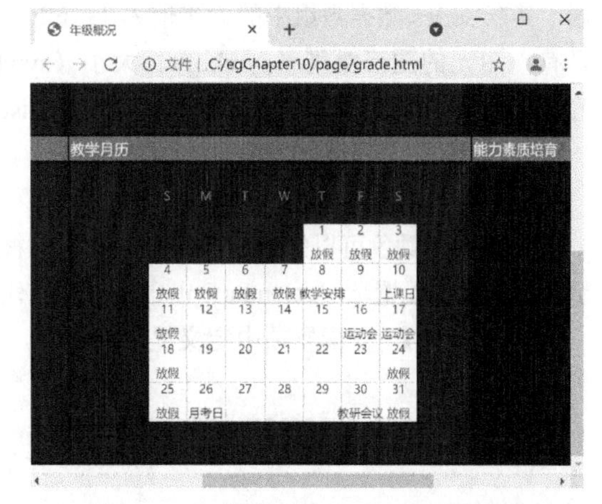

图 10-18 散点图在日历坐标系中显示

（4）利用热力图显示每日出勤学生数

首先准备热力图数据，将出勤人数按日期从 dateList 数据数组中提取出来生成热力图数据，在<script>标签中添加【例 10-20】所示的代码。

【例 10-20】 热力图数据准备。

```
var heatmapData = [];
for (let i = 0; i < dateList.length; i++) {
  heatmapData.push([dateList[i][0], dateList[i][1]]);
}
```

然后，在配置项“calendarOption”的 series 组件中定义热力图数据项，代码见【例 10-21】。注意 series 组件中的散点图与热力图之间用西文逗号隔开，此处示例代码未能体现。

【例 10-21】 在 series 组件中定义热力图数据项。

```
{
  type: 'heatmap',
  coordinateSystem: 'calendar',
  data: heatmapData
}
```

此时，series 组件中有两个数据项，一个是散点图，索引值为 0，另一个是热力图，索引值为 1，两个数据项需要用西文逗号分隔，此处代码未体现。

最后，热力图必须配合视觉通道组件显示，在配置项“calendarOption”中添加视觉通道组件代码，如【例 10-22】所示。

【例 10-22】 在配置项中定义视觉通道组件。

```
visualMap: {
  seriesIndex: [1],
  inRange: {color: ['#ccffff', '#99ccff' },
  show:false
}
```

注意配置项中，各组件间用西文逗号分隔，此处在代码示例中未体现。

上例代码中，seriesIndex 指定选取 series 数据数组中哪个系列的数据，此处应选择热力图数据，其在 series 数据数组中的索引值为 1；inRange 定义在选中范围中的视觉元素，可选的视觉元素有：图元的图形类型（symbol）、大小（symbolSize）、颜色（color）、透明度（colorAlpha）等，此处仅定义了颜色；show 定义是否显示 visualMap-piecewise 组件，此处设为不显示。

运行代码，结果如图 10-19 所示。

（5）添加提示框组件

此时通过颜色可以知道每日出勤人数的大概情况，但不知道每一天的具体情况，可以添加提示框组件，在配置项“calendarOption”中添加代码如【例 10-23】所示。

【例 10-23】 在配置项中定义提示框组件。

```
tooltip: {
  formatter: function (params) {
    return '出勤人数: ' + params.value[1];
  }
},
```

注意此段代码最后右半大括号带西文逗号，是因为此段代码在配置项中的靠前位置，需要与后面的配置项属性分隔。

其中，formatter 定义提示框浮层内容格式器，支持字符串模板和回调函数两种形式。此处使用回调函数，其格式为：(params: Object|Array, ticket: string, callback: (ticket: string, html: string)) => string | HTMLElement | HTMLElement[]，支持返回 HTML 字符串或者创建的 DOM 实例。第一个参数 params 是 formatter 需要的数据集。params. Value 是坐标轴映射信息，是一个数组，用维度索引值。这里返回 heatData 数组的第二维度（索引值为 1）的数据。

运行结果如图 10-20 所示。

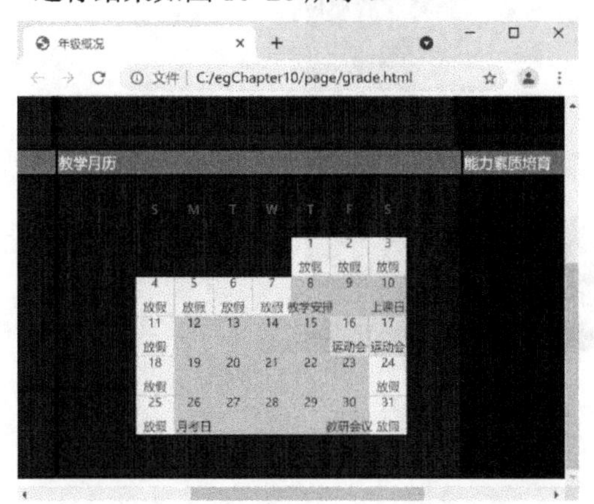

图 10-19　【例 10-22】运行结果

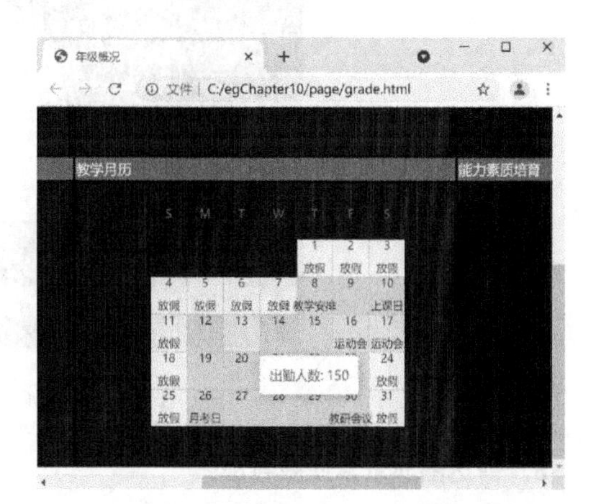

图 10-20　【例 10-23】运行结果

5. 饼图显示获奖情况

用饼图显示学生获奖情况中各奖项的占比，代码如【例 10-23】所示。

【例 10-24】 eCharts 饼图显示学生获奖情况。

```
    var eCahrtPie = echarts.init(document.getElementById('pie'), 'dark');
    var pieOption = {
      tooltip: {
   trigger: 'item'
      },
      legend: {
       orient: 'vertical',
       left: 'left'
     },
     series: [{
       type: 'pie',
       radius: '70%',
       data: [
         { value: 5, name: '市三好学生' },
         { value: 7, name: '增华阁作文' },
         { value: 10, name: '奥数获奖' },
         { value: 15, name: '英语口语大赛' },
         { value: 27, name: '科技类获奖' },
         { value: 48, name: '其他' }
       ]
     }]
   }
eCahrtPie.setOption(pieOption);
```

运行结果如图 10-21 所示。

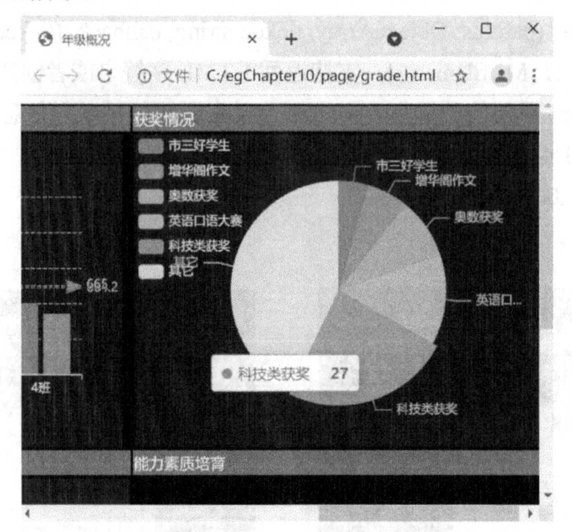

图 10-21 【例 10-24】运行结果

6. 雷达图显示素质教育成效

雷达图通常用来显示素质能力，这里用来显示学生素质教育情况，代码如【例 10-25】所示。

【例 10-25】 ECharts 雷达图显示学生素质教育情况。

```
var eCahrtRadar = echarts.init(document.getElementById('radar'));
var radarOption = {
  tooltip: {
  trigger: 'item'
  },
radar: {
  indicator: [
    { name: '学习能力', max: 100 },
    { name: '规则意识', max: 100 },
    { name: '抗挫能力', max: 100 },
    { name: '表达能力', max: 100 },
    { name: '协作能力', max: 100 },
    { name: '创新能力', max: 100 }
  ]
},
    series: [{
    name: '能力素质',
    type: 'radar',
    data: [
            {value: [72, 80, 62, 89, 72, 45]}
         ]
  }]
};
eCahrtRadar.setOption(radarOption);
```

代码运行结果如图 10-22 所示。

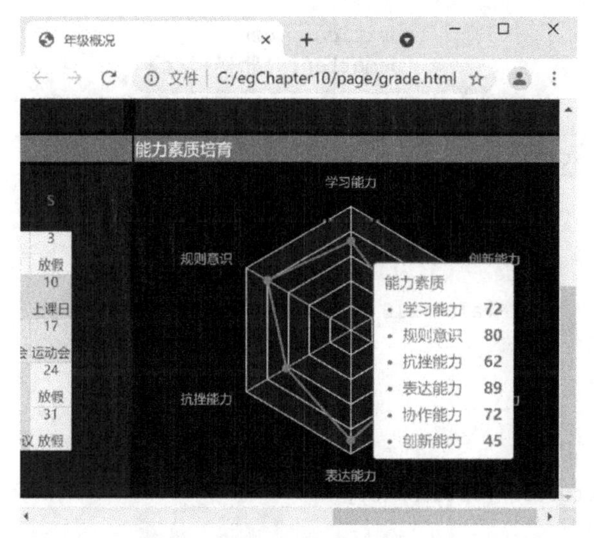

图 10-22 【例 10-25】运行效果

10.2.3　班级概况功能实现

班级概况中的图表，使用 ECharts 及 jQuery 插件 jqmeter 进度条实现。在 class1.html 文档中，同时引入 jQuery 库文件、ECharts 库文件和 theme 主题文件，以及 jqmeter 库文件“jqmeter.min.js”（在 js 文件夹中放置该库文件）。在 class1.html 文档的<head>标签中键入代码如【例 10-25】所示。

【例 10-26】 class1.html 文档引入所需的库文件。

```
<script src="../js/jquery-2.1.4.min.js" type="text/javascript"></script>
<script src="../js/echarts.js"></script>
<script src="../js/theme.js"></script>
<script src="../js/jqmeter.min.js"></script>
```

1. ECharts 饼图显示班级月考总分均分

利用 ECharts 饼图实现在页面左上区域显示月考总分均分，在 class1.html 文档的合适位置（如</body>与</html>之间）键入<script>标签，键入如【例 10-27】所示的代码。

【例 10-27】 ECharts 饼图显示月考总分均分代码。

```
<script>
    var echartPie = echarts.init(document.getElementById('up_pie'), 'dark');
        var optionPie = {
        title: {
            text: '本月月考平均总分',
            left:'center',
            top:20
        },
        series: [
                    {
                type: 'pie',
                radius: [55, 75],
                label: {
```

```
                        position: 'center',
                        formatter: '{b}'+'{c}'
                    },
                    labelLine:{show:false},
            data: [
                {
                    name: '得分',
                    value: 684,
                        },{
                    value:216
                }
            ]
        }
            ]
    };
    echartPie.setOption(optionPie);
</script>
```

在配置项 optionPie 中，title 组件定义 ECharts 图表标题及标题文本居中、字体大小。series 组件中，type 定义 ECharts 图表类型为饼图；radius 定义的两个数值表示饼图为环状，分别指示圆环的内外半径；label 定义饼图标签居中显示，formatter 是标签内容格式器，支持字符串和回调函数两种格式，此处使用字符串，'{b}'+'{c}'表示“数据名+数据值”；因数值在圆环中央，labelLine 不显示；data 定义数据项，假设 9 门课程满分总分 900 分，总分均分 684 分，总失分 216 分。

运行结果如图 10-23 所示。

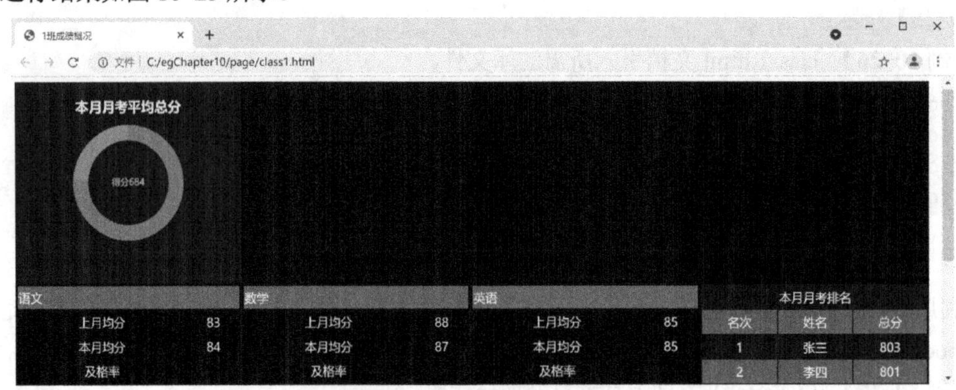

图 10-23 【例 10-27】运行结果

2．ECharts 盒须图实现各科成绩分布

利用 ECharts 盒须图实现页面右上区域显示月考各科成绩分布，在<script>标签内添加如【例 10-27】所示的代码。

【例 10-28】 ECharts 盒须图显示各科成绩分布。

```
var echartBoxplot = echarts.init(document.getElementById('up_boxplot'), 'dark');
var optionBoxplot = {
    title: {
        text: '本月月考各科成绩分布',
        left: 'center'
    },
```

```
            dataset: [{
                source: [
                 ['语文', 89,88,76,64,78,58,66,65,84,77,72,56,65,73,67,82,69,78,62,81],
                 ['数学', 77,82,91,54,56,87,90,49,65,62,71,82,78,24,56,88,92,44,67,89],
                 ['英语', 72,82,95,59,56,87,90,71,65,62,71,82,78,77,56,68,92,86,67,89],
                 ['物理', 82,82,91,56,48,83,79,59,68,67,73,85,77,64,61,80,87,44,79,81],
                 ['化学', 77,82,91,54,56,87,90,49,65,62,71,82,78,24,76,88,92,44,67,89],
                 ['生物', 78,81,56,61,86,82,70,69,75,82,74,92,57,84,59,78,91,84,87,82],
                 ['地理', 81,82,91,36,48,83,79,52,63,66,71,75,68,64,71,80,83,74,69,71],
                 ['历史', 73,82,91,54,56,87,90,49,65,62,71,82,78,24,56,88,92,44,67,89],
                 ['政治', 66,72,81,64,59,81,80,69,75,82,61,72,53,89,76,65,72,64,69,79]]
        },{
        transform: {type: 'boxplot'},
          }],
    xAxis: {type: 'category'},
    yAxis: {type: 'value'},
    series: [{
        type: 'boxplot'
            }]
};
        echartBoxplot.setOption(optionBoxplot);
```

上例配置项 optionBoxplot 中；dataset 是数据集组件，用于单独的数据集声明，从而数据可以单独管理，被多个组件复用，并且可以自由指定数据到视觉的映射；source 为各科的成绩，此例中每科成绩只罗列了 20 个数据；transform 将其转化为盒须图数据格式。运行结果如图 10-24 所示。

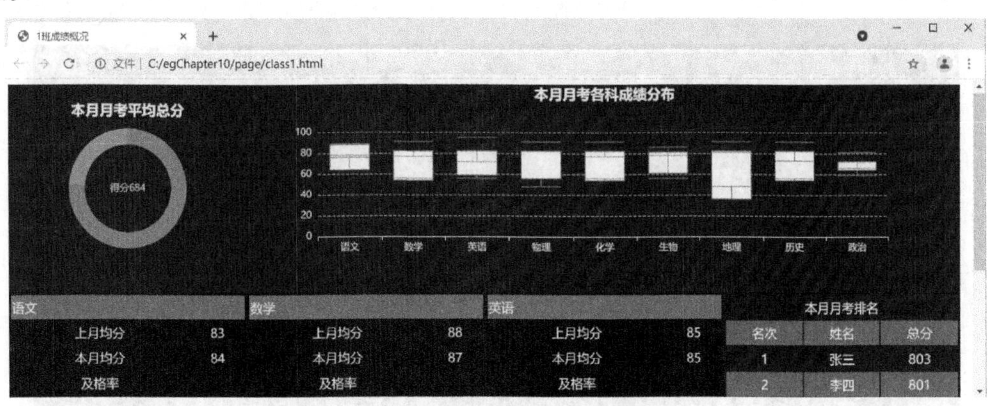

图 10-24 【例 10-28】运行结果

3. jQMeter 进度条显示及格率

jQMeter 是一款简单实用的轻量级进度条 jQuery 插件，它支持显示动态的水平或者垂直进度条，还能够动态显示目标和完成量之间的关系。它允许用户通过宽度、高度、颜色、背景色等选项自定义外观，还可以选择显示完成进度的百分比，以及控制动画的速度。

以语文成绩为例，在<script>标签内输入如【例 10-29】所示的代码。

【例 10-29】 jQMeter 进度条显示语文科目及格率。

```
$(function () {
    $('#CH').jQMeter({
```

```
            goal: '$100',
            raised: '$88',
            width: '200px',
            height: '15px',
            barColor: "#dd6b66"
        });
    });
```

使用 jQMeter()方法调用进度条插件。其中，goal、raised 为必填参数，分别定义进度条总长度和当前进度；width、height 定义进度条宽度和高度；barColor 定义进度条颜色。运行结果如图 10-25 所示。

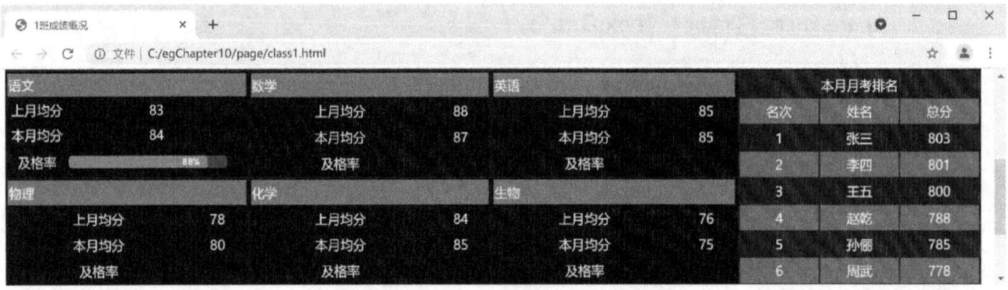

图 10-25 【例 10-29】运行结果

其他科目进度条代码类似，只是 id 选择器及 raised 属性值不同。最后完成的运行结果如图 10-26 所示。

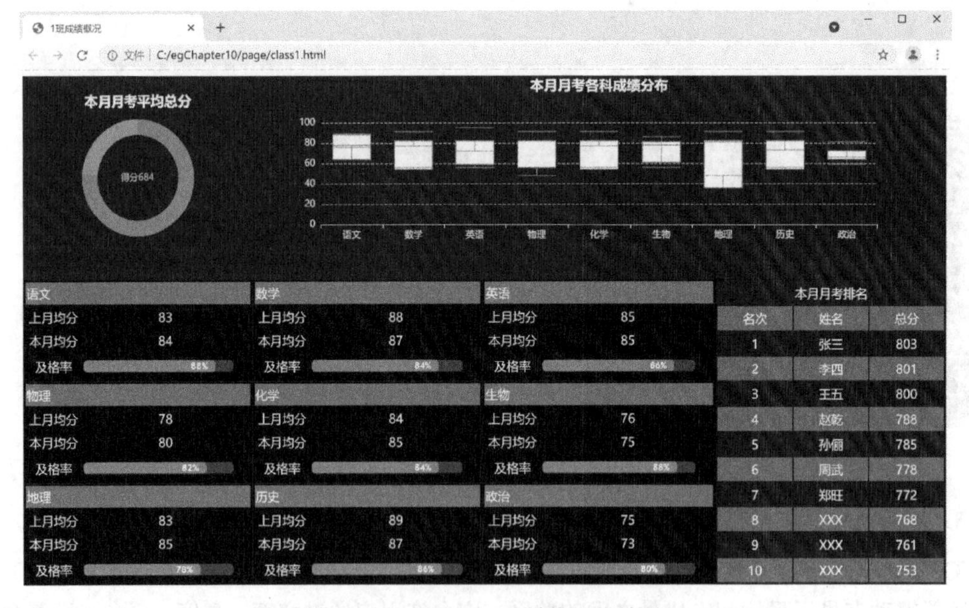

图 10-26　class1.html 最终运行结果

一班的班级概况页面功能全部实现，其他班级的班级概况功能类似，此处不再复述。

10.2.4　成绩管理功能实现

打开 score1.html 文档，引入 jQuery 库文件，在<head>标签中键入如下代码：

```
<script src="../js/jquery-2.1.4.min.js" type="text/javascript"></script>
```

1．初始状态隐藏编辑界面

初始情况下，编辑界面隐藏，在<head>与<body>标签间键入如【例 10-30】所示的代码。

【例 10-30】 隐藏成绩编辑界面。

```
<script>
    $(function(){
        $('#input').hide();
    });
</script>
```

运行结果如图 10-27 所示。

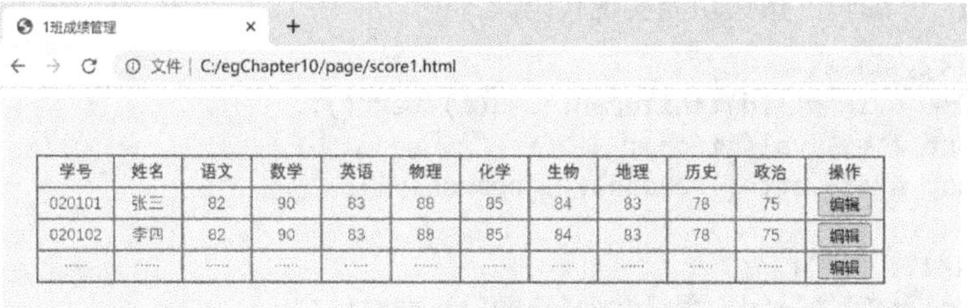

1班成绩管理

C:/egChapter10/page/score1.html

学号	姓名	语文	数学	英语	物理	化学	生物	地理	历史	政治	操作
020101	张三	82	90	83	88	85	84	83	78	75	编辑
020102	李四	82	90	83	88	85	84	83	78	75	编辑
……	……	……	……	……	……	……	……	……	……	……	编辑

图 10-27 【例 10-30】运行结果

2．“编辑”按钮功能实现

单击表格中编辑按钮，需要显示成绩编辑界面，在 input 框中显示当前学生的学号姓名信息，并不支持修改，而其他 input 框中需要显示原表格中的成绩，且可以修改。

首先给“编辑”按钮添加 click 事件及响应函数，将当前学生的学号作为参数传入。修改编辑按钮的 HTML 代码如下。

```
<input class='btn1' type="submit" value="编辑" onclick="edit('020101')"/>
……
<input class='btn1' type="submit" value="编辑" onclick="edit('020102')"/>
……
```

然后在 score1.html 文档的合适位置添加<script>标签（如</body>和</html>之间），并添加响应函数 edit()，形参 id，传递当前编辑的学生学号，在 edit()函数中使用 show()方法显示“编辑”界面，代码如【例 10-31】所示。

【例 10-31】 单击“编辑”按钮，显示编辑界面。

```
<script>
  function edit(id){
    $('#input').show();
  }
</script>
```

运行结果如图 10-28 所示。

最后将所编辑学生的学号、姓名信息从表格读入编辑界面的 input 元素，并禁止编辑；并将表格中原成绩（也可能没有成绩），依次全部读入编辑界面的其他 input 元素。在 edit()函数中添加代码如【例 10-32】所示。

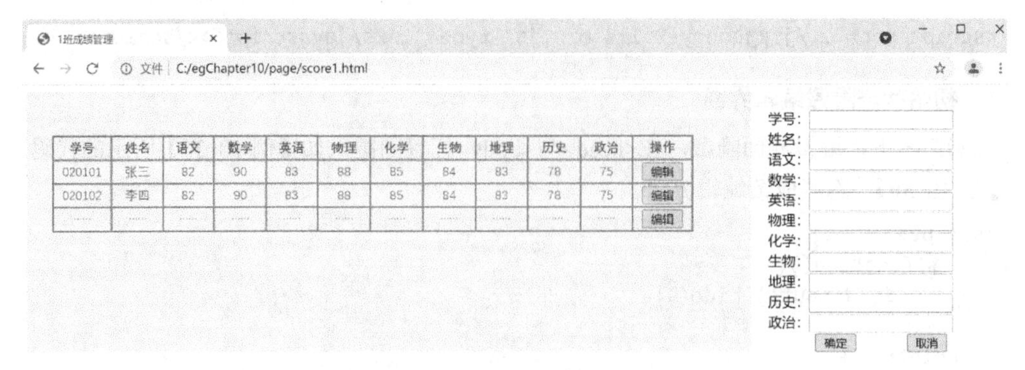

图 10-28 【例 10-31】运行结果

【例 10-32】 “编辑”按钮功能实现代码。

```
for(i=0; i<2; i++){
   var imfor = $('#'+id).children().eq(i).text();
   $('#input #'+i).val(imfor);
   $('#input #'+i).attr('readonly','readonly');
}
for(i=2; i<11; i++){
   var imfor = $('#'+id).children().eq(i).text();
   $('#input #'+i).val(imfor);
}
```

上面代码中，id 选择器的 id 值是变量，所以采用加号联结“#”和 id 变量，id 选择器通过学号作为 id 值，选中表格中对应行，通过 children()方法获取该行的所有子元素，即所有单元格，使用 for 循环，将索引值从 0 到 1 的两个单元格（eq()方法获取）的内容，用 text()方法获取，并赋值给输入界面的 id 值为 1 和 2 的 input 元素，并用 attr(attr_name,attr_val)方法，将它们设为只读。

此时，单击第一个“编辑”按钮，运行结果如图 10-29 所示。

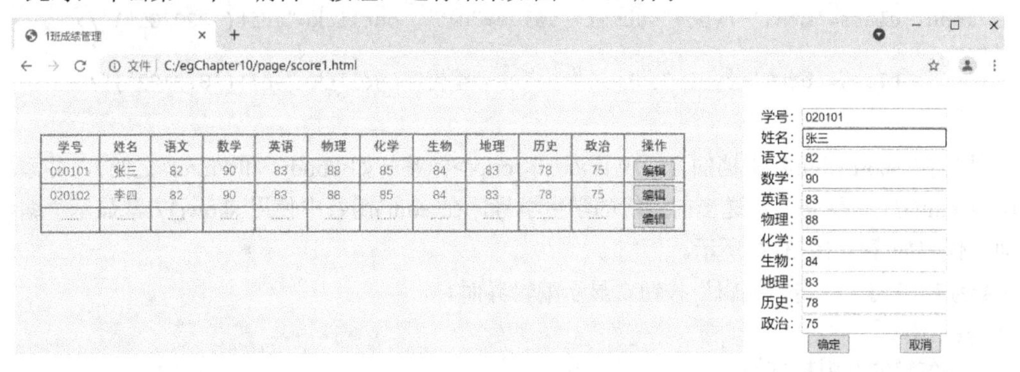

图 10-29 【例 10-32】运行结果

3. “确定”按钮功能实现

成绩编辑完成，单击成绩编辑界面的“确定”按钮，将成绩显示在表格。

首先给“确定”按钮绑定 click 事件及响应函数，在 score1.html 文档中修改“确定”按钮的 HTML 代码如下。

```
<input class='btn2' type="submit" value="确定" onclick='ok()'/>
```

然后在 edit()函数下添加 ok()函数，首先获取当前编辑界面的学生学号，以匹配成绩显示界面表格中的对应行，代码如下。

```
function ok(){
   var id = $('#input #0').val();
 }
```

再次，使用循环结构，将成绩编辑界面的 input 元素中的成绩（id=2 开始的 input 元素）输出到成绩显示界面表格中的相应单元格，在 ok()函数中添加如下代码。

```
for(i=2; i<11; i++){
     var score = $('#input #'+i).val();
     $('#'+id).children().eq(i).html(score);
}
```

上例代码中，使用 html()方法实现将内容输出到单元格。

此外，需要对输入成绩做出判断，只允许 0～100 分的成绩以及“缺考”“缓考”和“免考”三种考试状态，如果成绩录入错误，则给出提示，并不能提交编辑的成绩。修改上例 for 循环，代码如【例 10-32】所示。

【例 10-33】 “确定”按钮将 input 框的合法成绩输出到成绩表格。

```
for(i=2; i<11; i++){
     var score = $('#input #'+i).val();
     if( score!='' && score>=0 && score<=100 || score=='缺考' || score=='缓考' ||
score=='免考')
         $('#'+id).children().eq(i).html(score);
     else{
         alert('请输入正确的成绩或参考状态（缺考、缓考、免考）！');
         return;
     }
}
```

最后，将编辑页面隐藏，在 for 循环下添加如下代码。

```
$('#input').hide();
```

运行程序，若错误输入，结果如图 10-30 所示。

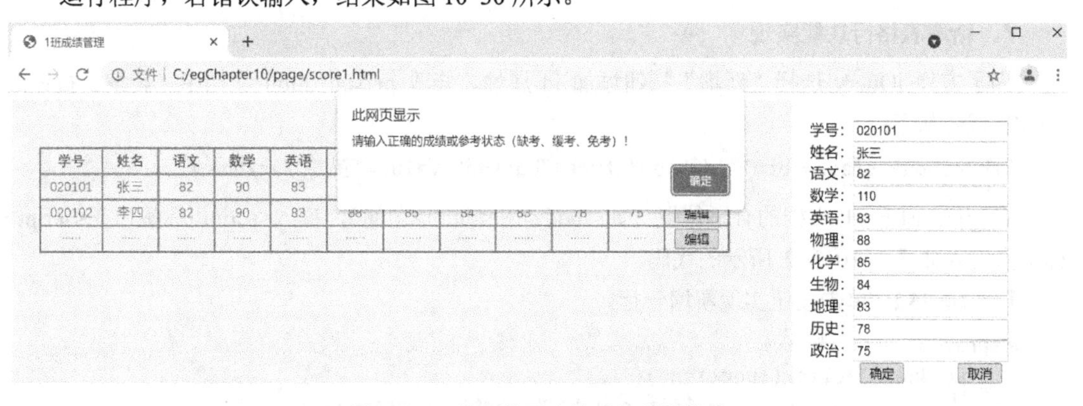

图 10-30　输入值不合法时的判断结果

若输入正确，单击“确定”按钮，结果如图 10-31 所示。

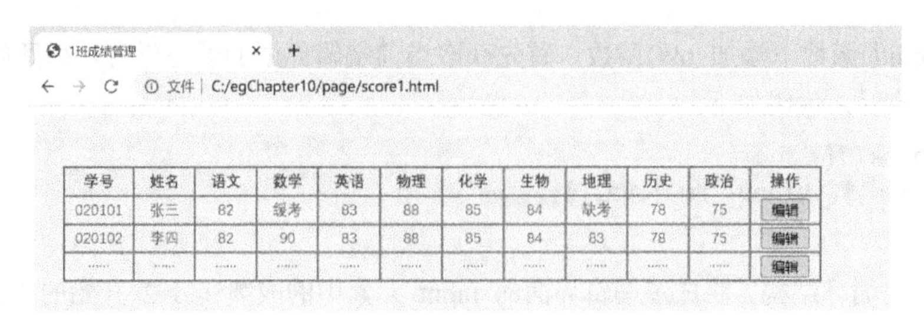

图 10-31　单击“确定”按钮保存合法成绩输入

4. “取消”按钮功能实现

在成绩编辑界面，若单击“取消”按钮，则不保存编辑结果到成绩显示界面的表格中，直接隐藏成绩编辑界面。

首先给“取消”按钮绑定 click 事件及响应函数，在 score1.html 文档中修改“取消”按钮的 HTML 代码如下。

```
<input class='btn2' type="submit" value="取消" onclick='cancel()'/>
```

然后在<script>标签中键入 cancel()函数代码，如【例 10-34】所示。

【例 10-34】　“取消”按钮功能实现。

```
function cancel()
{
  $('#input').hide();
}
```

一班的成绩管理功能全部实现，其他班级的成绩管理功能类似，此处不再重复。

10.2.5　学生管理功能实现

person1.html 文档已经实现了对学生信息在表格上的直接编辑，本节用 jQuery 实现对表格行记录的新增和删除，首先需要引入 jQuery 库文件。

打开 person1.html 文档，在<head>标签中键入如下代码，以引入 jQuery 库文件。

```
<script src="../js/jquery-2.1.4.min.js" type="text/javascript"></script>
```

1. 新增表格行功能实现

为了方便 jQuery 选择“新增”按钮添加 id 属性，修改 person1.html 文档中“新增”按钮的 HTML 代码如下：

```
<th><input class='btn' id="new" type="button" value="新增"/></th>
```

在 person1.html 文档的合适位置（如</body>和</html>之间），键入<script>标签，在<script>标签内键入如【例 10-34】所示的代码。

【例 10-35】　单击按钮实现新增一行。

```
<script>
    $('#new').click(function(){
              var newTr = $('table tr').last().clone();
              newTr.insertAfter($('#row1'));
      });
</script>
```

给 id 属性值为 new 的元素绑定 click 事件的响应函数。用 clone()方法克隆 table 元素最后一行，赋值变量 newTr，在 id 为 row1 的元素（table 元素的第一行）后面插入新克隆的一行。用浏览器打开 person1.html，单击“新增”按钮，结果如图 10-32 所示。

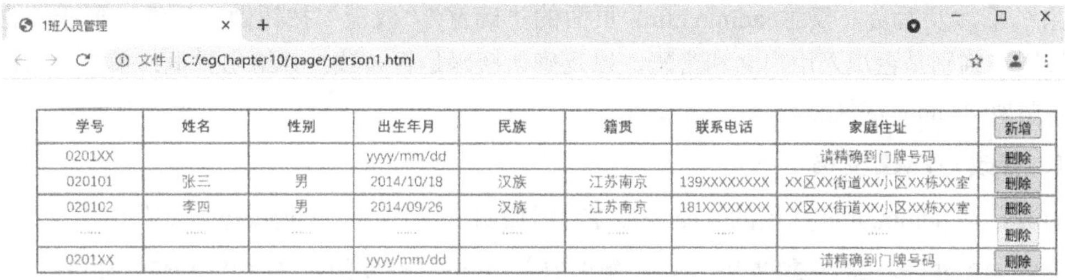

学号	姓名	性别	出生年月	民族	籍贯	联系电话	家庭住址	新增
0201XX			yyyy/mm/dd				请精确到门牌号码	删除
020101	张三	男	2014/10/18	汉族	江苏南京	139XXXXXXXX	XX区XX街道XX小区XX栋XX室	删除
020102	李四	男	2014/09/26	汉族	江苏南京	181XXXXXXXX	XX区XX街道XX小区XX栋XX室	删除
......	......	......	......	......	......	......	......	删除
0201XX			yyyy/mm/dd				请精确到门牌号码	删除

图 10-32 【例 10-35】运行结果

注意，用上述方法给“删除”按钮绑定 click 事件及响应函数，新增的表格行不会触发 click 事件。

2. 删除表格行功能实现

此处，通过在“删除”按钮的 HTML 标签中，绑定 click 事件及响应函数，用来删除表格中对应的一行。

修改 person1.html 文档中“删除”按钮的 HTML 标签内容，如【例 10-36】所示。

【例 10-36】 给“删除”按钮在 HTML 标签中添加 click 事件及响应函数。

```
......
<input class='btn' class='btn' type="button" value="删除" onclick="delet(event)"/>
......
<input class='btn' class='btn' type="button" value="删除" onclick="delet(event)"/>
......
<input class='btn' class='btn' type="button" value="删除" onclick="delet(event)"/>
......
```

在<script>标签中继续添加如【例 10-36】所示的 delet()函数代码。

【例 10-37】 delet()函数代码。

```
function delet(e){
        var x = e.target.parentNode;
        x.parentNode.remove()
}
```

此时，单击“删除”按钮，能够实现删除对应行的功能，单击“新增”按钮，能够新增表格最后一行，单击新增行中的“删除”按钮，新增行被删除。运行结果如图 10-33 所示。

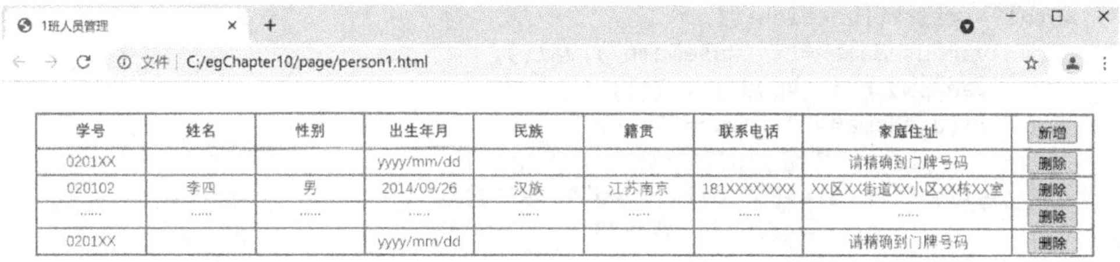

学号	姓名	性别	出生年月	民族	籍贯	联系电话	家庭住址	新增
0201XX			yyyy/mm/dd				请精确到门牌号码	删除
020102	李四	男	2014/09/26	汉族	江苏南京	181XXXXXXXX	XX区XX街道XX小区XX栋XX室	删除
......	......	......	......	......	......	......	......	删除
0201XX			yyyy/mm/dd				请精确到门牌号码	删除

图 10-33 删除原表格行及新增行

其他班级学生管理功能实现方法类似，此处不再重复。

10.2.6 后台管理功能设计

系统不涉及后台，仅对 admin.html 页面的“确定”“取消”按钮做出反馈。要求单击“确认”按钮，判别是否填入用户名和密码，以及确认密码是否一致，并给出弹框；单击“取消”按钮，清空所有 input 框信息。

1．修改 HTML 文档

首先，在 admin.html 文档的<head>标签内添加如下代码，引入 jQuery 库文件。

```
<script src="../js/jquery-2.1.4.min.js" type="text/javascript"></script>
```

然后，给用户名、密码、确认密码的 input 框添加 id 属性，以及含有 input 文本框的表格<tr>元素添加 id 属性，以便 jQuery 过滤、选择元素。修改 admin.html 文档的表格内<tr>、<td>元素代码如下：

```
<tr class="clr">
      <td>用户名</td>
      <td><input id="useName" value="admin1"\></td>
      <td>真实姓名</td>
      <td id="name_input"><input value="XXX"\></td>
</tr>
<tr class="clr">
      <td>联系电话</td>
      <td><input value="139XXXXXXXX"</td>
      <td>电子邮箱</td>
      <td><input value="XXXXXXXX@xxx.com"\></td>
</tr>
<tr class="clr">
      <td>密码</td>
      <td><input type="password" id="pwd" value="123456"</td>
      <td>确认密码</td>
      <td><input type="password" id="comfirmPwd" value="123456"\></td>
</tr>
……
```

2．主要功能实现

首先实现“确认”按钮功能。在 admin.html 文档的合适位置键入<script>标签，并键入如【例 10-38】所示的代码。

【例 10-38】 “确认”按钮功能代码。

```
$("#btn1").click(function(){
        var useName = $("#useName").val();
        var pwd = $("#pwd").val();
        if(useName==""||pwd=="")
           alert("请输入用户名或密码！")
        else if(pwd!=$("#comfirmPwd").val())
           alert("两次密码不一致！");
        else
           alert("欢迎你："+useName+"！请记住您的登录密码："+pwd+"。");
```

```
    });
```

注意此处未显示<script>标签。此时，用浏览器打开 admin.html 页面，显示默认输入，单击“确认”按钮，结果如图 10-34 所示。

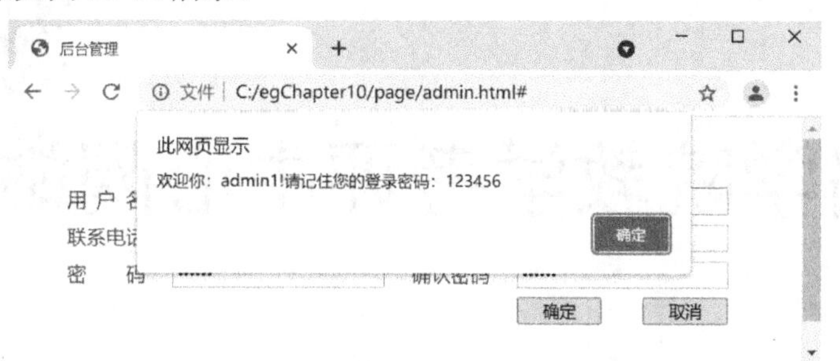

图 10-34　正确输入时，单击“确认”按钮结果

若输入不规范，单击“确认”按钮，结果如图 10-35 所示。

图 10-35　不规范输入时，单击“确认”按钮结果

然后实现“取消”按钮功能。在 admin.html 文档的<script>标签内键入如【例 10-38】所示的代码。

【例 10-39】　“取消”按钮功能代码。

```
$("#btn2").click(function(){
     $(".clr input").val("");
     return;
});
```

用浏览器打开 admin.html 页面，单击“取消”按钮，结果如图 10-36 所示。

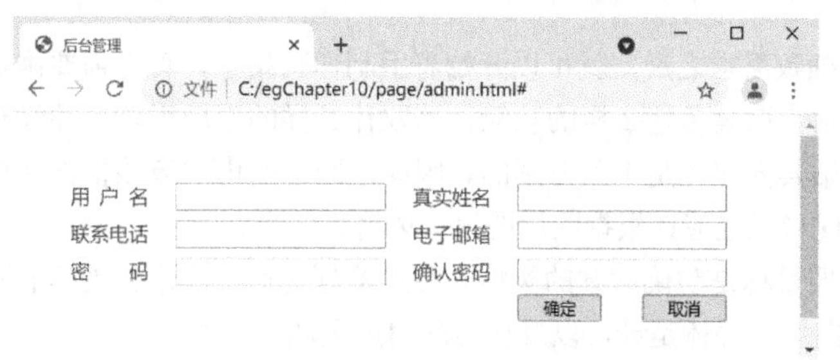

图 10-36　单击“取消”按钮效果

此时，一个年级的成绩管理系统前台部分已完成，实际情况下，很多交互是在后台进行，部分功能及代码需要根据情况调整、修改。

第 11 章 网络学院教学考评中心网站的实现

本章以制作畅想网络学院教学考评中心网站为例，引导读者能够综合运用本书所学内容制作完整的网站。通过本章的学习，读者应掌握以下主要内容：

1）设计网站的基本流程。

2）综合运用 HTML、CSS、JavaScript 的方法。

11.1 创建网站

网站建设是一个系统工程，主要包括需求分析、网站策划、收集素材、设计网站目录、网站设计、网页规划、制作网页等环节。

（1）需求分析

主要通过与用户沟通、问卷调查、座谈会等形式，深入了解客户需要的是什么，针对的用户群体是谁。需求分析是整个项目工程的基础，具有指导性、目的性和方向性特征，在网站开发过程中有着举足轻重的地位。在网站开发中需求分析的重要性甚至高于网站设计和编码等工作。简而言之，需求分析的主要任务就是解决“客户需要什么”的问题，需要全方位地理解客户的各项要求，并能够清晰、准确地进行描述，为所有参与项目开发的成员提供最基本的参考依据，确保开发过程围绕客户需求进行，而不是为技术而迁就需求。

在需求分析阶段，需要了解客户各种各样的要求，通过市场调研并与客户协商，明确每一个需求并写出网站功能描述书。

（2）网站策划

在明确网站的细致需求之后，就可以开始着手制作网站了，首先需要确定的是网站到底如何进行设计。一个网站应该具备什么样的功能，采取什么样的表现形式，并没有一个统一的模式，因为不同形式的网站其内容也是千差万别的。因此，网站的内容应该根据客户的需求、企业的背景确定，网站的表现形式也应该根据网站的设计风格来确定。

网站策划的主要目标是明确网站的类型。经过策划之后，确定将创建的网站是什么类型、主要目的是什么、面向用户群体是谁，以及如何向用户呈现。

（3）收集素材

根据网站策划内容，在网站制作前要收集网站创建中用到的一些素材，例如网站标志（logo）、单位简介、活动图片及相关信息等资料。

（4）设计网站目录

根据网站策划，网站的目录主要包括存放网站图片的 images 目录、保存样式表文件的 style 目录、保存 JavaScript 脚本文件的 script 目录、保存字体的 font 目录，针对不同网页内容或导航栏目，设置相应的目录。

（5）网站设计

对于网站的前端开发，主要包括页面重构、首页制作、模板制作、样式表制作等。其中，页面重构就是依照设计师给出的原始图片，使用 HTML 标记语言与 CSS 样式表实现静态页面。首先是一个网站的主页，它是一个网站的门面和灵魂，因此，主页制作的好坏是一个网站是否能成功的关键所在。使用模板便于设计出具有统一风格的网站，并且模板的运用能为网站的更新和后期维护带来极大的便利，为开发出优秀的网站奠定基础。使用样式表能把网页制作得更加绚丽多彩，使网页呈现不同的外观。当网站有多个页面时，修改页面链接的样式表文件即可同时修改多个页面的外观，从而大大地提高工作效率，减少网站维护的工作量。

（6）网页规划

网页规划主要包括网页版面布局和颜色搭配。根据网站策划内容，确定网站包括的栏目主要有哪些、网页涉及的板块主要包括哪些，页面的总体结构是什么样子。通常在规划网页时，会将网站 logo 和导航条作为页面头部内容；颜色搭配需要从两个方面考虑，一是网页内容，二是访问人群。

（7）制作网页

可以使用任何文本编辑工作制作网页，但为了提高网页的制作效率，建议使用 DreamWeaver、Visual Studio Code、HBuilder X 等可视化的网站管理和制作工具，并把制作好的文件放置到相应的目录中。

11.1.1　网站代码结构

新建文件夹“kpzx”，作为网站根目录，在根目录下新建存储样式表文件的 style 目录、存储图片的 images 目录、存储 JavaScript 库文件的 script 目录和存储网页的 html 目录。

将本项目所需的各类文件资源分别放入对应的文件夹中。

1）style 文件夹：主要存放 5 个样式表文件，分别为：bootstrap.css、glide.css、style.css、jquery.slideBox.css 和 tabstyle.css，5 个样式表分别控制网页中不同部分的显示效果。

2）script 文件夹：主要存放 5 个 JavaScript 文件，分别为 jquery.min.js 、 jquery.SuperSlide.2.1.1.js 、 jquery.glide.js 、 jquery.slideBox.js 和 bootstrap.js，这 5 个文件分别实现页面的动态效果，实现与用户的交互。

3）html 文件夹：存放 4 个 html 文件，分别为主页 default.html、详情页面 details.html、文字新闻列表页面 newsList.html 和图片新闻列表页面 photoList.html。

网站文件的目录结构如图 11-1 所示。

```
kpzx
  html
    default.html
    details.html
    newsList.html
    photoList.html
  images
    aboutbg.jpg
    ico.jpg
    menubg.jpg
    ......
  script
    jquery.min.js
    bootstrap.js
    jquery.glide.js
    jquery.slideBox.js
    jquery.SuperSlide.2.1.1.js
  style
    bootstrap.css
    glide.css
    style.css
    jquery.slideBox.css
    tabstyle.css
```

图 11-1　站点文件和目录结构

11.1.2　网页规划

网页规划包括网页版面布局、页面颜色规划和页面代码结构规划。

（1）网页版面布局

网站首页的垂直方向分为 6 个部分，页面可以垂直滚动。页面内容主要包括了以下部分：站点 Logo 与导航条、轮播图、通知公告与新闻、中心概况、各栏目内容和页脚信息，页面的总体结构如图 11-2 所示。通常在规划网页时，会将网站的 Logo、导航条和轮播图作为页面的头部内容，将内容变化较多的新闻内容放在轮播图下方，便于用户打开主页时就能看到；将内容变化较少的中心概况和各栏目内容放置在页面下方，用户可以通过拖动滚动条查找需要的内容；将固定不变的内容放置在页面最下方的页脚处。

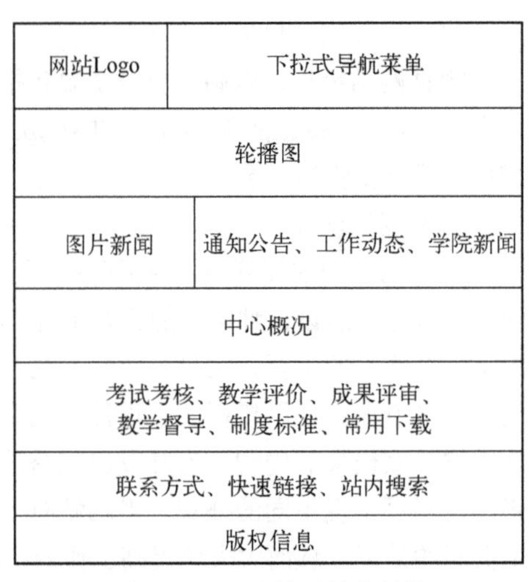

图 11-2　网站首页总体结构

（2）页面颜色规划

接下来是页面的颜色规划，这需要从两个方面考虑，一是网页内容，二是访问者。本网站面向的用户群体为教师和学生，因而网站可以做得简洁、大方。为此，将网站的背景色调设计为白色，前景主色调定为蓝色，文字使用黑色字体，对某些需要强调或希望引起浏览者注意的地方使用深色图片作为背景。

（3）页面代码结构规划

页面代码结构分为头部（head）结构和主体（body）结构两部分。页面头部内容放置在<head></head>标记内，通常为页面信息、样式文件和 JavaScript 文件的引用。主页头部实现代码如下：

```
<head>
   <title>畅想网络学院教学考评中心</title>
   <!--设置页面字符集-->
   <meta http-equiv="Content-Type" content="text/html; charset=UTF-8" />
   <!--设置页面关键字，便于搜索引擎访问-->
   <meta name="keywords" content="畅想网络学院教学考评中心" />
   <!--设置页面标题图片-->
   <link rel="icon" href="../images/icon.jpg" />
   <!--引入 bootstrap 样式文件-->
   <link href="../style/bootstrap.css" rel="stylesheet" />
   <!--引入 glide 样式文件-->
   <link href="../style/glide.css" rel="Stylesheet" />
   <!--引入自己的样式文件-->
   <link href="../style/style.css" rel="Stylesheet" />
   <!--引入 jquery.slideBox 样式文件，控制新闻图片的显示样式-->
   <link href="../style/jquery.slideBox.css" rel="Stylesheet" />
   <!--引入 tabstyle 样式文件，控制 tab 标签的显示样式-->
   <link href="../style/tabstyle.css" rel="Stylesheet" />
   <!--引入 jquery-->
   <script src="../script/jquery.min.js"></script>
   <!--引入 bootstrap 基于 jquery 的插件-->
   <script src="../script/bootstrap.js"></script>
   <!--引入 glide 基于 jquery 的插件-->
   <script src="../script/jquery.glide.js"></script>
```

```
    <!--引入 slideBox 基于 jquery 的插件-->
    <script src="../script/jquery.slideBox.js"></script>
    <!--引入 superSlide 基于 jquery 的插件-->
    <script src="../script/jquery.SuperSlide.js"></script>
</head>
```

页面主体（body）内容放在<body></body>标记内，使用 div+css 进行主页面布局，其实现代码如下：

```
<body>
    <header id="headerFixed">
        <!--最上方站点欢迎词和学院主站链接-->
        <div class="topBox">
        </div>
        <!--站点 Logo 图片和下拉式导航栏-->
        <nav class="navbar navbar-static-top navbar-default">
        </nav>
    </header>
    <!--轮播图片-->
    <div class="banner wrapperAnimation">
    </div>
     <!--新闻栏目-->
    <div class="container wrapperAnimation">
        <!--图片新闻-->
        <div class="photonews">
        </div>
        <div class="set-content">
            <!--tab 分栏标签-->
            <div class="set-title hd">
                <ul class="clearfix">
                    <li class="on">
                        <h5>
                            通知公告
                        </h5>
                    </li>
                    <li>
                        <h5>
                            工作动态
                        </h5>
                    </li>
                    <li>
                        <h5>
                            学院新闻
                        </h5>
                    </li>
                </ul>
            </div>
            <div class="set-middle bd">
                <!--通知公告-->
                <ul class="set-middle-item">
                    <li></li>
                </ul>
                <!--工作动态-->
```

```
                <ul class="set-middle-item">
                    <li></li>
                </ul>
                <!--学院新闻-->
                <ul class="set-middle-item">
                    <li></li>
                </ul>
            </div>
        </div>
    </div>
    <!--中心概况-->
    <div class="container threeImgBox">
    </div>
    <!--6个栏目内容，每行平行放置两个-->
    <div class="container wrapperAnimation">
    </div>
    <div class="container wrapperAnimation">
    </div>
    <div class="container wrapperAnimation">
    </div>
    <!--页脚信息-->
    <footer>
    </footer>
</body>
```

11.1.3　网站 Logo 与站点导航

主页最上方并排显示了网站 Logo 与站点导航菜单，效果如图 11-3 所示。这部分内容始终固定在浏览器窗口的顶端。

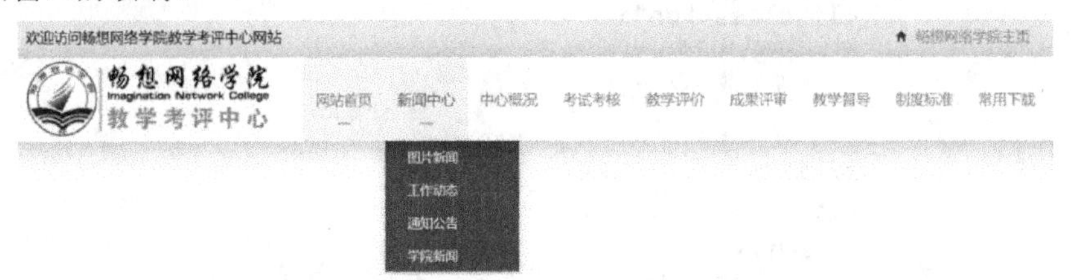

图 11-3　主页上方的站点 Logo 与导航菜单

1）页面顶部欢迎词的 HTML 代码如下：

```
<header id="headerFixed">
<div class="topBox">
      <div class="borderBottom">
          <div class="container">
              <div class="row">
                 <div class="welcomeBox">
                     欢迎访问畅想网络学院教学考评中心网站</div>
                 <div class="topContactBox">
                     <span class="glyphicon glyphicon-home"></span> 
<a href="http://www.lgdx.mtn">畅想网络学院主页</a>
                 </div>
              </div>
```

```
            </div>
        </div>
    </div>
```

网站 Logo 与站点导航菜单始终固定在浏览器窗口的顶端，使用如下 CSS 代码实现顶端固定功能，代码如下：

```
#headerFixed                /*将 div 的 id 号作为样式选择器*/
{
      position:fixed;       /*设置 div 的位置为固定*/
      top:0px;              /*距离页面上边缘距离为 0 像素*/
      left:0px;             /*距离页面左边缘距离为 0 像素*/
      right:0px;            /*距离页面右边缘距离为 0 像素*/
      z-index:1000;         /*控制 div 显示在页面最上层*/
}
```

顶部欢迎词部分使用的主要 CSS 代码如下：

```
.borderBottom
{
  background: #E5E5E5;    /*背景色设置为#E5E5E5*/
  padding-top: 10px;      /*内容距离上边缘 10 像素*/
  padding-bottom: 10px;   /*内容距离下边缘 10 像素*/
}
```

2）站点 Logo 的 HTML 代码如下：

```
<div class="navbar-header">
    <a class="navbar-brand" href="/">
        <img src="../images/logo.jpg" alt="站点 logo" />
    </a>
</div>
```

布局站点 Logo 的 CSS 代码如下：

```
.navbar-header
{
  margin-right:0px;             /*与右边内容距离为 0 像素*/
  margin-left: 0px;             /*与左边内容距离为 0 像素*/
  float:left;                   /*Logo 浮动到左侧*/
}
```

3）导航菜单栏的 HTML 代码如下：

```
<!--下拉式导航栏-->
<nav class="navbar navbar-static-top navbar-default">
  <div class="container">
     <div id="navbar" class="collapse navbar-collapse">
         <ul class="nav navbar-nav">
            <li class="dropdown"><a href="#">网站首页</a></li>
            <li class="dropdown"><a href="#">新闻中心</a>
               <ul class="dropdown-menu" role="menu">
                 <li><a href='#'>图片新闻/a></li>
                 <li><a href='#'>工作动态</a></li>
                 <li><a href='#'>通知公告</a></li>
                 <li><a href='#'>学院新闻</a></li>
```

```
                </ul>
              </li>
              <li class="dropdown"><a href="#">中心概况</a>
                <ul class="dropdown-menu" role="menu">
                  <li><a href='#'>中心简介</a></li>
                  <li><a href='#'>中心职责</a></li>
                  <li><a href='#'>人员分工</a></li>
                </ul>
              </li>
              <li class="dropdown"><a href="#">考试考核</a>
                <ul class="dropdown-menu" role="menu">
                  <li><a href='#'>考核计划</a></li>
                  <li><a href='#'>考核规范</a></li>
                  <li><a href='#'>考务实施</a></li>
                  <li><a href='#'>试题（卷）库建设</a></li>
                </ul>
             </li>
             <li class="dropdown"><a href="#">教学评价</a>
               <ul class="dropdown-menu" role="menu">
                  <li><a href='#'>课堂教学评估</a></li>
                  <li><a href='#'>专业和课程评估</a></li>
                  <li><a href='#'>年度自评</a></li>
               </ul>
             </li>
             <li class="dropdown"><a href="#">成果评审</a>
               <ul class="dropdown-menu" role="menu">
                  <li><a href='#'>教学成果评审</a></li>
               </ul>
             </li>
             <li class="dropdown"><a href="#">教学督导</a>
               <ul class="dropdown-menu" role="menu">
                  <li><a href='#'>督导队伍</a></li>
                  <li><a href='#'>督导活动</a></li>
                  <li><a href='#'>督导反馈</a></li>
               </ul>
             </li>
             <li class="dropdown"><a href="#">制度标准</a></li>
             <li class="dropdown"><a href="#">常用下载</a></li>
          </ul>
        </div>
      </div>
    </nav>
  </header>
```

导航栏使用了无序列表来创建，通过 CSS 样式设置将一级菜单布局在一行中，并采用无序列表嵌套的方式，实现下拉式的二级菜单效果。布局导航栏的主要 CSS 代码如下：

```
.container {                /*导航栏的容器，限制导航栏的宽度*/
  padding-right: 15px;      /*距离容器右边缘 15 像素*/
  padding-left: 15px;       /*距离容器左边缘 15 像素*/
  width: 1170px;            /*限制容器宽度为 1170 像素*/
}
.navbar                     /*导航栏主样式*/
```

```
{
    margin-top: 0px;                /*上边距设置为 0 像素*/
    height: 90px;                   /*高度设置为 90 像素*/
    border: 0px;                    /*边框设置为 0 像素，隐藏边框*/
    background: #fff;               /*背景颜色设置为白色*/
    box-shadow: darkgrey -10px 2px 30px 1px;  /*设置导航栏的阴影效果*/
}
.navbar-nav {
    float: left;                    /*设置导航栏向左侧浮动，与 Logo 同一行*/
    margin: 0;                      /*设置边距为 0 像素*/
}
.navbar-nav > li {                  /*设置每个一级菜单的样式*/
    float: left;                    /*控制一级菜单向左浮动，使所有一级菜单显示在同一行*/
}
.navbar-nav > li > a {              /*设置每个一级菜单的链接样式*/
    padding-top: 15px;              /*距离上边缘 15 像素*/
    padding-bottom: 15px;           /*距离下边缘 15 像素*/
}
.nav > li > a:hover,                /*鼠标移动到一级菜单上方的样式*/
.nav > li > a:focus {               /*一级菜单被单击之后的样式*/
    text-decoration: none;          /*隐藏链接文字的下画线*/
    background-color: #eee;         /*将背景颜色设置为淡灰色*/
}
.dropdown-menu {                    /*bootstrap 中定义的下拉菜单样式*/
  position: absolute;               /*定位显示位置为绝对位置*/
  top: 100%;                        /*设置距离一级菜单的上边缘距离*/
  left: 0;                          /*设置距离一级菜单的左边缘距离*/
  z-index: 1000;                    /*设置二级菜单出现时的显示层级为顶层*/
  display: none;                    /*默认隐藏二级菜单*/
  float: left;                      /*设置二级菜单靠左边浮动*/
  min-width: 160px;                 /*设置二级菜单最小宽度为 160 像素*/
  padding: 5px 0;                   /*设置二级菜单的内边距*/
  margin: 2px 0 0;                  /*设置二级菜单的外边距*/
  font-size: 14px;                  /*设置二级菜单字体大小为 14 像素*/
  text-align: left;                 /*设置二级菜单文本对齐方式为靠左对齐*/
  list-style: none;                 /*去除二级菜单无序列表前面的符号*/
  border: 1px solid #ccc;           /*设置二级菜单边框样式*/
  -Webkit-box-shadow: 0 6px 12px rgba(0, 0, 0, .175); /*二级菜单阴影效果*/
}
.navbar .dropdown-menu              /*在自定义样式表中修改二级下拉菜单样式*/
{
    background: url(alpha.png); /*将图片 alpha.png 作为背景图片*/
    border: none;                   /*隐藏二级菜单的边框*/
    color: #fff;                    /*二级菜单文字颜色设置为白色*/
    padding: 0px;                   /*边距设置为 0 像素*/
    border-radius: 0px;             /*去掉边缘弧度*/
    min-width: 150px;               /*最小宽度设置为 150 像素*/
}
.navbar .dropdown-menu li a         /*设置二级菜单链接样式*/
{
    color: #fff;                    /*链接文字颜色设置为白色*/
    line-height: 35px;              /*行高设置为 35 像素*/
    padding: 0px;                   /*边距设置为 0 像素*/
```

```
        text-align: left;                       /*浮动到左侧*/
        padding-left: 25px;                     /*左边距设置为 25 像素*/
        padding-right: 25px;                    /*右边距设置为 25 像素*/
        width: 150px;                           /*宽度设置为 150 像素*/
    }
    .navbar .dropdown-menu li a:hover           /*鼠标移动至二级菜单后的样式*/
    {
        background: #1fbdd8;                    /*改变背景颜色*/
    }
    .open > .dropdown-menu {                    /*定义二级菜单的 open 选择器*/
        display: block;                         /*显示二级菜单*/
    }
```

将鼠标移动到一级菜单上方，将在下方出现二级菜单，这是由基于 jQuery 的 bootstrap 插件实现的功能，基本原理是浏览器监听一级菜单的鼠标悬停事件，当事件被触发后，将事先隐藏的二级菜单展现在一级菜单的下方，js 代码通过向一级菜单添加或移除 open 选择器来控制二级菜单的显示和隐藏。实现代码如下：

```
    //$this 表示当前触发的一级菜单对象
    //hover 为鼠标悬停事件，当鼠标悬停在一级菜单上方则执行下方代码
    $this.hover(function () {
        //options.instantlyCloseOthers 参数表示是否立即隐藏其他已经展开的二级菜单
    if (options.instantlyCloseOthers === true)
        /*通过调用 jQuery 的样式移除方法 removeclass，去掉 open 选择器。open 选择器定义了二级菜单的显示属性，移除 open 选择器就可以隐藏二级菜单*/
            $allDropdowns.removeClass('open');
        //去掉计时器，计时器设定在 500 毫秒内关闭二级菜单
        window.clearTimeout(timeout);
        //给当前选中的一级菜单添加 open 样式选择器，显示二级菜单
        $(this).addClass('open');
     }, function () {
            //给当前一级菜单设置定时器，鼠标离开一级菜单之后关闭下方二级菜单
            timeout = window.setTimeout(function () {
            $this.removeClass('open');
    }, options.delay)});
    //options.delay 参数定义了超时时间为 500 毫秒
```

上方控制二级菜单显示和隐藏的方式较为常用，基本原理就是通过修改被控制对象的 display 属性来控制其显示或隐藏，none 为隐藏，block 为显示。

11.2 网站首页制作

本网站是教学考评中心用来发布通知公告、各类新闻、常用文件和职能介绍的主要渠道，面向的用户群体是学院所有教师和学生。网站需要展现的主要内容包括通知公告、工作动态、图片新闻、学院新闻、中心概况、考试考核、教学评价、成果评审、教学督导、制度标准和常用下载等。

11.2.1 轮播图片

轮播图片是利用 jQuery 的 bootstrap 插件来实现多张图片轮流播放的功能。通常使用 CSS 样

式控制图片在页面居中显示，并能随着浏览器尺寸的变化调整图片的显示尺寸，而多张图片的切换则是通过 JavaScript 脚本实现的。轮播图显示效果如图 11-4 所示。

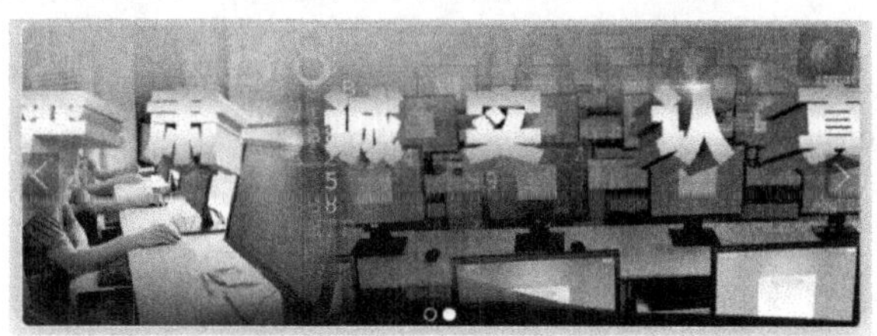

图 11-4　轮播图片显示效果

轮播图片的 HTML 代码实现如下：

```
<div class="banner wrapperAnimation"> <!--轮播图片容器-->
  <div class="slider">
<ul class="slider__wrapper"> <!--使用无序列表显示多张图片-->
<li class="slider__item">
<a target="_self" title="" href="#">
          <img class="img" src="../images/banner-01.png"></a></li>
          <li class="slider__item">
<a target="_self" title=""  href="#">
          <img class="img" src="../image/banner-02.png"></a></li>
</ul>
<!--显示左右两个箭头，用户可以手动控制切换图片-->
<div class="slider__arrows">
<a href="#" class="slider__arrows-item slider__arrows-item--right" data-distance=
"1">下一张</a>
<a href="#" class="slider__arrows-item slider__arrows-item--left" data-distance=
"-1">上一张</a>
</div>
<!--每张图片在下方显示一个切换按钮，单击之后可以快速切换图片-->
<div class="slider__nav" style="left: 50%; width: 52px; margin-left: -26px;">
<a href="#" class="slider__nav-item" data-distance="0"></a>
<a href="#" class="slider__nav-item slider__nav-item--current" data-distance="1">
</a>
</div>
</div>
</div>
```

轮播图片中使用的 CSS 代码如下：

```
.banner
{
   margin-top: 150px;          /*设置外上边距为 150 像素*/
   margin-bottom: 20px;        /*设置外下边距为 20 像素*/
   width: 1140px;              /*设置轮播图片容器宽度为 1140 像素*/
   height: 400px;              /*设置轮播图片容器高度为 400 像素*/
   padding: 0px;               /*设置轮播图片容器内边距为 0 像素*/
   box-shadow: darkgrey 0px 0px 50px 10px; /*设置轮播图片阴影效果*/
   border-radius: 6px;         /*设置轮播图片容器四角弧度*/
}
.slider {                      /*定义轮播图片内部样式*/
   position: relative;         /*设置轮播图片与容器相对位置*/
```

```
        width: 100%;                /*设置轮播图片宽度与容器宽度相同*/
        overflow: hidden;           /*设置溢出部分隐藏*/
    }
    .slider__wrapper {              /*定义无序列表样式*/
      list-style: none;             /*隐藏无序列表左侧标识*/
      overflow: hidden;             /*设置溢出部分隐藏*/
      margin:0px;                   /*设置外边距为 0 像素*/
      padding:0px;                  /*设置内边距为 0 像素*/
      text-align:center;            /*设置居中对齐*/
    }
    .slider__item {                 /*定义无序列表每一项样式*/
      height: 100%;                 /*设置高度与父元素高度相同*/
      float: left;                  /*靠左侧浮动*/
    }
    .slider__arrows-item {          /*定义手动切换按钮样式*/
        position: absolute;         /*设置为绝对位置*/
        display: block;             /*显示*/
        background-color: rgba(0,0,0,0.3); /*设置背景色为黑色，透明度 0.3*/
        overflow: hidden;           /*溢出隐藏*/
        height: 60px;               /*高度为 60 像素*/
        width: 50px;                /*宽度为 50 像素*/
        background-repeat: no-repeat;  /*背景图片不重复*/
    }
    .slider__arrows-item--right {                        /*定义右侧箭头样式*/
       bottom: 50%;                                      /*设置下边缘距离为 50%*/
        right: 0px;                                      /*放置在轮播图片右侧*/
        background-image: url(banner-fy.png);            /*指定右侧箭头图片*/
        background-position: center bottom;              /*设置图片位置*/
        background-repeat:no-repeat;                     /*背景图片不重复*/
    }
    .slider__arrows-item--left {                         /*定义左侧箭头样式*/
       bottom: 50%;                                      /*设置下边缘距离为 50%*/
        left: 0px;                                       /*放置在轮播图片左侧*/
        background-image: url(banner-fy.png);            /*指定左侧箭头图片*/
        background-position: center top;                 /*设置图片位置*/
        background-repeat:no-repeat;                     /*背景图片不重复*/
    }
    .slider__nav {                                       /*定义下方导航栏样式*/
      position: absolute;                                /*设置为绝对位置*/
      bottom: 10px;                                      /*设置下边缘距离为 50 像素*/
      overflow:hidden;                                   /*溢出隐藏*/
    }
    .slider__nav-item {                                  /*定义下方导航按钮样式*/
      width: 16px;                                       /*设置宽度为 16 像素*/
      height: 16px;                                      /*设置高度为 16 像素*/
      float: left;                                       /*设置多个按钮向左浮动，在一行显示*/
      display: block;                                    /*显示*/
      margin: 0 5px;                                     /*设置按钮间距*/
      border:2px solid #fff;                             /*设置边框样式*/
      border-radius:54px;                                /*设置四角弧度，显示为圆形*/
      overflow:hidden;                                   /*溢出隐藏*/
    }
    .slider__nav-item--current {                         /*定义下方导航按钮单击后的样式*/
```

```
  background: #fff;                  /*将背景色设置为白色*/
}
.slider__nav-item:hover {            /*定义将鼠标移动到下方导航按钮的样式*/
  background: #fff;                  /*将背景色设置为白色*/
}
```

轮播图片的自动播放和手动控制功能由 jQuery 的 glide 插件实现。glide 插件提供了自动初始化功能，包括自动生成左右两侧的切换箭头和下方的切换按钮。初始化 glide 插件的代码如下：

```
var glide = $('.slider').glide();
```

其中，slider 为轮播图外侧容器的样式选择器。可见，选择合适的 JavaScript 插件可以起到事半功倍的效果。

glide 插件提供的轮播图片主要控制函数如下：

```
/*获取当前轮播图片序号，计算下一张轮播图片的序号*/
current: function() {
     return -(self.currentSlide) + 1;
}
/*重新初始化轮播图片*/
reinit: function() {
     self.init();
}

/*销毁轮播图片，释放资源*/
destroy: function(){
     self.destroy();
}
/*开启轮播图片自动播放功能*/
play: function() {
     self.play();
}
/*鼠标移动到轮播图片后，控制轮播图片停止自动播放*/
pause: function() {
     self.pause();
}
/*手动切换到下一张图片*/
next: function(callback) {
     self.slide(1, false, callback);
}
/*手动切换到上一张图片*/
prev: function(callback) {
     self.slide(-1, false, callback);
}
/*单击下方导航按钮后，跳转到特定图片*/
jump: function(distance, callback) {
     self.slide(distance-1, true, callback);
}
```

glide 插件除了提供轮播图片控制功能外，还提供了丰富的初始化参数，通过修改参数值，可以改变轮播图片的显示效果，glide 插件的主要参数如下：

```
//控制轮播图片自动播放的时间间隔，单位为毫秒
```

```
autoplay: 4000
//控制鼠标悬停后是否停止自动播放
hoverpause: true
//控制轮播图片是否循环播放
circular: true
//轮播图片切换时间
animationDuration: 500
//轮播图片切换动画效果
animationTimingFunc: 'cubic-bezier(0.165, 0.840, 0.440, 1.000)'
//控制是否显示手动切换箭头
arrows: true
//设置切换箭头样式名称
arrowsWrapperClass: 'slider__arrows'
//设置右侧切换箭头样式名称
arrowRightClass: 'slider__arrows-item--right'
//设置右侧切换按钮提示内容
arrowRightText: 'next'
//设置左侧切换箭头样式名称
arrowLeftClass: 'slider__arrows-item--left'
//设置左侧切换按钮提示内容
arrowLeftText: 'prev'
//控制是否显示下方导航按钮
navigation: true
//设置下方导航条是否居中显示
navigationCenter: true
//设置下方导航条样式名称
navigationClass: 'slider__nav'
//设置下方导航按钮样式名称
navigationItemClass: 'slider__nav-item'
//设置下方导航按钮选中样式名称
navigationCurrentItemClass: 'slider__nav-item--current'
//控制是否开启键盘操作，使用键盘左右箭头控制轮播图片
keyboard: true
```

11.2.2 图片新闻

图片新闻利用 jQuery 的 slideBox 插件实现，可以在同一位置展示多个图片新闻，能够进行自动和手动切换。图片新闻显示效果如图 11-5 所示。

图 11-5　图片新闻显示效果

图片新闻的 HTML 代码实现如下：

```
<div id="photonews" class="slideBox">
    <ul class="items">
        <li><a href="#" target="_blank" title="文学院成功主办第四届华东语文大讲堂公益论坛">
            <img src=”../images/thumbwm_20180831171729229.jpg"></a></li>
        <li><a href="#" target="_blank" title="新生入学">
            <img src="../images/thumbwm_20180831182619595.jpg"></a></li>
        <li><a href="#" target="_blank" title="迎接新生">
            <img src="../images/thumb20180917152150544.jpg"></a></li>
        <li><a href="#" target="_blank" title="检查考场">
            <img src="../images/thumb20180913215339226.jpg"></a></li>
    </ul>
</div>
```

上面使用无序列表显示了 4 个图片新闻，其中使用的 CSS 代码如下：

```
/*使用内嵌方式，定义图片新闻的容器属性*/
{
  border-radius: 6px;           /*设置边框弧度*/
  width: 500px;                 /*设置宽度为 500 像素，替换默认宽度*/
  height: 340px;                /*设置高度为 340 像素，替换默认高度*/
}
/* slideBox 提供的默认样式*/
div.slideBox                    /*定义图片新闻容器的样式*/
{
  position:relative;            /*设置相对位置*/
  width:500px;                  /*默认宽度 500 像素*/
  height:400px;                 /*默认高度 400 像素*/
  overflow:hidden;              /*设置溢出隐藏*/
}
div.slideBox ul.items           /*设置无序列表样式*/
{
  position:absolute;            /*设置绝对位置*/
  float:left;                   /*设置浮动到左侧*/
  background:none;              /*无背景*/
  list-style:none;              /*取消无序列表标识*/
  padding:0px;                  /*内边距设置为 0 像素*/
  margin:0px;                   /*外边距设置为 0 像素*/
}
div.slideBox ul.items li        /*设置每一个图片新闻的样式*/
{
  float:left;                   /*设置浮动到左侧*/
  background:none;              /*无背景*/
  list-style:none;              /*取消无序列表标识*/
  padding:0px;                  /*内边距设置为 0 像素*/
  margin:0px;                   /*外边距设置为 0 像素*/
}
div.slideBox ul.items li a      /*设置每一个图片新闻的链接样式*/
{
  float:left;                   /*设置浮动到左侧*/
  line-height:normal;           /*设置行高为默认值*/
  padding:0px;                  /*内边距设置为 0 像素*/
```

```
  border:none;                        /*隐藏边框*/
}
div.slideBox ul.items li a img
{
  margin:0px;                         /*外边距设置为 0 像素*/
  padding:0px;                        /*内边距设置为 0 像素*/
  display:block;                      /*显示模式设置为块*/
  border:none;                        /*隐藏边框*/
}
```

上面为图片新闻容器和图片新闻的样式定义，除此之外，每个图片新闻都有一个标题显示在容器左下方，还有一个快速导航栏显示在容器右下方，相关的样式定义代码如下：

```
div.slideBox div.tips                 /*定义提示栏的样式*/
{
  position:absolute;                  /*设置绝对位置*/
  bottom:0px;                         /*距离下边缘 0 像素*/
  width:100%;                         /*宽度设置为 100%，即为图片新闻容器宽度*/
  height:50px;                        /*设置提示栏高度为 50 像素*/
  background-color:#000;              /*背景设置为黑色*/
  overflow:hidden;                    /*设置溢出隐藏*/
}
div.slideBox div.tips div.title
{
  position:absolute;                  /*设置绝对位置*/
  left:0px;                           /*距离提示栏左侧 0 像素*/
  top:0px;                            /*距离提示栏上侧 0 像素*/
  height:100%;                        /*高度设置为提示栏高度*/
}
div.slideBox div.tips div.title a     /*定义图片新闻标题的链接样式*/
{
  color:#FFF;                         /*字体颜色设置为白色*/
  font-size:18px;                     /*字体大小为 18 像素*/
  line-height:50px;                   /*行高设置为 50 像素*/
  margin-left:10px;                   /*距离左侧 10 像素*/
  text-decoration:none;               /*去掉链接下画线*/
}
div.slideBox div.tips div.title a:hover /*设置鼠标悬浮在标题上方的样式*/
{
  text-decoration:underline;          /*显示链接下画线*/
}
  div.slideBox div.tips div.nums{     /*定义右下方链接栏的样式*/
  position:absolute;                  /*定义绝对位置*/
  right:0px;                          /*距离提示栏右侧 0 像素*/
  top:0px;                            /*距离提示栏上方 0 像素*/
  height:100%;                        /*高度设置为提示栏高度*/
}
div.slideBox div.tips div.nums a      /*定义右下方链接按钮的样式*/
{
  display:inline-block;               /*显示方式设置为行内块*/
  float:left;                         /*设置浮动到左侧*/
  width:20px;                         /*设置宽度为 20 像素*/
  height:20px;                        /*设置高度为 20 像素*/
```

```
  background-color:#FFF;              /*背景色设置为白色*/
  margin:15px 10px 0px 0px;          /*设置链接按钮的外边距*/
}
div.slideBox div.tips div.nums a.active  /*定义链接按钮被单击后的样式*/
{
  background-color:#093;              /*设置单击后的背景颜色*/
}
```

新闻图片的自动播放和手动切换功能由 jQuery 的 slideBox 插件实现。slideBox 插件提供了自动初始化功能，包括自动生成下方新闻标题和导航按钮。初始化 slideBox 插件的代码如下：

```
jQuery(function ($) {
    $('#photonews).slideBox();
});
```

其中，photonews 为图片新闻容器的样式选择器。slideBox 插件提供的图片新闻初始化函数、参数设置和控制函数存放在 jQuery.slideBox.js 文件中，读者可以使用文本编辑器打开此文件，查看详细内容。通常情况下，只需要根据页面布局的需要来修改图片新闻相关样式，改变其外观。也可以通过修改 slideBox 插件的默认参数，控制图片新闻的播放效果，主要的默认参数如下：

```
var defaults = {
        direction : 'left',      //图片切换方向，可选 top 和 left
        duration : 0.6,          //图片切换速度
        easing : 'swing',        //图片切换动画效果，可选 swing 和 linear
        delay : 3,               //图片停留时长
        startIndex : 0,          //初始化显示的图片序号
        hideClickBar : true,     //是否隐藏下方的链接按钮
        clickBarRadius : 5,      //链接按钮的四角弧度
        hideBottomBar : false,   //是否隐藏下方的新闻标题
        width : null,            //设置默认的新闻图片宽度
        height : null            //设置默认的新闻图片高度
}
```

11.2.3　通知公告与文字新闻

通知公告与文字新闻显示在图片新闻的右侧，一共分为三部分，分别是通知公告、工作动态和学院新闻，同一时间只显示一部分内容，使用 Tab 标签卡进行切换，显示效果如图 11-6 所示。

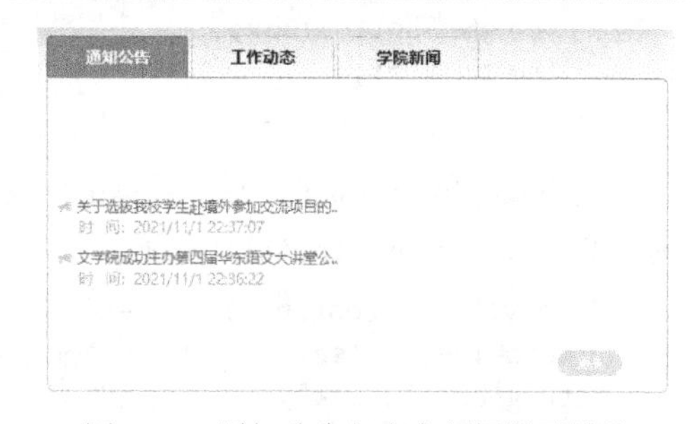

图 11-6　通知公告与文字新闻显示效果

通知公告与文字新闻上方的标签卡 HTML 代码如下：

```
<div class="set-content">
<div class="set-title hd">
  <!--显示 Tab 标签卡，实现不同类型新闻的切换-->
    <ul class="clearfix">
      <li class="on"><h5>通知公告</h5></li>
      <li><h5>工作动态</h5></li>
      <li><h5>学院新闻</h5></li>
    </ul>
  </div>
```

```
</div>
```

上方使用无序列表并排显示三类新闻标签，其中使用的 CSS 代码如下：

```
.set-content                        /*定义 Tab 标签的样式*/
{
   width: 622px;                    /*设置宽度为 622 像素*/
   margin:0px;                      /*设置外边距为 0 像素*/
}
.set-title ul{                      /*定义 Tab 标签中无序列表的样式*/
   margin: 0px;                     /*设置外边距为 0 像素*/
}
.set-title ul li{                   /*设置标签未选中时的样式*/
   float:left;                      /*设置向左浮动，使得三个标签在一行显示*/
   text-align: center;              /*设置文本内容居中*/
   line-height: 50px;               /*设置文本内容行高为 50 像素*/
   cursor: pointer;                 /*设置鼠标悬停的样式为手型*/
   width: 140px;                    /*设置标签宽度为 140 像素*/
   margin-right: 4px;               /*设置标签右边距为 4 像素*/
   color: #272727;                  /*设置标签文字颜色*/
   border-radius: 4px 4px 0px 0px;  /*设置标签四角弧度*/
   border:1px solid #C0C0C0;        /*设置标签边框样式*/
   border-bottom: 0px;              /*隐藏标签下边框*/
}
.set-title ul li h5                 /*设置标签标题样式*/
{
   font-size: 16px;                 /*字体大小设为 16 像素*/
   font-weight: 600;                /*字体加粗*/
}
.set-title ul .on                   /*设置选中标签样式*/
{
   background: #20A2D6;             /*设置选中标签背景颜色*/
   border:1px solid #1A80AA;        /*设置选中标签边框样式*/
   border-bottom:0px;               /*隐藏选中标签下边框*/
   color:#fff;                      /*设置选中标签文字颜色*/
}
```

使用鼠标单击标签卡之后，被单击标签卡切换为选中样式，下方将显示对应的新闻内容，控制标签卡切换的 JavaScript 代码如下：

```
jQuery(".set-content").slide({
  autoPlay: false,        //控制是否自动切换
  trigger: "click",       //触发方式，此处通过鼠标单击触发
  delayTime: 700,         //切换效果速度
});
```

上面使用了 jQuery 的 superSlide 插件实现标签卡切换效果，具体实现细节可以查看 jquery.SuperSlide.js 文件。

单击标签卡之后，将在其下面显示对应的新闻列表。实现三类不同新闻的 HTML 代码如下：

```
<div class="set-middle bd">
   <ul class="set-middle-item">
      <li>
        <div class="set-middle-list"><!--通知公告-->
```

```
            <div class="newsBox blockArea">
              <marquee  direction="up"  id="cool"  height="270px"  scrolldelay="100"
scrollamount="1" onmouseover="cool.stop()" onmouseout="cool.start()">
                      <ul class="newsList">
    <!--可显示多条通知公告信息-->
    <li></li>
    </ul></marquee></div></div></li></ul>
      <ul class="set-middle-item"><li>
         <div class="set-middle-list"><!--工作动态-->
            <div class="newsBox blockArea">
              <ul class="newsList">
    <!--可显示多条工作动态信息-->
    <li></li>
    </ul>
    </div></div></li></ul>
      <ul class="set-middle-item"><li>
         <div class="set-middle-list"><!--学院新闻-->
            <div class="newsBox blockArea">
              <ul class="newsList">
    <!--可显示多条学院新闻信息-->
    <li></li>
    </ul>
    </div></div></li></ul>
```

在上面代码中，第一个样式为 set-middle-item 的无序列表显示通知公告内容，其中使用了 HTML 的标记 marquee，自下而上滚动显示通知公告内容，第二个和第三个样式为 set-middle-item 的无序列表分别包含了工作动态和学院新闻的内容。其中使用的 CSS 代码如下：

```
    .blockArea{                                  /*定义每一块内容的样式*/
          padding:10px;                          /*内边距设置为 10 像素*/
          min-height: 300px;                     /*高度设置为 300 像素*/
          border:solid 1px #C0C0C0;              /*设置边框样式*/
          border-top: solid 2px #20A2D6;         /*设置上边框样式*/
          border-radius: 0px 6px 6px 6px;        /*设置四角弧度*/
          overflow: hidden;                      /*溢出隐藏*/
          background: #fff;                      /*背景设置为白色*/
    }
    .newsBox                                     /*设置新闻内容样式*/
    {
        margin: 0px 0px 0px 0px;                 /*设置外边框距离为 0 像素*/
        overflow: hidden;                        /*设置溢出隐藏*/
        position: relative;                      /*设置为相对位置*/
    }
    .newsBox .newsList                           /*定义新闻列表样式*/
    {
        list-style: none;                        /*隐藏无序列表标识*/
        margin: 5px 0px 5px 0px;                 /*设置外边框距离*/
        padding: 0px 0px 0px 0px;                /*设置内边框距离*/
        margin-top: -10px;           /*设置新闻内容上边距，-10px 表示向上移动 10 像素*/
    }
    .newsBox .newsList li                        /*定义每一条新闻的样式*/
    {
```

```
        width: 100%;                        /*宽度设置为 100%*/
        border-bottom: 1px dashed #ccc;     /*设置下边框的样式，显示为一条虚线*/
        overflow: hidden;                   /*设置溢出隐藏*/
        height: 35px;                       /*设置高度为 35 像素*/
        line-height: 35px;                  /*设置行高为 35 像素，使内容垂直居中*/
        padding: 0px;                       /*设置内边距为 0 像素*/
    }
    .newsBox .newsList li a                 /*定义新闻链接样式*/
    {
        font-size: 14px;                    /*设置新闻字体为 14 像素*/
    }
    .set-middle-list .rightMore             /*定义更多内容链接样式*/
    {
        position: absolute;                 /*设置为绝对位置*/
        border-radius: 20px;                /*四个角弧度设置为 20 像素*/
        display: block;                     /*设为显示状态*/
        line-height: 25px;                  /*行高设置为 25 像素*/
        right: 45px;                        /*距离右边距 45 像素*/
        bottom: 15px;                       /*距离下边距 15 像素*/
        padding-left: 20px;                 /*设置左侧内边距为 20 像素*/
        padding-right: 20px;                /*设置右侧内边距为 20 像素*/
        background: #ddd;                   /*设置背景颜色*/
        color: #fff;                        /*设置字体前景色*/
        font-size: 12px;                    /*设置字体大小为 12 像素*/
        transition: background 0.5s;        /*设置鼠标悬停后背景变化时间*/
    }
    .set-middle-list .rightMore:hover       /*定义鼠标悬停的样式*/
    {
        background: #21bcd8;                /*设置鼠标悬停后的背景颜色*/
        color: #fff;                        /*设置鼠标悬停后的字体为白色*/
        text-decoration:none                /*隐藏链接文字的下画线*/
    }
```

读者可以尝试添加更多的新闻板块内容。

11.2.4 中心概况部分

中心概况显示在新闻的下方，包括中心简介、中心职能和职责分工三个子模块。每个模块显示一段文字，为了凸显此模块的重要性，使用三个深色图片作为背景，中心概况的显示效果如图 11-7 所示。

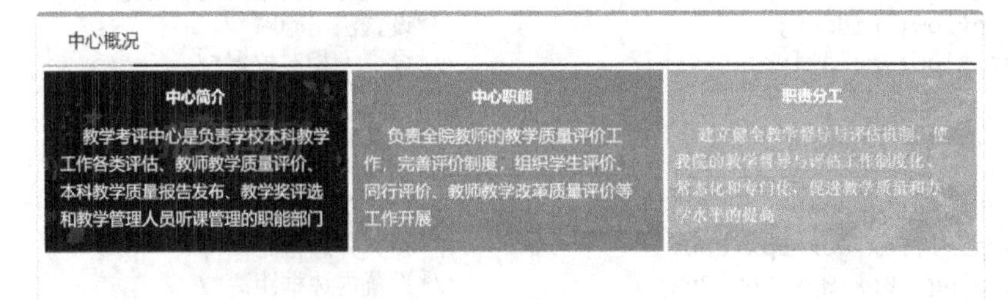

图 11-7　中心概况显示效果

中心概况的 HTML 代码实现如下：

```
<div class="productBox newsBlockArea wrapperAnimation">
  <div class="titleBar homeTitleBar">
      <h5>中心概况</h5>
  </div>
  <div class="row" style="width: 1140px">
     <div class="MiddleBox" style="background-image: url(../images/01.jpg)">
        <h1>中心简介</h1>
        <p>教学考评中心是负责学校本科教学工作….</p>
     </div>
     <div class="MiddleBox" style="background-image: url(../images/02.jpg)">
         <h1>中心职能</h1>
         <p>负责全院教师的教学质量评价工作…….</p>
     </div>
     <div class="MiddleBox" style="background-image: url(../images/03.jpg)">
          <h1>职责分工</h1>
          <p>建立健全教学督导与评估机制……</p>
     </div>
</div>
</div>
```

中心概况部分使用的 CSS 代码如下：

```
.newsBlockArea                           /*定义中心概况的整体样式*/
{
      padding:8px;                       /*内边距设置为 8 像素*/
      min-height: 340px;                 /*总高度设置为 340 像素*/
      border:solid 1px #d5d5d5;          /*边框设置为淡灰色*/
      overflow: hidden;                  /*设置内容溢出隐藏*/
      border-top:6px solid #21bcd8;      /*设置上边框为 6 像素的蓝色线条*/
      background: white;                 /*背景设置为白色*/
      border-radius: 6px 6px 6px 6px;/*设置四角圆形弧度*/
}
.newsBlockArea:hover                     /*定义鼠标悬停在中心概况部分的样式*/
{
      box-shadow: gainsboro 0px 0px 30px 5px;  /*四周出现阴影效果*/
}
.titleBar                                /*定义标题栏的样式*/
{
    height: 50px;                        /*将高度设置为 50 像素*/
    line-height: 50px;                   /*行高设置为 50 像素，使标题垂直居中*/
    overflow: hidden;                    /*设置内容溢出隐藏*/
    margin: 0px 0px 5px 0px;             /*设置外边距*/
padding: 5px 5px 5px 0px;                /*设置内边距*/
/*设置标题下方的背景图片*/
    background: #fff url(titlebg1.jpg) repeat-x left bottom;
}
.titleBar h5                             /*定义标题文字样式*/
{
    float: left;                         /*浮动到左侧*/
    padding: 0px;                        /*内边距设置为 0 像素*/
    padding-left:15px ;                  /*设置左侧内边距为 15 像素*/
    color: #333;                         /*设置字体颜色*/
    margin: 0px 0px 5px 0px;             /*设置外边距*/
```

```
    font-size: 20px;                    /*设置字体大小*/
    line-height: 45px;                  /*设置行高*/
    height: 50px;                       /*设置高度*/
    overflow: hidden;                   /*设置溢出隐藏*/
}
.MiddleBox                              /*定义三个子模块的样式*/
{
    float: left;                        /*浮动到左侧，三个子模块显示在同一行*/
    width: 370px;                       /*设置宽度为 370 像素*/
    height: 210px;                      /*设置高度为 210 像素*/
    margin-right: 5px;                  /*设置右侧外边距为 5 像素*/
}
.MiddleBox h1                           /*定义子模块内标题样式*/
{
    width:100%;                         /*宽度设置为 100%*/
    display:block;                      /*显示方式为块*/
    text-align:center;                  /*标题居中对齐*/
    color:White;                        /*字体设置为白色*/
    font-weight:bold;                   /*字体加粗*/
    font-size:18px;                     /*字体大小为 18 像素*/
}
.MiddleBox p                            /*定义子模块内段落样式*/
{
    width:100%;                         /*宽度设置为 100%*/
    padding:8px;                        /*设置内边距为 8 像素*/
    text-align:left;                    /*靠左对齐*/
    color:White;                        /*字体为白色*/
    font-size:18px;                     /*字体大小为 18 像素*/
    text-indent:40px;                   /*首行缩进 40 像素*/
}
.MiddleBox p:hover                      /*定义鼠标悬停在子模块段落上的样式*/
{
     font-weight:bold;                  /*字体加粗*/
}
```

11.2.5 下方栏目部分

中心概况下方设置了 6 个栏目，与一级菜单相对应，分别为考试考核、教学评价、成果评审、教学督导、制度标准和常用下载，每一行放置两个栏目，一共三行，每个栏目的 HTML 结构和 CSS 样式基本相同。考试考核栏目的显示效果如图 11-8 所示。

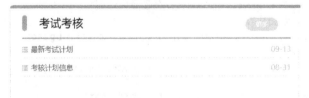

图 11-8 考试考核栏目显示效果

下面以考试考核栏目为例，介绍其 HTML 实现代码和 CSS 样式设置。

栏目的 HTML 代码如下：

```
<div class="row newsBlockArea">
  <div class="newsBox">
     <div class="navigationBox">
        <!--栏目标题信息-->
        <div class="titleBar homeTitleBar1">
           <span class="square"></span>
           <h5>考试考核</h5>
           <a class="rightMore" href="#">更多</a>
        </div>
     </div>
     <!--栏目内容列表-->
     <ul class="newsList">
        <li><a href="#" target="_blank" title="最新考试计划">
           <div class="newstitle">
              <span class="glyphicon glyphicon-th-list"></span>
最新考试计划
</div>
          <div class="itemtime">09-13</div>
            </a>
</li>
…… <!—显示更多的新闻信息-->
      </ul>
</div>
```

从上面 HTML 代码可以看出，各栏目标题部分的结构与中心概况相同，也采用了相同的样式定义，此处不再赘述。下面主要介绍各栏目内容列表部分的样式定义：

```
.newsBox .newsList                    /*定义无序列表的样式*/
{
   clear: both;                       /*设置左右两侧不允许有浮动对象*/
   list-style: none;                  /*去掉无序列表前面的标识符号*/
   margin: 5px 0px 5px 0px;           /*设置外边距*/
   padding: 0px 0px 0px 0px;          /*设置内边距*/
   margin-top: -10px;                 /*设置上方边距，-10px 表示向上移动 10 像素*/
}
.newsBox .newsList li                 /*定义每一项内容的样式*/
{
   width: 100%;                       /*宽度设置为 100%*/
   border-bottom: 1px dashed #ccc;    /*设置下边框的样式*/
   overflow: hidden;                  /*内容溢出隐藏*/
   line-height: 35px;                 /*设置行高为 35 像素*/
   height: 35px;                      /*设置高度为 35 像素*/
   padding: 0px;                      /*设置内边距为 0 像素*/
}
.newstitle
{
float: left;                          /*设置向左浮动*/
/*以下四行控制显示内容过多时，以省略号…替代超出部分*/
   width: 400px;                      /*每一项内容宽度设置为 400 像素*/
   white-space: nowrap;               /*强制不换行*/
   overflow: hidden;                  /*溢出隐藏*/
   text-overflow: ellipsis;           /*文本溢出省略*/
}
```

```
.newsBox .newsList a:hover span      /*定义鼠标悬停在链接上方的样式*/
{
    color: #21bcd8;                   /*改变链接文字的颜色*/
}
.itemtime                             /*定义每项内容右侧的日期显示样式*/
{
    float: right;                     /*向右侧浮动，控制与左侧内容在同一行*/
    color: #c3c3c3;                   /*设置日期的颜色*/
}
```

11.2.6 页脚部分

页脚部分包含了联系方式、快速链接、站内搜索和版权说明。此部分内容变化较少，通常会放在主页最下方，显示效果如图 11-9 所示。

图 11-9　页脚显示效果

实现页脚内容的 HTML 代码如下：

```
<footer>
<div class="container">
<div class="row">
   <!--使用 bootstrap 提供的栅栏系统样式-->
       <div class="col-xs-12 col-sm-4 col-md-4">
          <div class="footerTitle">
             联系方式
          </div>
          <div class="footerContact">
              <!--下面采用无序列表显示详细内容-->
             <ul>
                <li>……</li>
              </ul>
           </div>
       </div>
       <div class="col-xs-12 col-sm-4 col-md-4">
            <div class="quikLink">
               <div class="footerTitle">
                    快速链接
               </div>
               <div class="footerContent">
                    <!--此处可以放置多个可用链接-->
               </div>
           </div>
       </div>
       <div class="col-xs-12 col-sm-4 col-md-4">
            <div class="footerTitle">
```

```
                    站内搜索
                </div>
                <div class="footerContent">
                    <div class="searchBox">
                        <input type="text" id="queryTxt" name="queryTxt" placeholder="请
输入关键字...">
                        <button onclick="search();">
                            搜索
    </button>
                    </div>
                </div>
            </div>
        </div>
    </div>
    <div class="copyright">
        CopyRight 2018 All Right Reserved 畅想网络学院教学考评中心
    </div>
</footer>
```

在页脚部分放置了站内搜索，包括一个文本输入框和一个按钮，当用户输入搜索内容并单击搜索按钮之后，应该会打开一个搜索结果展示页面，并显示搜索结果内容。由于本书主要介绍静态页面制作技术，不涉及服务器端编程，与搜索相关的内容请读者参考其他相关书籍。

页脚部分使用的 CSS 代码如下：

```
footer                              /*定义页脚样式*/
{
    background-color: #F8FAFC;      /*设置页脚部分背景色*/
    color: #141416;                 /*设置字体颜色*/
    padding: 40px 22px 22px 0px;    /*设置内边距*/
    width: 1140px;                  /*设置页脚总宽度*/
    height: 270px;                  /*设置页脚高度*/
    margin-top: 10px;               /*设置页脚上边距*/
    font-size: 14px;                /*设置页脚字体大小*/
}
footer .footerTitle                 /*定义页脚内标题样式*/
{
    font-size: 20px;                /*设置页脚标题字体大小*/
    background: url(titlebg.jpg) bottom left no-repeat; /*设置页脚标题背景*/
    line-height: 40px;              /*设置行高*/
    height: 45px;                   /*设置高度*/
    margin-bottom: 20px;            /*设置下边距*/
}
footer .footerContact               /*定义联系方式内容样式*/
{
    height: 120px;                  /*高度设置为 120 像素*/
    line-height: 40px;              /*行高设置为 40 像素*/
    text-align: left;               /*文字靠左对齐*/
    margin-top: 20px;               /*上边距设为 20 像素*/
}
.searchBox input                    /*定义文本输入框的样式*/
{
    float: left;                    /*向左浮动*/
```

```
        display: block;                     /*设置显示方式*/
        line-height: 40px;                  /*设置行高*/
        color: #fff;                        /*设置字体颜色*/
        transition: background 0.5s;        /*设置背景变化时间，产生过渡效果*/
        text-indent: 10px;                  /*首行缩进 10 像素*/
        width: 70%;                         /*宽度设为 70%*/
        height: 40px;                       /*高度设为 40 像素*/
        margin: 0px 0px 0px 0px;            /*设置外边距*/
        padding: 0px;                       /*设置内边距*/
        border: 0px;                        /*隐藏边框*/
        background: #444;                   /*设置背景颜色*/
    }
    .searchBox button                       /*定义搜索按钮样式*/
    {
        display: block;                     /*设置显示方式*/
        float: left;                        /*向左浮动*/
        width: 25%;                         /*宽度设为 25%*/
        background: #21bcd8;                /*设置背景颜色*/
        color: #fff;                        /*设置字体颜色*/
        border: 0px;                        /*隐藏边框*/
        margin: 0px;                        /*设置外边距*/
        height: 40px;                       /*高度设为 40 像素*/
    }
    .searchBox button:hover                 /*定义鼠标悬停在搜索按钮上方的样式*/
    {
        background: #136b7a;                /*设置背景颜色*/
    }
    .searchBox input:focus                  /*定义文本框获取焦点之后的样式*/
    {
        background-color: #666;             /*改变背景颜色*/
    }
    footer .copyright                       /*定义页脚底部版权内容样式*/
    {
        background: #E5E5E5;                /*设置背景颜色*/
        margin-top: 20px;                   /*设置上边距*/
        overflow: hidden;                   /*溢出隐藏*/
        padding: 25px 0 15px 0;             /*设置内边距*/
        width: 1140px;                      /*设置宽度*/
        text-align: center;                 /*设置文本对齐方式*/
        color:#000;                         /*设置字体颜色*/
    }
```

上面详细介绍了畅想网络学院教学考评中心网站首页的制作方法，需要特别说明的是，在首页内容中存在大量的链接地址，在实例代码中并未提供相应的 HTML 文件，这些链接地址通常为服务器提供的动态页面，服务器会根据链接传递的参数动态生成对应的页面内容，此部分需要读者参阅其他动态网页制作的书籍。

值得一提的是，不管采用何种动态网页制作技术，前端静态页面的制作都是不可或缺的。本书将网站首页中链接的内容分为三类，分别是新闻详情、文字列表和图片新闻列表，下面详细介绍如何制作这三类静态页面。

11.3　网站详情页面制作

单击首页中的新闻标题都会出现相应的新闻详细内容展示页面。因此，可以制作一个新闻详情展示页面，所有新闻内容的展示都可以使用同一个页面。

11.3.1　子页面规划

网站详情页面的规划参考首页的规划，垂直方向分为 4 个部分，包括站点 Logo 与导航条、轮播图片、新闻详情和页脚信息，页面的总体结构如图 11-10 所示。

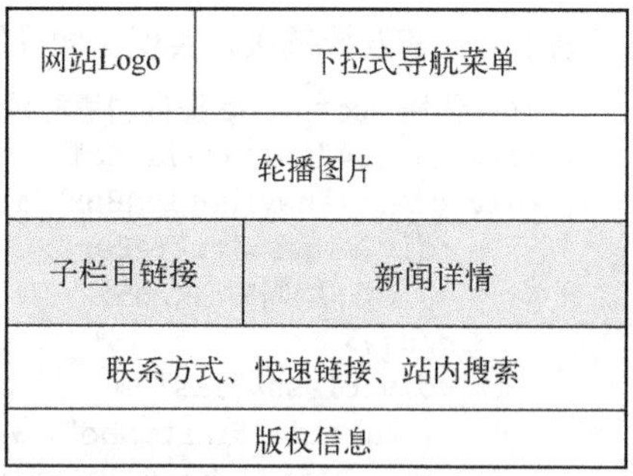

图 11-10　详情页面总体结构

其中网站的 Logo、导航条、轮播图片和页脚部分复用主页，为用户提供快速导航功能，便于使用。页面中间的新闻详情部分分为左右两栏，左边显示子栏目链接，为用户提供更加快捷的相关内容访问入口，左侧还显示了联系方式和友情链接，以丰富页面的内容，右边显示新闻详情内容，网站详情页面总体浏览效果如图 11-11 所示。

图 11-11　网站详情页面浏览效果

在详情页面中，网站的 Logo、导航条、轮播图片、页脚部分的 HTML 代码实现与 CSS 样式定义与主页完全相同，此处不再赘述。下面详细介绍中间部分内容的实现方法。

11.3.2 左侧导航条与联系方式

左侧导航栏显示了与当前浏览内容相关的链接，方便浏览者的快速跳转。在链接下方还显示了联系方式和友情链接，实现左侧导航栏的 HTML 代码如下：

```
<!--使用 bootstrap 提供的栅栏系统样式-->
<div class="col-xs-12 col-sm-4 col-md-3 leftBlockArea">
<div class="navigationBox" id="classification">
    <div class="titleBar">
      <h5>新闻中心</h5>
    </div>
    <div class="list">
      <ul id="firstpane">
        <li><a href='#'>图片新闻</a></li>
        <li><a href='#'>工作动态</a></li>
        <li><a href='#'>通知公告</a></li>
        <li><a href='#'>学院新闻</a></li>
      </ul>
    </div>
  </div>
  <div class="contactBox">
    <div class="titleBar">
      <h5>联系方式</h5><span>CONTACT US</span>
    </div>
    <p>电话：025-83212391</p>
    <p>邮箱：kpzx@cxwlxy.edu</p>
    <p>网址：http://kpzx.cxwlxy.edu </p>
    <p>地址：秦淮区后标营 192 号</p>
  </div>
  <div class="btn-group dropup">
    <button type="button" class="btn btn-default btn-sm">友情链接</button>
    <ul class="dropdown-menu" role="menu">
      <!--使用无序列表显示友情链接列表-->
   </ul>
  </div>
</div>
```

导航栏的 CSS 代码如下：

```
.contentAndListBlockArea{                    /*定义中间部分的总体样式*/
     border:solid 1px #E3E3E3;               /*设置边框样式*/
     border-top:solid 4px #20A2D6;           /*设置上边框样式，区别其他边框*/
     border-radius: 4px 4px 0px 0px;         /*设置容器四角弧度*/
     background: white;                      /*设置背景为白色*/
}
.leftBlockArea{                              /*定义左边栏的容器样式*/
     min-height: 500px;                      /*高度设为 500 像素*/
     overflow: hidden;                       /*溢出隐藏*/
}
.navigationBox                               /*定义子栏目容器样式*/
```

```
{
    overflow: hidden;                       /*溢出隐藏*/
    width: 100%;                            /*设置宽度为 100%*/
    line-height: 40px;                      /*设置行高为 40 像素*/
    margin-bottom: 2px;                     /*设置下边距为 2 像素*/
}
#firstpane                                  /*定义链接部分无序列表样式*/
{
    margin: 15px;                           /*设置外边距为 15 像素*/
    padding: 0px;                           /*设置内边距为 0 像素*/
    width: 100%;                            /*设置宽度为 100%*/
    overflow: hidden;                       /*溢出隐藏*/
    margin-top: -10px;                      /*向上偏移 10 像素*/
}
#firstpane > li                             /*定义链接样式*/
{
    float: left;                            /*设置向左浮动*/
    width: 100%;                            /*设置宽度为 100%*/
    position: relative;                     /*设置相对位置*/
}
```

11.3.3　右侧详细内容

新闻详细内容通常由用户使用 HTML 富文本编辑器自行制作，此处重点介绍右侧新闻详情内容的整体结构。实现新闻详情的 HTML 代码如下：

```
<!--使用 bootstrap 提供的栅栏系统样式-->
<div class="col-xs-12 col-sm-8 col-md-9 rightBlockArea" id="rightBox">
   <div class="positionBox">
      <div class="titleBar">
         <span><a href="#">首页</a> > 新闻中心 > 通知公告</span>
      </div>
   </div>
   <div class="col-sm-12 col-md-12 keyWeb" style="margin-bottom: 40px;">
<div class="detailTitle">关于选拔我校学生赴境外参加交流…</div>
      <div class="detailTime">2021/11/1 22:37:07</div>
      <div class="detailContent">
          <!--显示新闻详细内容-->
</div>
   </div>
   <!--为用户提供上一条与下一条新闻的链接-->
   <div class="otherPageBox">
      <div class="col-xs-9 col-sm-9 col-md-9 keyWeb">
          <div class='otherPage'>
              <div class='prevBox'>
                上一个：<a href='#'>文学院成功主办…</a></div>
              <div class='nextBox'>
                下一个：<a href='#'>关于 2021 年秋季学…</a></div>
          </div>
      </div>
<!--在下方提供返回首页的按钮-->
      <div class="col-xs-3 col-sm-3 col-md-3 keyWeb">
         <a class="back" href="javascript:history.go(-1)">返回</a>
```

```
        </div>
    </div>
/div>
```

实现新闻详情的主要 CSS 代码如下：

```
.rightBlockArea                           /*定义右侧新闻详情容器样式*/
{
      padding-right: 20px;                /*设置右侧内间距为 20 像素*/
      border-left:dotted 1px #20A2D6;     /*设置与左侧内容之间的分割线*/
      min-height: 500px;                  /*设置最小高度为 500 像素*/
      float:right;                        /*内容向右浮动*/
}
.titleBar                                 /*定义右侧上方的面包屑导航容器样式*/
{
    height: 50px;                         /*设置高度为 50 像素*/
    line-height: 50px;                    /*设置行高为 50 像素*/
    overflow: hidden;                     /*设置溢出隐藏*/
    margin: 0px 0px 5px 0px;              /*设置外边距*/
    padding: 5px 5px 5px 0px;             /*设置内边距*/
    background: #fff url(titlebg1.jpg) repeat-x left bottom; /*设置背景图片/*
}
.titleBar span                            /*设置面包屑导航样式*/
{
    float: left;                          /*设置向左浮动*/
    display: inline-block;                /*设置为行内块元素，避免分行显示*/
    color: #cccccc;                       /*设置字体颜色*/
    font-size: 16px;                      /*设置字体大小*/
    padding-right: 5px;                   /*设置右侧内边距*/
    line-height: 45px;                    /*设置行高*/
    text-indent: 10px;                    /*设置首行缩进，给左侧添加 10 像素空隙*/
    overflow: hidden;                     /*设置溢出隐藏*/
}
.detailTitle                              /*定义新闻标题样式*/
{
    min-height: 55px;                     /*设置最小高度*/
    line-height: 35px;                    /*设置行高*/
    font-weight: bold;                    /*设置字体为粗体显示*/
    font-size: 24px;                      /*设置字体大小为 24 像素*/
    text-align: center;                   /*设置文字居中显示*/
    padding: 20px;                        /*设置内间距为 20 像素*/
}
.detailTime                               /*定义发布时间样式*/
{
    text-align: center;                   /*设置文字居中显示*/
    font-size: 12px;                      /*设置字体大小为 12 像素*/
    padding: 10px;                        /*设置内间距为 10 像素*/
    width: 95%;                           /*设置宽度为 95%*/
    border-bottom:dashed 1px #666;        /*设置下边框样式，增加一条虚线*/
    color: #888;                          /*设置字体颜色*/
}
.detailTime:before                        /*设置时间前面显示的内容*/
{
```

```
    /*在时间前面显示 content 后面的文字*/
      content: "教 学 考 评 中 心 发 表 于 : ";
}
.detailContent                              /*定义新闻详情容器的样式*/
{
    width: 100%;                            /*设置宽度为 100%*/
    margin: 10px;                           /*设置外边距为 10 像素*/
overflow: hidden;                           /*设置溢出隐藏*/
/*设置强制换行，避免英文或数字内容过长，超出容器边界*/
    word-wrap: break-word;
    overflow-x: auto;                       /*设置横向溢出时，出现滚动条*/
}
```

11.4　网站新闻列表页面制作

单击首页上方的一级或二级菜单，或者单击各模块的“更多”链接，将会显示对应的新闻列表页面，以表格形式呈现所有新闻标题列表。下面介绍新闻列表页面的具体制作方法。

11.4.1　子页面规划

新闻列表页面的规划与新闻详情页面基本一致，不同之处是将新闻详情部分替换为新闻列表，总体浏览效果如图 11-12 所示。

图 11-12　新闻列表页面浏览效果

下面主要介绍新闻列表部分的实现方法，其 HTML 代码如下：

```
<div class="nameList">
   <ul>
      <li>
         <span>1</span>
         <a href="#">关于组织申报 2021 年度校学术著作出版…</a>
       <span class="time">2021/11/1 22:47:15</span>
      </li>
      <li>
        <span>2</span>
          <a href="#">关于开展校级重点建设学科 2021 年度…</a>
          <span class="time">2021/11/1 22:46:52</span>
      </li>
   </ul>
</div>
```

新闻列表部分的 CSS 代码如下：

```
.nameList                       /*定义新闻列表容器样式*/
{
    margin-bottom: 15px;        /*设置外下边距为 15 像素*/
    padding: 0px;               /*设置内边距为 0 像素*/
    margin-top: 0px;            /*设置外上边距为 0 像素*/
}
.nameList li                    /*设置每一条新闻的样式*/
{
    padding: 0px;               /*设置内边距为 0 像素*/
    border-bottom: 1px solid #eee;   /*设置下边框的样式*/
    padding-left: 5px;          /*设置内左边距样式*/
    overflow: hidden;           /*设置溢出隐藏*/
}
.nameList li span               /*设置新闻序号的样式*/
{
    width: 20px;                /*宽度为 20 像素*/
    height: 20px;               /*高度为 20 像素*/
    line-height: 20px;          /*行高为 20 像素*/
    text-align: center;         /*文字居中显示*/
    color: #fff;                /*字体为白色*/
    background: #C3C3C3;        /*设置背景颜色*/
    display: block;             /*设置显示方式，将 span 标签转为块元素*/
    font-size: 14px;            /*设置字体大小为 14 像素*/
    float: left;                /*向左侧浮动*/
    overflow: hidden;           /*设置溢出隐藏*/
    margin-top: 10px;           /*上边距设为 10 像素*/
    border-radius: 2px;         /*设置四角弧度*/
}
.nameList li > a                /*定义新闻标题的链接样式*/
{
    line-height: 40px;          /*设置行高为 40 像素*/
    display: block;             /*设置显示方式，将链接转为块元素*/
    text-indent: 5px;           /*左侧缩进 5 像素*/
    float: left;                /*向左侧浮动*/
    overflow: hidden;           /*溢出隐藏*/
```

```
    width: 80%;                     /*设置宽度为 80%*/
    height: 40px;                   /*设置高度为 40 像素*/
}
.nameList li .time                  /*定义发布时间的样式*/
{
    line-height: 40px;              /*设置行高为 40 像素*/
    color: #666;                    /*设置字休颜色*/
    text-align: center;             /*文字居中显示*/
    font-size: 12px;                /*设置字体大小为 12 像素*/
    float: right;                   /*向右侧浮动*/
    margin-top: 0px;                /*上边距设置为 0 像素*/
    margin-right: 20px;             /*右边距设置为 20 像素*/
}
```

11.4.2　右侧详细内容

新闻详细内容通常由用户使用 HTML 富文本编辑器自行制作，此处重点介绍右侧新闻详情内容的整体结构。实现新闻详情的 HTML 代码如下：

```
<!--使用 bootstrap 提供的栅栏系统样式-->
<div class="col-xs-12 col-sm-8 col-md-9 rightBlockArea" id="rightBox">
   <div class="positionBox">
      <div class="titleBar">
         <span><a href="#">首页</a> > 新闻中心 > 通知公告</span>
      </div>
   </div>
   <div class="col-sm-12 col-md-12 keyWeb" style="margin-bottom: 40px;">
<div class="detailTitle">关于选拔我校学生赴境外参加交流…</div>
      <div class="detailTime">2021/11/1 22:37:07</div>
      <div class="detailContent">
          <!--显示新闻详细内容-->
</div>
   </div>
   <!--为用户提供上一条与下一条新闻的链接-->
   <div class="otherPageBox">
       <div class="col-xs-9 col-sm-9 col-md-9 keyWeb">
           <div class='otherPage'>
               <div class='prevBox'>
                 上一个：<a href='#'>文学院成功主办…</a></div>
               <div class='nextBox'>
                 下一个：<a href='#'>关于 2021 年秋季学…</a></div>
           </div>
       </div>
<!--在下方提供返回首页的按钮-->
       <div class="col-xs-3 col-sm-3 col-md-3 keyWeb">
           <a class="back" href="javascript:history.go(-1)">返回</a>
       </div>
   </div>
/div>
```

11.4.3 图片新闻列表页面

单击图片新闻菜单后，显示相应的图片新闻列表，其显示效果如图 11-13 所示。

图 11-13　图片新闻列表显示效果

与文字新闻列表对照，图片新闻的不同之处在于每条新闻的显示方式，下面主要介绍每条图片新闻的实现方法，其 HTML 代码如下：

```
<div class="col-xs-12 col-sm-12 col-md-12 newsDescriItem">
  <div class="col-xs-12 col-sm-6 col-md-4 keyWeb imgcontainer" >
      <img src="../images/thumb20180917152150544.jpg" alt="迎接新生">
          <span class="indexNum">1</span>
  </div>
  <div class="col-xs-12 col-sm-6 col-md-8">
      <a class="newsMainTitle" href='#'>迎接新生</a>  <p class="listTime">发表于:2021/11/1 22:35:27</p>
      <p class="listDecription">新闻摘要内容</p>
  </div>
</div>
```

上面为一条图片新闻的 HTML 代码，相应的 CSS 代码如下：

```
.newsDescriList .newsDescriItem          /*定义图片新闻容器样式*/
{
      padding: 30px;                     /*设置内边距为 30 像素*/
      width: 824px;                      /*设置宽度为 824 像素*/
      border: 1px solid #C0C0C0;         /*设置边框样式*/
```

```
        margin-top: 30px;                       /*设置外上边距为 30 像素*/
        padding-right: 20px;                    /*设置内右边距为 20 像素*/
        overflow: hidden;                       /*设置溢出隐藏*/
        box-shadow: gainsboro 0px 0px 30px 10px;    /*设置阴影效果*/
        border-radius: 6px 6px 6px 6px;         /*设置四角圆弧*/
    }
    .newsDescriList .newsDescriItem img         /*定义图片样式*/
    {
        width: 240px;                           /*设置宽度为 240 像素*/
        height: 180px;                          /*设置高度为 180 像素*/
    }
    .newsDescriList div span                    /*定义图片新闻序号样式*/
    {
        position: absolute;                     /*设置为绝对位置*/
        left: 0px;                              /*距离左侧边距 0 像素*/
        top: -5px;                              /*向上偏移 5 像素*/
        height: 40px;                           /*高度 40 像素*/
        line-height: 40px;                      /*行高 40 像素*/
        text-align: center;                     /*文字居中显示*/
        color: #fff;                            /*字体白色*/
        background:rgba(62, 182, 218,0.8);      /*设置背景颜色*/
        display: block;                         /*设置显示方式，将 span 标签转为块元素*/
        font-size: 16px;                        /*设置字体大小*/
        float: left;                            /*向左侧浮动*/
        border-radius:0px 0px 10px 0px;         /*设置四角弧度*/
    }
```

上面介绍了畅想网络学院教学考评中心网站的详细制作方法，读者可以进一步通过阅读实例代码了解更多细节内容，建议在此基础上，拟定一些修改意见，并动手完成修改，进一步巩固 HTML+CSS+JavaScript 制作静态页面的技术方法。

参 考 文 献

[1] 赵洪华，许博，张少娴，等. Web 应用开发技术与案例教程[M]. 北京：机械工业出版社，2019.

[2] 谢钧，谢希仁. 计算机网络教程[M]. 7 版. 北京：人民邮电出版社，2020.

[3] w3school. CSS 简介[OL]. http://www.w3school.com.cn/css/css_jianjie.asp.

[4] w3school. JavaScript 教程[OL]. https://www.w3school.com.cn/js/index.asp.